现代农产品贮藏加工技术丛书

U0225328

蔬菜茶叶
贮运保鲜技术

主 编◇谭兴和　副主编◇谭欢 谭亦成 （上）

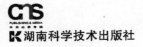

湖南科学技术出版社

图书在版编目(CIP)数据

蔬菜茶叶贮运保鲜技术/谭兴和主编.——长沙:湖南科学
技术出版社,2015.7

(现代农产品贮藏加工技术丛书)

ISBN 978-7-5357-8673-9

Ⅰ.①蔬…　Ⅱ.①谭…　Ⅲ.①蔬菜—贮运②蔬菜—食品
保鲜　Ⅳ.①S630.9

中国版本图书馆 CIP 数据核字(2015)第 098730 号

现代农产品贮藏加工技术丛书

蔬菜茶叶贮运保鲜技术(上)

主　　编:谭兴和　副　主　编:谭　欢　谭亦成
责任编辑:欧阳建文　彭少富
出版发行:湖南科学技术出版社
社　　址:长沙市湘雅路 276 号
　　　　　http://www.hnstp.com
湖南科学技术出版社天猫旗舰店网址:
　　　　　http://hnkjcbs.tmall.com
邮购联系:本社直销科　0731—84375808
印　　刷:唐山新苑印务有限公司
　　　　　(印装质量问题请直接与本厂联系)
厂　　址:河北省玉田县亮甲店镇杨五侯庄村东 102 国道北侧
邮　　编:064101
出版日期:2017 年 10 月第 1 版第 2 次
开　　本:710mm×1000mm　1/16
印　　张:7.5
书　　号:ISBN 978-7-5357-8673-9
定　　价:38.50 元(共两册)

前　言

　　2012 年，我国蔬菜产量达到了 70200 万吨，位居世界第一。但由于蔬菜含水量高，组织细嫩，不耐贮藏，加之贮藏保鲜技术普及程度低，致使蔬菜腐烂损失非常严重。据报道，我国每年新鲜蔬菜的损失在 20% 以上。此外，蔬菜价格波动较大，严重影响了广大菜农的生产积极性和广大消费者的生活质量。例如，2012 年 10 月，北京生姜批发价格仅为每千克 3～4 元，而 2013 年 10 月则达到每千克 10～20 元。可见，大力推广贮藏、运输、保鲜、销售技术，对于确保蔬菜稳定供应，平抑蔬菜价格十分必要。我国也是茶叶的生产和销售大国，茶叶的贮藏也很重要。应广大读者要求，编者组织编写了本书。

　　本书简要介绍了新鲜蔬菜及其干制品和茶叶的贮运保鲜原理、技术，重点介绍了其贮运保鲜方法。蔬菜贮运保鲜技术部分主要介绍了新鲜蔬菜的采收与采后处理技术、运输技术、贮藏方式、贮运条件、采后病害及其防治。蔬菜贮运保鲜方法部分主要介绍了各种新鲜蔬菜及其干制品的贮运保鲜方法。贮运保鲜方法既收录了大规模贮藏保鲜运输所采用的标准化贮运保鲜方法，又收集了中等规模的贮运保鲜方法，还汇编了适合经营户及家庭贮藏的小规模贮运保鲜方法，以满足不同用户的需要。因此，本书可作为广大种植户、经营户、加工户、运销户、科研工作者和大专院校师生的参考用书。

　　蔬菜种类繁多，特性不一，贮藏保鲜原理、技术和条件各不相同。新鲜蔬菜属于鲜活产品，这类产品在采收后仍然具有比较旺盛的生命活动。贮运保鲜期间，既要维持其正常的生命活动，又要保存其良好的品质，所需要的贮运保鲜条件比较苛刻。而经过加工脱水的蔬菜干制品和茶叶，则已经丧失生命活动，贮运期间主要是要保持干燥的环境，防止其吸湿霉变。本书将新鲜蔬菜及其干制品（茶叶相同）的贮运原理和技术分别进行讨论。

　　在茶叶贮藏方面，依据中国茶叶六大茶系即绿茶、红茶、黑茶、青茶、黄茶和白茶，分别对其特性和贮藏方法进行了详细介绍。

本书编写时力求阐述简单明了，同时又尽可能使每个单独的贮运保鲜方法具有完整性，使之在实际应用中更具有可操作性。

在本书的编写过程中，参考了国内外许多资料。在此，对有关作者表示衷心的感谢！感谢他们付出的辛勤劳动！

由于编写时间紧，任务重，加之编者的水平有限，书中肯定还有不少待完善的地方，希望广大读者批评指正。

编 者

2015 年 5 月

目　　录

第一章　新鲜蔬菜的贮运保鲜原理

　　新鲜蔬菜采收后仍然是一个生命体。贮运期间，它们还在进行着一系列的生命代谢活动，体内各种物质发生转化和消耗，水分蒸发损失，组织器官逐渐衰老，品质发生变化。新鲜蔬菜贮运保鲜的任务，就是要在维持其正常而微弱生命活动的前提下，通过环境条件的调节，尽可能地抑制其代谢活动，延缓衰老，保持良好的品质，减少腐烂损耗，延长贮藏期和供应期，以满足消费者对蔬菜的周年需要。而新鲜蔬菜采后的各种代谢活动与品质变化和腐烂损失息息相关，从而影响到贮藏效果的好坏。此外，蔬菜采收前的某些因素也影响到蔬菜的耐贮性和贮藏效果的好坏。下面分别讨论新鲜蔬菜的采前因素和采后各种代谢活动与其贮藏性能的关系。

第一节　采前因素对新鲜蔬菜贮运性能的影响

　　新鲜蔬菜贮运效果的好坏，首先取决于蔬菜贮运时本身的耐贮运性能。而影响蔬菜贮运性能的采前因素主要有生物因素、生态因素和农业技术因素三个方面。生物因素主要是指蔬菜的种类品种、所使用的砧木、蔬菜的生长期与生长情况、蔬菜个体的大小、蔬菜的食用部位等；生态因素主要是指蔬菜生长时所处的温度、光照、雨水、地理和土壤条件等；农业技术因素主要包括施肥、灌溉、修剪、病虫害防治、生长调节剂的使用等多方面技术措施。

一、生物因素的影响

　　生物因素的影响主要包括以下方面：

　　1. 种类、品种的影响

　　蔬菜种类繁多，耐贮性差异很大。尤其是不同蔬菜的食用部位不同，包括根、茎、叶、花、果和种子等器官。这些器官的组织结构和代谢方式都不相同，因此其耐贮性也各异。叶菜类的耐贮性最差，这是因为叶片的呼吸作用较强，物质消耗速度快，加之叶片较薄，容易失水萎蔫，引起代谢失调。花菜类的耐贮性差异较大。例如，新鲜黄花菜极不耐贮藏，采收后迅速失水萎蔫，在常温条件下短期贮藏就会腐烂；但花椰菜较耐贮藏；蒜薹（花茎）在低温下耐贮藏，尤其是在低温气调贮藏时，可贮藏 8～10 个月。瓜果类（瓜、果、豆）蔬菜的耐贮性与其食用和采收的成熟度关系较大。一般而言，食用成熟度低的瓜果类蔬菜不耐贮藏，如黄瓜、豆荚等，食用成熟度低，贮藏期间易老化；而食用成熟度高的瓜果类蔬菜较耐贮藏，如南瓜、冬瓜等，采收时已经充分成熟，外表形成蜡质层，呼吸强度降低，耐贮性好。鳞茎类蔬菜（洋葱、大蒜头）最耐贮藏。因为这类蔬菜具有一定时间的休眠期，加之其表皮为一层干燥的保护膜，不易失水干燥和腐烂。不同品种的耐贮性也有差异。例如，同样是大白菜，直筒形的比圆球形的耐贮藏；青帮的比白帮的耐贮藏；晚熟品种比早熟品种耐贮藏。

2. 生长部位的影响

以果菜类而言，一般生长在植株中部的果实品质好，耐贮藏。例如，生长在植株中部的茄子、辣椒、番茄等果实比上部和下部的果实耐贮藏。

3. 成熟度的影响

成熟度对耐贮性的影响因种类品种和贮藏条件的不同而不同。如在常温下，青番茄比红番茄耐贮藏；但在低温下，青番茄比红番茄易发生冷害。成熟的冬瓜、南瓜比未成熟的耐贮藏。

二、生态因素的影响

生态因素是指蔬菜生长所处的环境条件，其影响主要包括以下方面：

1. 生长温度的影响

蔬菜生长所处的温度过高或过低，都会影响到蔬菜的生长速度和耐贮性。在一定温度范围内，温度高，蔬菜生长速度快，产品组织幼嫩，表皮组织发育不好；但温度过高，蔬菜可能产生高温伤害；温度过低，蔬菜生长缓慢，营养物质积累少，个体小，耐贮性差。只有在该品种适宜生长温度下生产的蔬菜才具有较好的耐贮性。同一种类或品种的蔬菜，秋季收获的比夏季收获的耐贮藏，如番茄、辣椒等。同一品种的蔬菜，北方栽培的比南方栽培的耐贮藏，如北方栽培的大葱可以露地冻藏，缓慢解冻后还可以恢复到新鲜状态，而南方生长的大葱却不能在北方露地冻藏。低温（10℃）下生长的甘蓝，戊聚糖和灰分较多，蛋白质含量较低，叶片汁液的冰点较低，耐贮藏。

2. 光照的影响

光照是蔬菜等植物进行光合作用的首要条件。光照不足，会影响到蔬菜的物质积累，从而影响产品的色香味和贮运性能。例如，生长期阴雨天气较多的年份，大白菜叶球和洋葱鳞茎的体积变小，干物质含量低，贮藏期短。

3. 降雨情况的影响

降雨量适当且分布均匀，有利于蔬菜的生长和发育，蔬菜的产量高、品质好，耐贮运；长期干旱少雨，空气湿度低，土壤水分少，不利于蔬菜对营养物质的吸收，从而影响蔬菜的生长，产品的个体小，耐贮性差；雨水过多，蔬菜吸收水分也多，表皮容易开裂，不耐贮运。例如，雨后立即采摘的马铃薯、洋葱、大蒜等蔬菜，水分含量高，腐烂严重，不耐贮运。

4. 地理条件的影响

地理条件主要是指蔬菜种植地的纬度和海拔高度。纬度和海拔高度不同，生长期间的温度、光照、降雨量及空气相对湿度都不相同，从而影响蔬菜的生长发育和耐贮性。一般而言，同一品种的蔬菜，在高纬度地区种植的比在低纬度地区种植的品质好，耐贮运；生长在高海拔地区的蔬菜，耐贮性比低海拔地区的好。

5. 土壤条件的影响

土壤是蔬菜生长、发育的基础，土壤的理化性质、营养状况、水分含量等直接影响到蔬菜的化学组成、组织结构，从而影响蔬菜的贮藏性能。例如，在排水与通气良好的土壤上种植的萝卜，贮藏期间失水慢，耐贮运。

三、农业技术因素的影响

农业技术因素是指在蔬菜生长期间所采取的耕作技术措施，其影响主要包括如下方面：

1. 施肥的影响

氮磷钾比例适当、有机肥和无机肥搭配、施肥时期合理的蔬菜耐贮运。施肥不合理，或营养缺乏的蔬菜不耐贮运。例如，大白菜缺钙时，易发生干烧心病。

2. 灌溉的影响

灌溉适量而且适时，有利于提高产量及品质，反之则不然。例如，采前灌溉，蔬菜吸水严重，表皮易开裂，贮运期间蔬菜组织易发生机械伤害，产品不耐贮运。

3. 修剪和疏花疏果的影响

适当的修剪和疏花疏果，有利于减少瓜果类蔬菜果实的数量，保证果实的营养供给，提高果实的耐贮性。如不进行疏花疏果，瓜果数量过多，营养供给不足，个体小而且不耐贮运。

4. 田间病虫害防治的影响

田间病虫害防治不到位，发生了病害的蔬菜，在贮藏期间会迅速腐烂变质；昆虫危害的蔬菜，有明显的机械伤害，病菌易从伤口侵入，引起腐烂；有潜伏的病菌存在时，在贮藏、运输期间会逐渐发病，引起腐烂。因此，要做好田间的病虫害防治工作，防止将病虫害带入贮藏库。

5. 生长调节剂使用情况的影响

采前适当使用生长调节剂，可提高蔬菜品质，改进蔬菜的耐贮性。但过量使用生长调节剂，会引起蔬菜异常生长，影响蔬菜的食用安全性和贮藏性。因此，要根据国家有关规定，合理使用生长调节剂，严防生长调节剂的滥用。

6. 大棚栽培的影响

大棚栽培的蔬菜，生长温度适宜，湿度较高，生长速度快，蔬菜组织细嫩，但大棚内光照较弱，昼夜温差小，干物质积累较少，贮藏性能较差。

第二节　呼吸作用引起的品质变化与控制

一、呼吸作用与品质变化

呼吸作用是新鲜蔬菜正常的代谢活动。只有维持蔬菜的呼吸作用，才能保持其生命力，保证蔬菜良好的品质。呼吸作用的强弱，通常用呼吸强度的大小来衡量。蔬菜的品质变化与呼吸作用的类型和呼吸强度的大小有关。呼吸作用有两种类型，一是有氧呼吸，二是无氧呼吸。在正常情况下，蔬菜进行有氧呼吸，形成中间产物和生物能，以满足生命代谢的需要。在异常情况（如严重缺氧）下，则发生无氧呼吸。呼吸强度越大，蔬菜消耗的营养成分就越多，蔬菜衰老速度就越快，贮藏寿命就越短。因此，要尽量采用适宜的贮藏环境，抑制蔬菜的呼吸作用，降低呼吸强度。例如，可以通过适当降低贮藏运输环境中的氧气浓度，提高二氧化碳浓度的方法来抑制呼吸作用，降低呼吸强度，延长贮藏期。但是，如果贮运环境中的氧气浓度过低，或者二氧化碳浓度过高，蔬菜就会发生无氧呼吸。而强烈的无氧呼吸，则会导致蔬菜组织产生乙醛、乙醇等物质，使蔬菜出现异味，最终导致组织的腐烂变质。因此，在贮藏运输期间，既要控制呼吸作用，但又要适度，要使蔬菜能够维持正常的代谢，以维持其生命活动。

二、呼吸作用的影响因素及控制

如前所述，呼吸作用的强弱可以从呼吸强度的大小反映出来。影响呼吸强度的因素较多，其中贮藏运输环境的温度是最主要的因素。在一定温度范围内，温度越高，酶的活性越强，呼吸强度越高，但当温度超过35℃时，与呼吸作用有关的酶活性下降，呼吸强度降低。其次，适当降低贮藏运输环境中的氧气浓度，提高二氧化碳浓度，及时清除蔬菜产生的乙烯，也可降低呼吸强度，减少养分消耗，延长贮藏期。但是，氧气浓度过低，或二氧化碳浓度过高，则会加速无氧呼吸，引起蔬菜伤害。此外，机械损伤、病虫害的发生，都可以提高蔬菜的呼吸强度，影响贮藏期。再有，贮藏环境中的相对湿度也影响蔬菜的呼吸强度，例如，新鲜蔬菜尤其是叶菜类蔬菜，在相对湿度过低的条件下贮藏时，失水严重，组织萎蔫，引起呼吸作用加强，代谢异常。不同种类的蔬菜对相对湿度的要求不同。关于各种蔬菜适宜贮藏的相对湿度，将在第七章各种蔬菜贮藏保鲜方法中加以介绍。

要抑制呼吸作用引起的品质变化，就必须了解呼吸作用的影响因素及各因素的作用方式。在贮藏新鲜蔬菜时，要根据以上影响因素，选择该品种适宜的贮藏运输温度、相对湿度和气体成分。需要特别强调的是，不同品种适宜的环境条件各不相同，贮藏前，应对此加以了解和选择。

第三节　水分蒸发引起的品质变化与控制

一、水分蒸发与品质变化

新鲜蔬菜的水分含量很高，大多在80％～95％范围内。如此高的含水量，赋予蔬菜良好的外观质量和新鲜品质。新鲜蔬菜贮运保鲜的任务之一，就是要控制其水分损失，保持蔬菜的重量和新鲜度。蔬菜的水分损失主要是蔬菜组织的蒸发作用造成的。蒸发作用越强，水分损失越多，蔬菜的重量减轻越明显，组织萎蔫程度越高，代谢异常越严重，异味越明显，组织抗病力越弱，产品的耐贮性越差。因此，在贮藏运输期间，要尽量控制新鲜蔬菜自身水分的损失。然而，部分蔬菜在贮藏前应进行一定的程度的晾晒脱水处理，以增强其耐贮性。例如，大白菜贮藏前，应在自然条件下适度脱水（以 5％左右为宜），使其体表产生一定的弹性，减少贮运过程中的机械伤害，提高贮藏性能。大蒜头、洋葱等鳞茎类蔬菜，也需在贮藏前适度干燥，使其表皮呈现干燥的状态，以减少腐烂。

二、水分蒸发的影响因素与控制

影响水分蒸发的因素主要有如下几个方面。一是贮藏环境的温度。温度越高，蒸发作用越强，蔬菜失水就越快。二是贮藏环境的空气相对湿度。相对湿度越低，水分损失越快。三是贮藏环境的气体流速。气流速度越快，失水速度就越快。因此，在贮藏运输过程中，要根据贮藏运输品种的不同要求，适当地降低贮运温度，采用适当的相对湿度和气体流速，以抑制水分蒸发，减少因失水导致的贮运损失。同时，还可根据品种的要求采用适当的包装，抑制水分损失。

第四节　乙烯积累引起的品质变化与控制

一、乙烯积累与品质变化

乙烯是促进蔬菜生长、发育和衰老的植物内源激素。贮运环境或蔬菜组织内部的乙烯浓度越高，这种促进作用越明显。在成熟后期，部分瓜果类蔬菜的果实呼吸强度急剧升高，然后达到一个高峰值，接着迅速下降，这种现象叫作呼吸跃变现象。具有呼吸跃变的果实，叫作跃变型果实或者高峰型（因为有呼吸高峰）果实，没有呼吸跃变的果实叫作非跃变型果实。跃变型瓜果类果实包括番茄、西瓜等。某些非瓜果类蔬菜在衰老过程中，也有类似呼吸跃变现象，如花椰菜采后有跃变现象。跃变型果实在未熟阶段时乙烯含量很低，果实进入成熟阶段时会出现乙烯含量的高峰，随之引起呼吸跃变，导致果实内部的淀粉含量下降，可溶性糖含量增加，甜度提高，酸味变淡，有色物质和水溶性果胶含量增加，果实硬度和叶绿素含量下降，果实呈现出色香味最佳的食用品质。乙烯高峰之后，果实也通过了呼吸跃变期，进入衰老期，此时品质急剧下降，抗逆性和耐贮性随之下降。外源乙烯也可促使呼吸跃变的提前到来，甚至可促使呼吸跃变的重复出现，从而加速果实的成熟衰老和果实品质的下降。非跃变型瓜果类蔬菜如黄瓜等，在贮藏期间没有明显的乙烯变化过程和呼吸高峰出现。随着贮藏期的延长，果实风味逐渐变淡，耐贮性和抗病性也随之降低。

二、影响乙烯形成的因素与控制

影响蔬菜组织中乙烯形成及品质变化的因素主要有以下几个方面。第一，果实成熟度的影响。对跃变型果实而言，果实进入成熟阶段后，便开始出现乙烯高峰，乙烯高峰的出现，引起呼吸高峰的出现。呼吸高峰出现后，品质就随之下降，耐贮性减弱。因此，一般选择成熟度较低的果实用于贮藏，以获得较长的贮藏期。第二，贮藏温度的影响。在一定的温度范围内，贮藏运输温度越高，乙烯高峰出现得越早，呼吸跃变就出现得越早，贮藏期越短。因此，要根据不同品种选择合适的贮藏运输温度。第三，贮藏运输环境中气体成分的影响。低浓度氧气环境，能减少乙烯的形成；高浓度二氧化碳的环境，可抑制乙烯的形成，还能降低乙烯对果实的催熟效应。第四，机械伤害和病虫害的影响。当蔬菜受到机械伤害或病虫害后，便会产生乙烯。第五，产品混装的影响。蔬菜混装时，某些产品形成的乙烯，会促进其他产品提前进入成熟期，促进其乙烯的形成，加速其衰老。第六，乙烯累积的影响。蔬菜贮藏在密闭的环境中，乙烯会积累下来，浓度逐步提高。当乙烯的浓度达到一定程度时，便可促进蔬菜的成熟。

要控制乙烯导致蔬菜的快速成熟，可以根据以上因素，采用对应的措施。一是选择未通过呼吸跃变的瓜果类果实用于贮藏运输；二是选择适合该品种的低温贮藏运输；三是选择适合该品种的高二氧化碳、低氧贮藏运输；四是选择没有机械伤害和病虫害的蔬菜贮藏运输；五是防止产品的混装；六是在贮运过程中适时进行通风换气，或者采用乙烯吸收剂脱除贮藏运输环境中的乙烯，以降低乙烯浓度，抑制蔬菜的成熟衰老和品质劣变。

第五节　酶促反应引起的品质变化与控制

一、酶促反应与品质变化

　　蔬菜在贮藏过程中所发生的一切生化反应，大多是在酶的作用下进行的，这些反应，叫作酶促反应。酶促反应速度越快，新鲜蔬菜就成熟越快，品质变化也就越快，贮藏期就越短。就新鲜瓜果类蔬菜果实而言，品质变化的一般规律是，在成熟过程中，随着成熟度的提高，果实品质逐渐达到最佳食用品质。在此以后，随着成熟度的进一步提高，果实逐渐走向衰老，风味逐渐变淡。

二、酶促反应的影响因素与控制

　　影响酶促反应速度的主要因素有贮藏运输温度、气体成分、机械伤害和病虫害等。在一定的温度范围内，贮藏运输温度越高，酶促反应速度越快。在一定浓度范围内，氧气浓度越高，或者二氧化碳浓度越低，酶促反应越快，蔬菜成熟越快。此外，机械伤害和病虫害可刺激酶促反应的加剧。所以，可通过选择没有机械伤害和病虫害的蔬菜，采用适宜的贮藏运输温度和气体成分，来抑制酶促反应的进行，延长贮藏运输期。但是，不同种类、品种的蔬菜，适宜的贮藏运输温度和气体成分都不同。生产中，应当根据不同种类、品种的贮藏运输特性，选择适宜的贮藏运输温度和气体环境。各种蔬菜的适宜贮运条件将在第七章的各种蔬菜贮藏方法中分别介绍。

第六节　侵染性病害引起的品质变化与控制

一、侵染性病害与品质变化

　　侵染性病害是指由蔬菜病原微生物引起的病害。侵染性病害的发生，轻则引起部分蔬菜腐烂变质，重则导致整库蔬菜腐烂，贮运失败。

二、侵染性病害的影响因素与控制

　　侵染性病害的发生，与以下因素有关。一是蔬菜的抗病性。蔬菜的抗病性与种类、品种有关，贮运时应当选择耐贮运的种类品种。蔬菜的抗病性还与蔬菜的成熟度有关。二是机械伤害。机械伤害导致蔬菜表皮出现伤口，伤口是微生物侵染的入口。在蔬菜采收贮运过程中要做到轻拿轻放，避免机械伤害。这是搞好贮藏运输的先决条件。三是贮藏环境的卫生状况。贮藏环境卫生良好，病原微生物基数小，蔬菜染病的危险性小，腐烂少。四是贮藏运输温度。新鲜蔬菜在该品种适宜的贮藏运输温度下，抗病力强，腐烂少，应根据不同品种对温度的不同要求，选择贮藏运输温度。五是贮藏环境的气体成分。不同品种有其最适合的二氧化碳浓度和氧气浓度范围。在该气体成分范围内，侵染性病害发生轻。六是贮藏运输环境的相对湿度。高温高湿是侵染性病害发生的重要条件。因此，要选择该品种适宜的空气相对湿度。七是蔬菜个体之间的相互感染。同一贮藏库中，一旦有蔬菜个体得病，就会迅速传染到其他个体。生产中常用单棵包装、及时清除腐烂个体、适期结束贮藏运输期等办法，防止病情的继续发展，减小贮运损失。

第七节　生理病害引起的品质变化与控制

生理病害是由于贮藏条件的不适，引起新鲜蔬菜代谢异常，出现各种非微生物引起的病害。这些病害通常是由不适宜的低温、气体环境所致。

一、冷害引起的品质变化与控制

各种新鲜蔬菜都有其适宜的贮藏运输温度范围，这个温度范围有上限和下限。低于下限时，就会引起代谢失调。由冰点（冰点是指蔬菜组织结冰的温度）以上低温引起的代谢失调就是冷害，大多数蔬菜组织的冰点在$-1℃\sim0℃$之间。冷害的症状主要表现为表皮组织坏死、褐变、呈现水渍状斑块，个体不能正常成熟，如番茄遭受冷害后，不能正常变软和着色。影响冷害发生的因素除了种类、品种以外，主要是低温的强度和时间。贮运温度越低，或在低温环境中的时间越长，蔬菜冷害发生程度越重。要控制冷害的发生，一要根据种类品种选择适宜的贮藏运输温度，即贮藏运输温度不能过低；二要选择合适的低温贮藏运输时间，即要求在冷害发生前结束低温贮藏运输；三要注意同一种类、品种蔬菜，成熟度低的对低温敏感一些。如青椒比红椒容易发生冷害，青番茄比红番茄易发生冷害。四是注意采收季节对蔬菜冷害的发生也有一定的影响，如夏季采收的茄子比秋季采收的易发生冷害。还可采用逐步降温低温贮藏法、间歇升温低温贮藏法、热激处理结合低温贮藏法，以减轻蔬菜的冷害。

二、冻害引起的品质变化与控制

与冷害不同，冻害是指发生在蔬菜组织冰点温度以下的低温伤害。其症状与冷害相差不大，只是更加严重一些。受冻的组织最初出现水渍状，然后变成透明或半透明水煮状，并产生异味，部分蔬菜发生色素降解，呈灰白色或者产生褐变。不同种类、品种的蔬菜发生冻害的温度不同。在引起冻害的低温下，温度越低或（和）低温持续时间越长，冻害发生越严重。冻害的控制措施与冷害的基本相同。一是要根据不同品种选择合适的低温贮运；二是要选择合理的贮藏期限；三是要考虑到成熟度低的蔬菜（如南瓜、番茄、辣椒等）更加容易发生冻害，并根据蔬菜的成熟度不同来选择贮藏运输温度。蔬菜发生轻微的冻害时，不宜立即搬动，否则会因搬动而伤害蔬菜组织。应在4℃～5℃的温度下缓慢升温，缓慢解冻，使组织恢复正常。如果解冻温度过高，解冻速度过快，则可能导致蔬菜组织中的冰晶溶化过快，组织无法吸收其水分而出现流汁现象，使得细胞脱水干枯，营养损失。

三、气体伤害引起的品质变化与控制

正常空气组成是氮气78%，氧气21%，二氧化碳0.03%，稀有气体0.94%，其他气体和杂质占0.03%。在正常空气组成的基础上，适当降低贮运环境中的氧气浓度，提高二氧化碳浓度，可抑制蔬菜衰老，延长贮藏期，这是气调贮藏的基本原理。但是，氧气浓度过低，或者二氧化碳浓度过高，都会导致气体伤害。蔬菜发生气体伤害时，正常的呼吸作用受到影响，出现无氧呼吸，生成乙醇和乙醛等物质，组织出现异味，局部表皮组织下陷，产生褐色斑点。如在低氧条件下马铃薯可能发生黑心病；番茄表皮凹陷、褐变；蒜薹变暗发软。不同种类、品种的蔬菜发生气体伤害的条件不同，而且差异很大。如结球莴苣在1%～2%的二氧化碳中就遭到伤害；绿菜花、洋葱和蒜薹能忍耐10%的二氧化碳。要控制气体伤害的发生，必须根据不同种类蔬菜对气体浓度的不同要求，选择合适的气体组分及其浓度。不同种类蔬菜适宜的气体组成将在第七章中加以介绍。

第八节　机械损伤引起的品质变化与控制

一、机械损伤与品质变化

机械损伤，又叫机械伤害，是指由外部力量引起的蔬菜组织的伤害。如采收时的拉伤、摔伤，搬运时的压伤、倒伤，运输时的颠簸伤、碰伤等伤害。蔬菜表皮发生轻微的机械损伤后，可依靠蔬菜的生命力使伤口愈合。但是，蔬菜表皮或蔬菜组织内部发生严重的机械伤害后，依靠蔬菜自身无法使其愈合。蔬菜发生机械伤害后，一是会引起呼吸作用增强，呼吸强度提高，呼吸消耗增加，品质劣变，有时还会出现异味。二是会给病原微生物提供侵染的伤口，导致蔬菜腐烂变质。

二、机械损伤的控制

控制机械伤害的有效办法是文明采收、装卸、运输和贮藏。操作过程中，务必做到轻拿轻放，防止采收时的拉扯、抛掷，包装时的刺伤（包装材料内壁粗糙所致），搬运时的重压、倾倒、抛掷，运输时的散装散运、倾倒、颠簸、碰撞等。只有避免机械伤害，才能保证新鲜蔬菜具有良好的贮藏效果。有机械伤害的蔬菜，即使是耐贮的品种，也同样不耐贮藏。笔者认为，确保蔬菜没有机械伤害，是搞好蔬菜贮藏运输的首要条件。

第九节　发芽引起的品质变化与控制

一、发芽与品质变化

发芽是指蔬菜的生长点萌动，出现新芽的现象。部分蔬菜采收后不会马上发芽，如马铃薯采收2~4个月内不会发芽，萝卜和胡萝卜、大蒜头和洋葱采收后都不会马上发芽。蔬菜采收后不会马上发芽的现象称为休眠。处于休眠期的蔬菜，代谢微弱，呼吸消耗少，品质变化小，抗逆性强。这些蔬菜一旦通过了休眠期，就开始发芽生长，组织内的营养物质就迅速向生长点转移，呼吸作用增强，营养消耗增加，风味变淡，食用价值降低，感官品质变差。贮藏实践中常利用部分蔬菜休眠的特性，通过贮藏条件的控制，想方设法来延长休眠期，以延长贮藏期，保持蔬菜良好的品质。

二、发芽的影响因素与控制

影响休眠期长短的因素主要有蔬菜的种类品种、贮运温度、贮运环境的相对湿度、气体成分等。一般而言，适当的低温、干燥、低氧和高二氧化碳条件，能够延长休眠期。生产中还利用^{60}Co γ射线对大蒜头、洋葱等蔬菜进行一定剂量的照射处理，以抑制其发芽，延长贮藏期，并且取得了很好的效果。有的研究还使用化学物质来抑制马铃薯、洋葱等的发芽。但是，使用化学物质时，必须符合国家有关食品安全标准的规定。

第二章　新鲜蔬菜的采收与采后处理技术

第一节　蔬菜的采收技术

一、蔬菜的采收成熟度

蔬菜的种类繁多，食用部位不同，其采收成熟度不同。要搞好蔬菜的贮藏保鲜，必须了解不同蔬菜的采收成熟度，并据此采用合适的采收技术。合理的采收成熟度和良好的采收质量是搞好新鲜蔬菜贮藏的基础。成熟度和采收质量直接影响到蔬菜的内部品质和贮藏性能，从而影响蔬菜的贮藏寿命。

不同种类的蔬菜食用部分不同，有的食用叶片（叶菜类），有的食用果实（瓜果类），有的食用块根、块茎（根茎类），还有的食用花朵或花茎（花菜类）。即使是同一类蔬菜，其不同品种采收成熟度的判定办法也千差万别，不能一概而论。一般而言，叶菜类要求个体充分长大时采收，此时产量已经基本形成，营养成分积累完成，耐贮藏；瓜果类因品种不同而有所差异，用于贮藏的黄瓜一般在其个体充分长大，种子尚未膨大，瓜形挺直时采收；用于贮藏的冬瓜、南瓜一般在其表面形成完整的蜡质层时采收；苦瓜一般在果实充分长大，颜色尚未转黄或转红时采收；根菜类蔬菜也因品种不同而不同，萝卜一般在其个体充分长大，肉质紧密、尚未空心或纤维化时采收；胡萝卜要求在其个体充分长大，肉质紧密，但心部未硬化时采收；鳞茎类蔬菜（洋葱、大蒜）和块茎类蔬菜（马铃薯、芋头和生姜等）一般要求在地上部分变黄、枯萎和倒伏时采收；花菜类蔬菜中的黄花菜要求在花蕾充分长大，即将开花但尚未开花时采收；蒜薹（花茎）一般要求在其充分长成时采收。总之，蔬菜的采收成熟度因品种不同而异。

二、蔬菜的采收方法

不同种类的蔬菜采收方法不同。归纳起来，有机械采收和人工采收两种。采收时，应根据不同种类选择合适的采收方法。用于贮藏保鲜的蔬菜，一般要求采用人工采收。人工采收的具体方法也因品种而异。有的用锄头挖，有的用刀割，有的直接用手采摘。采收过程中，蔬菜容易遭受擦伤、刺伤、压伤、挤伤、摔伤和其他机械伤害。机械伤害的发生，一是会导致蔬菜呼吸作用加剧，呼吸消耗增加，贮藏品质降低；二是会使蔬菜产生伤口，给病菌的侵入打开方便之门，从而造成蔬菜腐烂，降低贮藏期间的完好率，缩短贮藏期。因此，无论采用什么方法采收，都应当注意选择合适的采收时间，采用合适的采收和运输工具，做到轻拿轻放，严禁把蔬菜挖伤、摔伤、挤伤、压伤、碰伤和抛伤。

第二节　新鲜蔬菜的商品化处理

蔬菜的种类繁多，特性各异，必须根据不同种类进行不同的商品化处理，使其成为商品，参与流通、贮藏和运销。只有经过选别、分级和相关商品化处理的蔬菜才能实现优质优价，抵抗机械伤害和微生物侵染，实现安全运输，降低腐烂率；只有商品质量优良的产品才具有市场竞争力。

一、预贮

新鲜蔬菜含有较多的水分和热量，采后必须及时降温，排除田间热和过多的水分，愈合在收获或搬运中造成的伤口，才能有效地进行贮藏保鲜，这一处理过程就叫作预贮。预贮的方式有两种，一种是将蔬菜摊放在低温阴凉的条件下，经过几天时间，使表皮的水分部分蒸发，伤口得到愈合。另一种是对蔬菜实施冷链保藏。即将新鲜蔬菜经过商品化处理后，在贮运前尽快将体温降到适宜的低温，即进行预冷处理。因此，预冷处理也可以说是一种预贮处理。

1. 预贮的目的和意义

新鲜蔬菜在收获、装运过程中难免遭受机械损伤。如不及时处理，遇到不适条件或被病菌感染时，容易造成大量腐烂损失，故采收后必须及时进行预贮处理。其目的为：散发田间热，降低蔬菜温度，使其尽快降到适宜的贮运温度；愈合伤口，在适宜条件下机械损伤能自然愈合，增强抗病力；适当散发蔬菜表面的部分水分，使表皮柔软，以增强蔬菜对机械损伤的抵抗力；蔬菜表面适当失水后形成柔软的凋萎状态，可抑制内部水分过度蒸发，保持新鲜饱满状态；经过预贮处理后，已受伤的表皮组织往往变色或腐烂，易于识别，便于及时剔除，以保证商品质量。

2. 预贮的方法、措施

（1）预贮。将采后的新鲜蔬菜放置在通风良好、阴凉、干燥、清洁的场所适当摊凉，经 3～5 天自然降温，使其适当失水（如大白菜以晾晒脱水 5％左右为宜）；也可将蔬菜放置在冷藏条件下以降低温度，并使其适当蒸发水分。预贮中要注意防止放置时间过长、失水过度而使蔬菜组织萎蔫、皱缩，品质劣变，降低耐贮性。

（2）愈伤。收获后的蔬菜如遭受机械损伤，在预贮过程中条件适宜时，轻微伤口会自然产生木栓愈伤组织、逐渐使伤口愈合，这是生物适应环境的一种特殊功能。利用这种功能，人为地造成适宜的条件以加速产品愈伤组织形成，就称为愈伤处理。马铃薯、南瓜等蔬菜的愈伤过程可在预贮期间完成。

二、预冷

1. 预冷的概念及意义

蔬菜采后在运输和冷藏前必须尽快将其体温降到适宜的低温，这种贮藏或运输前预先人为的降温措施就叫预冷。预冷也是一种预贮处理，它是低温冷链保藏运输系统中必不可少的环节。为了保持蔬菜的新鲜度和货架寿命，预冷措施必须在产地采收后立即进行。若不及时降温预冷，在运输和贮藏过程中，蔬菜的鲜度和品质一旦下降，达到过熟状态就不可能再恢复到先前的新鲜状态。而且，未经预冷处理的蔬菜，在运输和冷藏中要降低其温度，需要更大的制冷能力，这在设备动力上和蔬菜商品价值上都会遭受更大的损失。如果在产地及时进行了预冷处理，以后只需用较少的冷却能力和适当的防热措施就能达到防止运输车和冷藏车内蔬菜温度上升的目的。蔬菜采后尽快预冷，可以迅速抑制呼吸和蒸发等生理活动，有效地防止蔬菜新鲜度和内部品质的下降。

2. 蔬菜预冷时要注意的问题

一是预冷要及时。蔬菜必须在产地采收后尽快进行降温处理，所以要求在蔬菜产地建设能降温的冷却设备。一般的方法是在冷藏库中以该品种适合的贮运温度来进行降温处理。例如，蒜薹适宜的贮藏温度为－1℃～0℃，我们就利用这一温度将采收后的蒜薹迅速进行预冷处理。二是要根据蔬菜种类、形态等生物学特性选择适宜的预冷方法。如叶菜类可采用冷空气冷却法预冷，莲藕可采用冷水冷却法预冷。三是要掌握好预冷的速度。为了提高冷却效果，除了要及时冷却外，还要快速冷却。蔬菜预冷的最终温度一定要在冰点温度以上，否则将造成冷害或冻害。预冷温度应以接近该品种蔬菜最适贮藏温度为宜。四是要在预冷后及时贮藏或冷运。蔬菜经过预冷后，应及时在稍低的适宜温度下贮藏或运输，若仍放在常温下存放、运输，则品质很难保持，甚至会由于温度的急剧变化而加速腐烂。

3. 预冷的方法

预冷方法有冷空气冷却或风冷却（先用制冷设备将空气冷却，再用冷空气来冷却蔬菜）、冷水冷却（先将水冷却，再用冷水来冷却蔬菜）和真空冷却（将蔬菜放置在低温、有一定真空度的密闭库内进行冷却）等方式，它们各有其优缺点，其中以冷空气冷却法最经济实用，但这种方法冷却能力差，需要合理堆码才利于通风降温。

三、防腐处理

新鲜蔬菜的含水量很高，极易失水、失重，甚至腐烂变质，有些蔬菜需要进行防腐处理才能长期贮藏。用于新鲜蔬菜防腐处理的物质一般包括防腐剂、被膜剂。使用这些物质时，必须遵守《食品安全国家标准 食品添加剂使用标准》（GB 2760）的规定，不得滥用食品添加剂，更不得使用非法添加物。GB 2760 中明确了不同产品允许使用的防腐剂和被膜剂等物质的种类、使用范围和最大用量。现将该标准中允许在新鲜蔬菜防腐处理中使用的物质摘录如表 2－1、表 2－2。

表 2－1　　　　GB 2760 许可用于新鲜蔬菜表面处理的添加剂名单

添加剂名称	功　能	最大使用量（克/千克）	备　注
2,4－二氯苯氧乙酸	防腐剂	0.01	残留量≤2.0毫克/千克，属于生长调节剂类物质
对羟基苯甲酸酯类及其钠盐（对羟基苯甲酸甲酯钠、对羟基苯甲酸乙酯及其钠盐）	防腐剂	0.012	以对羟基苯甲酸计

续表

添加剂名称	功　能	最大使用量（克/千克）	备　注
聚二甲基硅氧烷	消泡剂被膜剂	0.0009	
山梨酸及其钾盐	防腐剂、抗氧化剂、稳定剂	0.5	以山梨酸计
松香季戊四醇酯	被膜剂	0.09	
辛基苯氧聚乙烯氧基	被膜剂	0.075	

表 2-2　GB 2760 许可用于新鲜蔬菜（仅限蒜薹和青椒）防腐处理的添加剂名单

添加剂名称	功能	最大使用量（克/千克）	备注
仲丁胺	防腐剂	按生产需要适量使用	残留量≤3 毫克/千克

防腐剂的作用在于防止微生物在蔬菜上的繁殖，起到抑制腐烂的作用。被膜剂的作用是涂抹到蔬菜表面后，在蔬菜表面形成一层保护膜，以抑制蔬菜的呼吸作用，隔绝微生物的侵染，同时还作为防腐剂的载体，使防腐剂能够附在其上，分布在蔬菜的表面，以发挥防腐作用。

在使用食品添加剂时，必须遵守以下原则。一是在达到预期效果的情况下，尽可能降低在食品中的用量（即能够不用时尽量不用；能够少用时尽量少用）。二是同一功能的食品添加剂（相同色泽的着色剂、防腐剂、抗氧化剂）在混合使用时，各自用量占其最大使用量的比例之和不得超过 1。

四、选别、分级

1. 目的要求

蔬菜在生长期间受到自然和人为因素的双重影响，其产量和品质的差异很大。收获后产品的大小、重量、形状、品质等很难一致。这样的产品，在市场上难以卖到好的价格。为了使产品销售的商品规格一致，便于包装、贮运和销售，有必要进行选别和分级处理。选别和分级有如下好处：

（1）有利于蔬菜实现按质论价，体现优质优价的原则。也就是说，质量好的产品能够卖到好的价格。一批经过选别和分级的产品，平均价格和总价格肯定比未选别和分级的高。

（2）有利于剔除腐败、损伤、病虫害感染的不合格蔬菜，实现规格标准化。对属于检疫对象的病虫害，检出后应立即销毁，防止传播。

（3）有利于标准化包装、成件、堆码和装卸，便于蔬菜的贮藏、运输、销售和管理。

2. 选别、分级的方法

选别就是将预贮后的蔬菜产品进行分选，剔除腐烂、破损、畸形和病虫危害等不合格产品。分级就是根据产品的大小、颜色等指标，将其分成不同的等级。不同蔬菜的分级方法不同，番茄等果实的分级，一般是利用简单的工具进行人工操作。选别分级的工具为分级板，即在一块木板上按分级规格标准打出不同大小规格的圆形孔洞，将挑选合格的不同大小的果实通过不同大小的孔洞，就能把番茄按大小进行分级，然后将不同大小的果实分别装箱。也可用滚筒式分级机分级，即在滚筒式分级机上有大小不同的圆形孔，原理与分级板相同。现在有的地方开始使用感应设备将果实按照颜色和含糖量等指标进行无损害分级。大部分蔬菜的分级，仍采用人工方法。

五、清洗、被膜

1. 清洗、被膜的作用

大部分蔬菜只需进行清理和包装后就能进行贮藏，但少部分蔬菜上市前还需经过清洗和被膜处理。清洗、被膜有如下作用：一是通过清洗，使蔬菜增加光泽、改善外观品质，提高商品价值。二是清洗后可以减少病原微生物的感染，降低腐烂率。三是减少蔬菜的水分蒸发损失，保持蔬菜的新鲜度。四是抑制蔬菜的呼吸作用，减缓养分的消耗损失，延长贮藏期。

2. 清洗、被膜的方法

一般先用清水采用高压喷淋冲洗蔬菜，再将干净的蔬菜进行被膜处理。被膜的方法有三种。

（1）浸涂法。将蔬菜专用被膜剂配制成适当浓度的溶液，把清洗干净的产品浸入此溶液中，使蔬菜表面沾上一薄层涂料后立即取出晾干或烘干，然后进行包装、贮运。该法一般适用于果菜类。

（2）喷涂法。先把果实类蔬菜清洗、干燥，再均匀地喷淋一薄层配制好的被膜剂。

（3）刷涂法。把果实清洗干净后，用细软毛刷沾上涂料溶液，将果实在毛刷间反复涂刷，使其形成均匀的涂料薄膜。毛刷可安装在被膜机上使用，也可人工涂刷。

3. 被膜处理应注意的事项

所用的被膜剂必须无毒、安全、无损人体健康。被膜剂的种类、使用方法、使用范围和使用浓度以及残留限量等，都必须符合国家标准GB 2760《食品安全国家标准　食品添加剂使用标准》的规定。被膜处理一般用于新鲜瓜果。被膜剂的厚薄应均匀、适宜。如果涂被过厚，会导致呼吸代谢失调，引起生理病害或品质风味劣变，产生异味甚至腐烂变质；若涂层过薄或厚薄不均，都会影响商品化的效果；被膜剂要成本低廉，操作简便，材料易得，省工省时，便于推广应用。

六、包装、成件

产品的包装包括内包装和外包装。内包装就是产品的最小单位包装，如几个大蒜装到一个小网袋的小包装。外包装就是在最小单位包装外面再进行包装，如最小单位包装外面的纸箱或其他容器。成件就是把装有蔬菜的包装箱捆扎好的过程。

1. 包装、成件的目的

包装、成件有利于保护产品，避免蔬菜等产品挤压擦伤，保持形态完整；减少产品的泄漏损失；隔离病虫危害，减少相互感染，防止产品腐烂变质；便于产品的装卸、搬运和销售，确保安全运输；增进产品的美观，提高商品价值；利用包装箱加强对产品的宣传，提高产品的知名度，增强产品的商品竞争力。

现在，我国越来越重视蔬菜的包装工作。经过包装，减少了蔬菜的腐烂损失，提高了产品的商品价值和经济效益。但是，我国蔬菜的包装比例还很低，包装方式也比较落后，给蔬菜贮运造成了较大的损失。

2. 包装容器

（1）包装容器的要求。蔬菜的包装分为内包装和外包装。无论是内包装还是外包装，都要用到包装容器。合理的包装容器应该具备以下条件：内包装容器要求柔软、质轻、无毒、无臭、符合国家食品安全要求。外包装容器要求牢固、光洁、坚韧，有一定强度，能承受相当的压力和撞击，不易破损，有利于贮存、堆码、装卸和搬运，甚至适应机械化装载运输方式，做到安全可靠。包装容器还要能防止机械损伤，减少蔬菜的失水损耗，保持清洁卫生，隔离污染物和病源，提供有利贮存环境条件以减少腐烂损耗。此外，取材容易，成本低廉，质量轻，体积小，能节省运费，便于周转回收或使用后易处理、销毁或便于再利用等，也是包装容器应该具备的条件。需要特别注意的是，在新鲜蔬菜包装容器上，一定要留有大小和数量适当的通风孔，以利于包装内外的气体交换。

（2）包装容器的设计。包装容器的设计，要根据各公司自己的情况来考虑，充分展现该公司包装的特点。包装容器的特点由形状、大小、规格、装潢、图案、色彩等方面组成，各方面都应根据蔬菜的种类品种、市场需要、贮运条件和流通环节、销售对象等诸多因素来进行设计。例如，便于零售的包装，可以设计成 0.5～1 千克的小包装；作为长期贮藏或长途运输的包装，则可设计成 10～20 千克的大包装。

3. 包装材料

（1）外包装材料。我国蔬菜的外包装材料多为纤维袋、瓦楞纸箱和塑料箱。纤维袋具有成本低廉、便于蔬菜散热透气等优点，但纤维袋不耐压，对蔬菜损伤较大。纸箱包装有许多优点，发展很快。纸箱包装的优点是：①纸质轻、容积小、载重量多；纸质轻柔而富有弹性和缓冲性，可抵抗振动和冲击，能保护蔬菜不容易受到机械伤害。纸箱便于人工和机械化装卸。②纸箱便于裁剪成形；能折叠，使用前后贮存时占用空间小，便于运输，运输费用小。③纸箱成本较低，材料易得，便于回收利用。④纸箱光洁平滑，不损伤鲜活产品，表面容易打印商标、图案，使商品标记清晰、美观、醒目，宣传效果好。作为外包装用的纸箱，关键是要有相当大的强度，才能承受装卸、堆码、搬运的振动和压力，需要在造纸和制箱工艺上加以改进。近年来研制的各种瓦楞波形纸箱，根据用途和需要裁剪成适当的形状和大小，并用高效黏合剂黏合，这种包装箱已逐渐得到推广应用。盛装新鲜蔬菜的纸箱常因吸湿回潮而使抗压强度降低，承受不了堆码的重压和搬运冲撞振动，需要经过特殊加工工艺。一般是在箱板纸上涂防水剂，防水剂以石蜡树脂为主要成分，可以防止吸湿和水分浸湿而垮塌。试验表明，普通纸箱在浸水后的残留强度只有 5.5%，而耐水纸箱在浸水后的残留强度为 48%，这种耐水纸箱用于包装新鲜蔬菜效果良好。塑料箱包装也发展很快，它的主要优点是牢固、结实、可长期反复使用；便于清选、消毒、杀菌和加工；形状、大小和颜色的规格多，可由工厂根据实际需要而生产。

（2）包裹、衬垫和填充材料。为了保护新鲜蔬菜在箱内免受损伤，包装箱内应有包裹、衬垫和填充材料。蔬菜包裹材料主要有保鲜膜。蔬菜用保鲜膜包裹后，失水少，可保持新鲜饱满的状态；可隔绝病菌的传播，腐烂率低，完好率高，风味正常。例如，可用保鲜膜对包菜进行单棵包裹。衬垫与填充材料要求柔软、质轻、清洁卫生。过去多用纸、草等材料，近年来已逐步推广使用各种工业合成的泡沫塑料板垫、网套等。如西瓜、甜瓜等瓜果类蔬菜，可用网套单个包装，再用隔板分层隔开。填充、衬垫后可确保贮运中的安全，避免损伤。应避免使用刨木花、稻壳、草屑等作为填充材料，这类材料中微生物含量多，会导致产品腐烂。

4. 装箱（装袋）

根据蔬菜的特点和各地贮运习惯，有的蔬菜常装箱贮运，有的则装袋贮运。装箱（袋）分为人工装箱（袋）法和机械装箱（袋）法两种。人工装箱（袋）法在我国应用较为普遍。无论采用哪种包装，一定要确保蔬菜在箱（袋）内稳定，不易滚动；底层承受的压力小；箱（袋）内通风透气性好。

5. 封口、捆扎成件、贴标

产品装箱（袋）后，经过检验合格者才能封口、捆扎成件。

（1）封口。不同的外包装如袋、篓、筐、箱封口的方式不同。总的原则是要求简便易行，牢固可靠。纤维袋一般用纤维带封口，筐、篓多用铁丝或纤维带捆扎，纸箱一般采用透明胶带黏合，木箱一般用铁钉封口。

（2）捆扎成件。木箱和纸箱封口后，为防止封箱不牢而发生破裂，常在箱外再加捆扎处理。木箱封钉后，可在两端距挡板 5 厘米左右处用铁丝捆扎一道；纸箱则多用尼龙扁带捆扎，也有的用胶带封箱后不再捆扎。

（3）贴标。捆扎成件后的箱上还应贴标，以标明内容物品名、等级、规格、个数、重量、生产地名、包装日期及其他必要的标记。标签要求印刷清晰、完整、准确、端正、牢固和持久。这对于树立商品的形象能起到广泛的宣传作用，对增强市场竞争力也是十分重要的。

七、催熟

大多数蔬菜不需要催熟，而番茄等蔬菜在田间生长时成熟度很不一致，有的采收时成熟度很低。为了使产品以一致的、最佳的成熟度、最佳的食用品质上市，需要对未成熟的个体进行人工处理，以促使其后熟。这种采收后促使后熟的过程就是催熟。

1. 催熟的条件

（1）用于催熟的蔬菜必须达到采收成熟度，催熟后才能达到正常的食用品质。

（2）催熟时一般需要较高的环境温度、相对湿度和充足的氧气。

（3）要使用适宜的催熟剂。

2. 催熟的方法

番茄催熟的方法很多，一般有如下几种：一是酒精催熟。将番茄置于 35% 左右的酒精水溶液内漂洗 5～10 秒钟，沥干水分后用纸包上，装在木箱内，于 18℃～20℃ 的温度下进行后熟。二是加温催熟。将番茄堆放在温度较高的地方，如室内、温室，促其后熟。催熟的适宜温度为 25℃～30℃，相对湿度为 85%～90%。超过 30℃ 时，则红色品种不能表现红色而呈黄色。用加温法催熟虽简单易行，但也存在着色不均、缺乏香气、味酸、催熟时间长、易造成腐烂等缺点。三是乙烯利催熟。在番茄果实已基本长大时，把 1000 毫克/千克的乙烯利溶液喷洒到番茄的果面上。5～10 天后，果实就会转红。这种方法可将番茄提前 4～7 天红熟。也可将采下还没有转红的番茄在浓度为 1000～2000 毫克/千克的乙烯利溶液中浸一下，浸后放在温暖的地方，使温度维持在 20℃～25℃，经过 3～5 天，就会红熟。

第三章　新鲜蔬菜的运输

第一节　新鲜蔬菜的特点及其对运输的要求

一、新鲜蔬菜的特点

新鲜蔬菜是鲜活产品，在运输过程中继续进行着呼吸作用等代谢活动。只有维持其正常的代谢，才能保证其具有良好的运输效果。同时，新鲜蔬菜的含水量高、营养丰富，容易腐烂变质。此外，新鲜蔬菜外皮饱满，容易遭受机械伤而引起腐烂。因此，在新鲜蔬菜的流通、贮运过程中，要根据其特点提供适宜的条件，确保产品的运输质量。

二、新鲜蔬菜对运输的要求

1. 要求及时装运

新鲜蔬菜含水量高，属于鲜活易腐产品，需要优先调运，不能积压、堆积。为了保持新鲜蔬菜的优良商品价值，延长货架期，要根据各品种的特性，尽可能提供其最适的贮运工具和环境条件，并保证及时装卸，快速装运。若因故不能立即调运，就应该在车站码头附近备用的适宜库房中暂存中转。在新鲜蔬菜上市季节，各地政府都制定了专门政策，要求运输部门优先运输，并在各公路设立了绿色通道，减少对新鲜蔬菜的设卡检查，确保新鲜蔬菜随时装运外调，保证销售渠道畅通无阻。

2. 要求文明装运

野蛮装卸和运输是导致新鲜蔬菜腐烂损失的主要原因。在装卸和运输过程中，要改善经营管理，做到轻装轻卸，杜绝野蛮装运，保证新鲜蔬菜不在装卸和运输过程产生新的机械伤，从而控制新鲜蔬菜的腐烂；同时，还要避免野蛮操作导致箱包破损使蔬菜泄露散落。应严格实施装卸责任制和损坏赔偿惩罚制度，并加强运输职工的职业素质教育和商品贮运知识的培训，采用必要的教育、行政和法制手段，以保证新鲜蔬菜的运输质量。

3. 要求适宜的贮运条件

在新鲜蔬菜运输中，应根据不同种类和品种的特性和对环境条件的要求，提供适宜的温度、湿度以及气体成分等运输条件，以防止品质劣变和腐烂。运输温度过高，会引起新鲜蔬菜呼吸作用加剧，营养物质消耗增多，病虫害蔓延，加速腐败变质。运输温度过低，则易使新鲜蔬菜产生冷害或冻害。在运输过程中，还要防止过度振动和撞击，以减少机械伤害导致的腐烂损失。

4. 要求合理包装、科学堆码

在运输过程中，新鲜蔬菜必须经过合理的包装和堆码，保证稳固安全。包装材料和规格应与产品相适应，做到牢固、轻便、防潮，且利于通风降温和堆码。堆码要稳固安全，且有利于通风，并能经济利用空间，增加运输工具的装载量。

第二节　新鲜蔬菜的运输方式

蔬菜的运输方式有铁路运输、水路运输、公路运输和航空运输四种。分别采用火车、轮船、汽车、飞机等现代化运输工具进行运输。产地还有少量的木帆船、畜力车、人力车等传统的民间运输工具。在进行产品运输时，要根据运输方式的特点，结合运输距离的远近，以及购销任务的缓急，合理选择和使用不同的运输方式和运输工具，以确保产品运输任务的顺利完成。

随着科学技术的发展和人民生活水平的提高，对于食物高质量的需求日益迫切。而新鲜蔬菜在适当的低温下贮藏、运输、销售，能够有效地抑制其代谢活动，最大限度地保持其良好的品质。为了保持鲜活蔬菜的优良品质，从商品生产到消费之间需要维持一定的、适宜的低温，形成从生产到销售整个过程的低温流通体系，在贮藏、运输、销售的系列过程中实行低温保藏，以防止产品新鲜度和品质的下降。这种利用低温冷藏技术连贯的贮运销售体系称为低温冷链贮运系统（简称冷链）。如果冷链系统中任何一环脱节，就将破坏整个低温冷链贮运系统的完整实施。整个冷链系统包含一系列低温处理冷藏工艺和技术。低温冷链贮运系统贯穿于从生产到消费的整个过程中。低温冷链贮运系统的组成见图3-1。

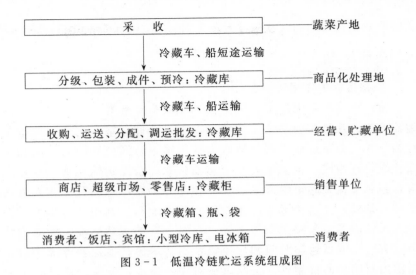

图 3-1　低温冷链贮运系统组成图

　　目前，发达国家基本实现了这种蔬菜流通的冷链系统。近年来，我国特色的低温冷链贮运系统也得到迅速发展。主要表现在冷藏库贮藏和冷藏车运输的规模不断扩大，超市的冷藏销售柜得到推广，家庭的冷藏冰箱得到普及。这一系统为稳定蔬菜的品质，延长贮藏期起到了重要的作用。

一、铁路运输

1. 铁路运输的作用和特点

　　铁路运输是现代化运输的重要方式之一。在各种运输方式中，铁路运输承担着全国货运量 50% 以上的任务，担负着长途运输的重任。它与水路、公路干线运输和短途运输相衔接，把全国各个地区联结成一个整体，对于加强地区之间、城乡之间的联系，促进经济发展，起着重要的作用。铁路运输的主要特点是运输能力大，运行速度快，运输距离远，管理高度集中，运输费用低。

2. 蔬菜铁路运输的技术要求

　　铁路运输的数量巨大，必须根据不同品种蔬菜对低温的要求，尽量采用保温车运输，给不同品种的蔬菜提供合适的温度。不同品种蔬菜所需要的适宜低温冷藏条件各不相同。各种蔬菜适宜的贮藏条件将在第七章中分别介绍。

　　此外，铁路运输的距离远，产地和目的地的气候条件差异大，要充分了解产地和目的地的气候条件对蔬菜的影响，并采取与之适应的对策。

二、公路运输

1. 公路运输的作用和特点

公路运输是指利用汽车、拖拉机、三轮车、畜力车为运输工具的陆路运输方式。凡是在公路上完成的运输都是公路运输，它是一种很重要的运输方式。公路运输主要是地区内的运输，地区公路网与铁路和水路干线相配合，构成了全国性的综合运输体系。公路运输四通八达，深入城乡，担负着蔬菜的短距离集散任务和部分中距离运输任务。大量的蔬菜进城，都要通过公路运输，才能使其从产地运送到祖国各地，以满足城乡人民的需要。公路运输可做到"点对点"的直达运输，能减少装卸环节，有利于缩短运输时间和加速资金周转。比其他运输方式在短途运输范围内有明显的优越性。公路运输对加速流通，发展经济具有十分重要的意义。特别是在无河流又无铁路的地区，不论长途和短途的运输任务，都要由公路运输承担。现在，我国已建立了高度发达的高速公路网，利用货运汽车把产地的蔬菜及时运输到市场销售，对蔬菜的供应起到了重大作用。

公路运输的特点是：投资少，见效快，机动灵活，运行速度快，装卸方便，便于开展"点对点"的直达运输。其缺点是：装运量小，燃料消耗大，运输费用高。利用公路运输灵活方便的特点，可以迅速集中或分散车站、码头的产品，提高运输效率。在交通不便，无铁路和水路的偏僻地区，公路运输还是长途运输的主要方式。

2. 蔬菜公路运输的技术要求

蔬菜的包装要适当，堆码要合理。包装和堆码既要紧凑以防止倒塌，又要通风以利于散热，还要能够防止颠簸导致机械伤害而引起腐烂。新鲜蔬菜的运输要采用周转箱包装，避免散装散运，杜绝采用硬质工具装卸，防止产品因反复倒腾而受伤。还要防止重压，车上的堆码层数不要过多，包装箱上严禁坐人或堆放重物。要根据沿途的气候条件和不同品种对温度、湿度的不同要求采用适当的温度、湿度调节措施，防止产品受冷或受热。在路面崎岖的公路上，车速要慢，尽量减少颠簸导致的机械伤害。装卸过程中要轻拿轻放，文明操作，防止产品碰伤、压伤。在中转换乘时，要将产品放置在环境适宜的清洁场所，避免日晒雨淋。

三、水路运输

水路运输可分为海上运输与内河运输两种。海上运输有近海运输和远洋运输之分。近海运输担负着国内各港口之间的货物运输任务；远洋运输担负着本国港口与外国港口对接的运输任务；内河运输担负着国内各地区之间的运输任务。水路货运量占全国货运总量的20％左右，是我国现代运输业的重要组成部分。水路运输又是比较经济的一种运输方式，它利用天然的海洋、河流进行运输，具有投资少、建设快、不占用农田的优势。采用海上运输方式时，通过能力不受限制，各种船舶都可以同时在海上运行。充分利用我国的河流、湖泊、海洋等天然水道的资源优势，再结合人工开辟的水上航线，形成纵横交错的水运网络，对于沟通城乡物资交流，加速蔬菜流通起到了很大的作用。

1. 水路运输的特点

水路运输的主要特点是：载运量大，耗能少，成本低。

2. 蔬菜水路运输的技术要求

装载产品前，应先清洗船仓，必要时还应消毒杀菌，尽量避免将不同性质的货物混装在同一舱房；防止病虫害感染和鼠虫危害，切忌有毒、有害、有异味的物质污染、刺激蔬菜，干扰其正常的生理生化变化，以减少运输途中的腐烂、变质和损耗。装载堆码要合理。即使是小船也要尽量避免散装，成件货品堆码时，要做到整齐平稳，仓底应垫平，防止倒塌。江河水面气候变化大，蔬菜上面应有遮盖物，以防热、防冷、防止水分蒸发，沿途护送人员应根据蔬菜对环境条件的要求进行科学管理。大型货轮装载需要用机械化装卸时，应注意安全，防止包装容器挤压变形而损伤产品。

四、航空运输

由于航空运输的成本较高，因此用于蔬菜运输的较少。但对于一些经济效益较高的蔬菜，也有采用航空运输的案例。例如，初春时节，某产地每千克香椿的收购价不到1元钱，但目的地的销售价却达到几十元甚至上百元。如此高的经济效益，也有利用空运的时候。

第四章　新鲜蔬菜的贮藏环境条件

蔬菜贮藏效果的好坏，首先取决于蔬菜本身因素，包括蔬菜的种类品种、栽培条件、采收质量、贮藏前处理等。其次，蔬菜一旦进入贮藏库，贮藏效果便受到贮藏库所能提供的环境条件的影响，包括贮藏温度、贮藏库空气相对湿度、贮藏库中空气组成（氧气、二氧化碳、乙烯、氮气、其他气体的浓度）、光照等。再者，贮藏管理水平的高低也是直接影响蔬菜贮藏效果的重要方面。新鲜蔬菜对环境条件的要求因品种、成熟度等的不同而不同。

第一节　贮藏环境的温度

一、贮藏温度

贮藏温度是指贮藏库中的空气温度。在一定温度范围内，贮藏温度越高，蔬菜的呼吸作用越旺盛，呼吸强度越高，呼吸消耗越多，产品失水越严重，贮藏病害发病越快，贮藏期越短，贮藏损失越大。

二、最适贮藏低温

虽然贮藏温度越高，贮藏期越短，贮藏效果越差，但并不是贮藏温度越低越好。任何一种新鲜蔬菜产品，都有其不同的最适贮藏低温。当贮藏环境低于这一温度达到一定时间后，新鲜蔬菜就可能发生冷害甚至冻害，影响贮藏效果。各种蔬菜的适宜贮藏条件将在第七章中分别介绍。

第二节　贮藏环境的空气相对湿度

一、贮藏环境的空气相对湿度

空气相对湿度也是影响蔬菜贮藏效果的主要因素。相对湿度过高，微生物繁殖快，由微生物引起的蔬菜腐烂严重，贮藏损耗增加；相对湿度过低，蔬菜水分蒸发作用强，失水速度快，组织干缩萎蔫，失重失鲜明显。不同种类品种的蔬菜对相对湿度的要求不同，这将在第七章中分别介绍。

二、最适贮藏相对湿度

每种蔬菜都有其最适贮藏相对湿度。大多数蔬菜在低温贮藏时，要保持较高的相对湿度，以90％～95％为宜；常温贮藏或者贮藏适温较高的蔬菜，一般要求较低的相对湿度，以85％～90％为宜；南瓜和冬瓜等瓜类蔬菜一般为70％～85％；而洋葱、大蒜等要求贮藏的相对湿度更低，为65％～70％。

第三节　贮藏环境的气体成分

一、调节气体成分组成的作用

正常空气中二氧化碳的浓度为0.03％左右，氧气浓度为21％左右。采收后的蔬菜个体仍然是有生命的，在贮藏过程中还存在着正常的呼吸作用，随着呼吸作用的进行，会消耗空气中的氧气，降低氧气浓度，同时产生二氧化碳，提高二氧化碳浓度。实践证明，相对于正常空气中的氧气和二氧化碳浓度而言，适当降低贮藏库内的氧气浓度和提高二氧化碳浓度，可以提高部分蔬菜的贮藏效果，延长贮藏期，降低腐烂率。但是，贮藏环境中二氧化碳浓度的过度提高或者氧气浓度的过度降低，都会降低蔬菜的贮藏效果。因此，不同种类品种的蔬菜都有其各自的最适贮藏气体组合。

二、最适气体组合

虽然适当降低贮藏环境中的氧气浓度、提高二氧化碳浓度可以抑制呼吸作用，延长贮藏期，但是，不同蔬菜产品对气体变化的敏感程度不同，不同种类品种都有其最适贮藏的最佳气体（氧气与二氧化碳）组合。蔬菜在这个气体组合下贮藏，能取得好的贮藏效果。但是，当贮藏环境中的氧气浓度过低，或者二氧化碳浓度过高时，反而会发生气体伤害。因此，要根据蔬菜种类品种的不同，选用不同的气体浓度组合。需要指出的是，由于产地、成熟度等情况的不同，同一种蔬菜，可能有多个适合的气体组合。此外，还要及时清除贮藏环境中的乙烯，以防止其促进蔬菜的后熟和衰老。表 4 - 1 是部分蔬菜气调贮藏的适宜条件。

表 4 - 1 部分蔬菜气调贮藏适宜条件

种　　类	氧气浓度（%）	二氧化碳浓度（%）	贮藏温度（℃）
番茄（绿）	2～4	0～5	10～13
	2～4	5～6	12～15
番茄（半红）	2～7	<3	6～8
甜椒	3～6	3～6	7～9
	2～5	2～8	10～12
洋葱	3～6	10～15	常温
	3～6	8	常温
花菜	15～20	3～4	0
蒜薹	2～3	0～3	0
	2～5	2～5	0
	1～5	0～5	0

第四节　贮藏环境的光照

　　光照条件也是影响新鲜蔬菜贮藏效果的重要因素，马铃薯等蔬菜要求避光贮藏。

一、光照与发芽

　　光照可以促进马铃薯等蔬菜发芽。马铃薯在有光照的条件下贮藏时，表皮和果肉容易变绿，甚至发芽。马铃薯变绿和发芽后，营养物质向生长点转移，食用部分的营养价值降低。马铃薯变绿和芽眼部分还含有较高浓度的有毒物质茄碱苷，影响食用安全。

二、光照与温度升高

阳光照射还会引起贮藏环境的温度升高，从而促进蔬菜呼吸作用加强，水分蒸发加剧，衰老进程加速，微生物繁殖速度加快，贮藏期缩短。

第五节　贮藏环境的卫生状况

一、卫生状况与贮藏效果

大多数贮藏场所都是永久性的贮藏场所。蔬菜年复一年地在其中贮藏，腐烂蔬菜所带的病原微生物在其中不断积累，卫生状况越来越差，给蔬菜带来潜在的危险越来越大。只要温度和湿度合适，这些微生物就会迅速繁殖、生长，侵染到蔬菜组织内部，引起蔬菜的病害发生，导致蔬菜腐烂变质，贮藏失败。尤其是在蔬菜表皮遭受到机械伤害时，病原微生物的致病速度更快。因此，必须通过必要的措施，对贮藏库进行消毒灭菌。

二、贮藏场所的消毒灭菌

蔬菜进入贮藏库前，一定要进行清扫和消毒灭菌处理，然后再进行通风换气。贮藏库的消毒灭菌方法，将在第五章和第七章中详细介绍。

第五章 新鲜蔬菜的贮藏方式

　　蔬菜的贮藏方式很多,常见的有常温贮藏、机械冷藏和气调贮藏。新鲜蔬菜收获后的损失主要来自两方面,一是微生物引起的腐烂,二是蔬菜本身的生理代谢所导致的失水、失重和生理病害。各类贮藏方式分别提供了不同的贮藏环境,以抑制微生物的危害,并延缓新鲜蔬菜失水和品质劣变过程。因此,各类贮藏方式所具备的有利条件的程度和水平的高低,就决定了它们对新鲜蔬菜贮藏效果的差异。

第一节 常温贮藏方式

一、常温贮藏的主要方式

　　常温贮藏是为调节蔬菜供应期所采用的一类常规贮藏方式,主要是通过利用外界温度的变化来调节和维持贮藏库内一定的贮藏温度。这类传统的贮藏方式历史悠久,大都源自民间经验的不断总结和提升。常温贮藏的主要方式有堆藏、沟藏、窖藏、地下库贮藏、通风库贮藏、普通民房贮藏、假植贮藏等。常温贮藏一般不需特殊的建筑材料和设备,结构简单,具有利用当地气候条件,因地制宜的特点。由于这类贮藏方式只能依靠自然温度来调节和维持一定的贮藏环境,故在使用上受到一定程度的地区和季节限制。也就是说,自然温度并不能完全满足蔬菜贮藏所要求的适宜而且稳定的温度。但它仍然是目前我国普遍采用的主要贮藏方式。

二、常温贮藏的技术要点

　　各种常温贮藏方式尽管在建筑结构、管理技术、使用范围等方面各有不同之外,但它们都有着共同的特点,就是依靠利用库内外温度差异来调节和维持库内一定的贮藏温度,故在一定程度上受到当地气候条件的限制，即贮藏温度难以达到不同蔬菜贮藏所需的最适温度。采用这类方式贮藏，需要较高的管理技术和操作经验。

1. 应根据预期贮藏寿命选择合适的贮藏方法

蔬菜在不同贮藏方式中的代谢速度不同，应根据蔬菜品种特点、贮藏寿命长短，选用合适的贮藏方式。

2. 应采取严格的防腐措施，减少贮藏期腐烂

（1）贮藏场所的消毒。贮藏场所的卫生状况直接影响到贮藏效果的好坏。因为在贮藏场所的反复使用过程中，只要有少数的个体在其中腐烂变质，就有病菌残留在贮藏库内。因此，对于贮藏场所，一定要清洗并消毒。贮藏的地窖、通风库和普通房间等，应在使用前进行清洗和消毒处理，以减少病原菌的数量。生产上简单易行的方法是首先将贮藏库内进行彻底清洗，以清除库内的霉斑。再将 1%～2% 福尔马林或漂白粉溶液用喷雾器喷洒消毒，也可用硫黄（每立方米库房空间 5～10 克硫黄）燃烧密闭熏蒸 24～48 小时，然后通风排尽残留药味。

（2）贮藏用具的消毒。所使用的包装筐、篓、箱等容器，也应在使用前用漂白粉溶液浸渍 5～10 小时，然后用清水漂洗干净，晒干备用。

（3）蔬菜的防腐处理。常温贮藏中经常出现高温、高湿的情况，这种条件适合于许多致病微生物的生长繁殖。因此，部分蔬菜入库贮藏前要进行适当的防腐处理，以减少贮藏期间的腐烂。我国许可用于新鲜蔬菜表面处理的添加剂名单在第二章第二节中进行了介绍，进行防腐处理时，要查阅最新版本的国家标准 GB 2760。

3. 应按贮藏阶段采取不同的温度与湿度管理措施

一般秋末为蔬菜入库贮藏初期。此期，蔬菜会释放田间热和呼吸热，使贮藏环境中的温度有所增高，而此时外界气温趋于下降。因此，在贮藏初期可增大通风量，如揭开覆盖物，开启库门、窗及通风设备，以利用外界低温尽快降低贮藏库和蔬菜本身的温度。通风时间应选在晴天温度较低的时候。在贮藏中期，外界气温和库内温度逐渐降到较低的水平，外界温度的变化逐渐缓和，此时，应注意减少通风量，缩短通风时间，以维持库内稳定的贮温和一定的空气湿度。在寒冷的地区，要注意防止蔬菜受冻。到贮藏后期，即次年立春以后，因为库外的气温上升较快，因此不宜过多通风，以尽量延缓库温的上升。常温贮藏中，由于库温的波动相对较大，容易产生"出汗"现象，即在蔬菜表面形成水珠。"出汗"现象发生后，由于蔬菜表面的水分多，适合微生物的繁殖，往往容易引起病害的发生，因此要特别注意防止"出汗"现象的发生。最有效的办法，就是要防止贮藏库内温度的急剧波动。采用通风贮藏时，要避免湿度过低，可采取一些保湿措施，如向库内喷洒清水、安装湿度控制设备等。

4. 经常检查贮藏效果，并根据贮藏情况决定出库期

贮藏初期，库温较高，加之蔬菜采收和运输过程中形成了一些伤口，所以这一时期常常是贮藏中腐烂损失较多的时期，生产上十分重视在贮藏初期对腐烂情况加以检查、登记，发现腐烂蔬菜，立即清除。贮藏中期，库温较低，微生物的活动相对减弱，腐烂损失相对较少。此时的检查次数可以相对减少。以避免人为的机械损伤。贮藏后期，库温逐渐升高，腐烂加重，是贮藏中腐烂发生的第二个高峰期。要根据贮藏效果的好坏、贮藏的综合效益和气温变化情况及时结束贮藏，销售果实。

第二节　机械冷藏方式

机械冷藏就是将蔬菜贮藏在冷库或冰箱内。机械冷藏适合于各种蔬菜的贮藏，但不同的蔬菜冷藏的最适温度不同。机械冷藏可以将库内温度调节到适合各种蔬菜贮藏的低温，因此可以提高贮藏效果。具体而言，冷藏可以延长蔬菜的贮藏期和供应期，保持产品的新鲜度和风味，减少产品的腐烂。

一、机械冷藏的保鲜原理

机械冷藏的保鲜原理，简单地说，是通过机械制冷的作用，给贮藏环境提供一个可以满足不同蔬菜贮藏需要的低温条件，来控制蔬菜的代谢，延长其贮藏期。该法不受自然环境条件限制，可以人为地调节和控制适宜的贮藏环境，保证库内实现低温，并对湿度进行合理的调节。因此，对保持蔬菜的品质和延长贮藏寿命有显著的效果。机械冷藏的保鲜原理如下：

1. 低温能抑制蔬菜的呼吸作用，降低呼吸消耗

在一定范围内，随着温度升高，鲜活蔬菜的呼吸强度增大，温度降低则呼吸强度减小，温度越低其效果越显著。在不冻结的低温范围内，鲜活蔬菜的呼吸作用受到显著的抑制，各种营养成分的消耗就显著减少。因此，冷藏可保持新鲜蔬菜良好的品质。

2. 低温可抑制鲜活蔬菜的水分蒸发，减少重量损失

新鲜蔬菜贮藏期间的水分蒸发强度与温度的高低成正相关。一般水分损耗超过蔬菜重量的5％时，新鲜蔬菜就会萎蔫，新鲜度下降，重量明显减轻。因此，冷藏可通过低温对蒸发强度的抑制来保持产品的新鲜度。

3. 低温能抑制蔬菜的成熟进程，延长贮藏期

新鲜蔬菜在贮藏期间不断地成熟和衰老，成熟和衰老过程中存在着一系列的生理生化变化，这些变化在低温下变得更加微弱，成熟和衰老因此变得更加缓慢，使蔬菜的贮藏期和供应期得以延长。

4. 低温能抑制蔬菜的贮藏期病害，减少腐烂损失

在低温下，各种致病微生物的生长繁殖受到强烈的抑制，故冷藏可减少贮藏期间的腐烂损失。冷藏虽然可以广泛地用来延长蔬菜的贮藏寿命，但有些蔬菜对低温敏感，冷藏中常出现冷害的现象。例如，在贮藏温度过低的情况下，青椒、绿熟番茄都容易发生冷害。由此可见，在冷藏技术的实际应用中，根据蔬菜的不同情况，确定适宜的冷藏温度是至关重要的，这往往要根据蔬菜的种类、成熟度、贮藏特性以及贮藏期长短等多方面的因素来综合考虑。

二、机械冷藏的管理

1. 产品的装载

进入冷藏库的蔬菜先应选用适当的容器包装，在库内以一定的方式堆码，避免散装、大堆贮藏。为使库内空气流通，以利于降温和保持库内温度分布均匀，货垛应距离墙壁30厘米以上，垛与垛之间、垛内各容器间也应留有适当空隙。垛顶与天棚或吊顶冷风筒之间应留约80厘米的空间层。同时，离冷风筒太近还易使产品遭受冻害或冷害。每天的入库量不宜超过冷库总容量的 $1/10\sim1/5$（如冷藏库的总容量为200吨时，每天入库量不要大于20～40吨），以免库温过度波动或负荷过大。为了加速降温和维持库温的稳定，蔬菜在入库前应先予以预冷。

2. 冷库的温度管理

为了使库温稳定，分布均匀，在温度管理上，要考虑到以下因素对库温的影响：入库产品的温度与库温的差别；冷冻机的效能与冷库的大小及入库量；冷库的隔热性能；库外温度的高低及冷气的消失情况；库内空气的流通情况；产品的包装和堆码情况；产品的种类及呼吸热的释放量等。这些因素在冷库的温度管理中都应全面加以考虑。具体而言，

要尽量将贮藏库的温度控制在适合该品种的最佳贮藏温度范围内，同时还要尽量使库内各处的温度均匀一致，更要避免库内温度的过度起伏波动。

3. 冷库的湿度管理

冷库中常出现空气湿度过高或过低的情况。造成湿度过高的原因主要是因为货物进出冷库频繁，或库门长时间开放，库外大量的湿热空气进入库内。因此，要加强冷库管理，尽量减少库门开启次数，缩短开门时间。还可采用各种吸湿器或吸湿剂控制湿度过大。

造成库内空气湿度过低的原因是冷却管的结霜和冲霜。一般冷却管的温度比库温低 $10℃\sim15℃$，而且总是在 $0℃$ 以下，于是库内空气中的水分在冷却管表面形成霜，而管理上为了加强制冷效果又不得不将冷却管表面的霜冲掉。因此导致库内空气中的水分被大量移走，而出现空气湿度过低的现象。要想阻止结霜，就得缩小库温和冷却管表面的温差，就需要把冷却管的散热面积增大许多倍，而生产上为了降低设备投入，主要是采取定期冲霜的简便措施。为了解决湿度过低的问题，过去常采用库内地面洒水的简单办法，目前较好的办法是向库内地面喷雾，雾粒越小越好，喷出后很快汽化，不至于形成水滴而沾湿产品。但是，喷雾时不能将水喷洒到蔬菜的表面，否则会引起蔬菜大量腐烂。调节湿度最好的办法是采用恒湿器或吸湿装置。

4. 冷库的通风换气

新鲜蔬菜在库内的代谢过程中会释放一些气体，如乙烯、乙醇、乙醛等。这些气体在库内积累到一定浓度后会促进蔬菜的成熟和衰老，以至引起败坏。呼吸过程中释放的二氧化碳在库内积累过多，也会导致蔬菜生理失调和品质劣变。因此，有必要经常向冷库内通入新鲜空气。冷库的通风换气一般要选择在气温较低的早晨进行，以避免库温回升过快。雨天、雾天等外界湿度过大时不宜进行通风。通风换气的同时，还应开动制冷机械，以减缓温度、湿度的变化。

第三节　气调贮藏方式

气调贮藏有两种方式：一种是气调冷藏，它是指将新鲜蔬菜贮藏在密闭性能良好的冷库内，并根据不同产品的要求将贮藏温度、氧气和二氧化碳浓度控制在一定的范围内，这种贮藏方式也称"CA 贮藏"。气调冷藏，把气体调节同机械冷藏相结合，可同时控制温度、湿度、气体成分，是现代先进和有发展前景的贮藏方式。因此，气调冷藏的应用是自机械冷藏以来贮藏技术上的又一次革命。另一种气调贮藏方式是简易气调贮藏，即所谓的"MA贮藏"或限制气体贮藏（又称限气贮藏），也称自发性气调贮藏（如薄膜包装贮藏）。这种贮藏方式也属于气调贮藏的范畴，但二氧化碳和氧气浓度的变动范围大，且没有具体的指标范围规定。蒜薹等蔬菜适合于气调冷藏。

一、气调贮藏的保鲜原理

自然空气中含有21％的氧气和78％的氮气，二氧化碳和乙烯的含量甚微。气调贮藏时，通过适当降低贮藏环境中的氧气浓度，提高二氧化碳浓度，及时排除乙烯来控制蔬菜的代谢活动，延长蔬菜的贮藏期。这是因为，适当降低贮藏环境中的氧气浓度，提高贮藏环境中的二氧化碳浓度，可以抑制蔬菜的呼吸作用，降低呼吸强度，减少呼吸消耗；延缓后熟衰老；减少腐烂损失；还可抑制乙烯的产生，从而延缓后熟进程，延长贮藏期。乙烯是蔬菜组织内部形成的小分子气体物质，该物质的积累，可以促进蔬菜的成熟和衰老，缩短贮藏期。

二、影响气调贮藏的环境条件

1. 温度

降低贮藏环境中的温度对于延缓呼吸、延长贮藏寿命具有其他因素不能代替的作用。贮藏温度必须根据贮藏产品的种类和品种来确定，并综合考虑其他因素，确定可忍受的最低温度。原则上，应在保证产品正常代谢不受干扰破坏的前提下，尽量降低贮藏温度，并力求保持其稳定。特别是在接近0℃的范围，温度稍微变动都会对呼吸产生明显的刺激作用。通常，气调冷藏库的温度一般比单纯的冷藏库贮藏的温度高1℃左右。

2. 相对湿度

气调库的相对湿度是影响贮藏效果的另一个因素，维持较高的相对湿度，可以降低蔬菜与周围大气之间的蒸汽压力差，从而减少蔬菜的水分损失。气调贮藏库的相对湿度要求比一般冷藏库高。

3. 二氧化碳浓度

气调库中的二氧化碳对各种新鲜蔬菜的贮藏效果都有一定的作用，

它的最有较浓度取决于不同种类蔬菜对二氧化碳的敏感性以及其他因素之间的相互关系。适当提高贮藏环境的二氧化碳浓度，有利于提高贮藏效果；但二氧化碳浓度过高，则会导致蔬菜二氧化碳中毒。

4. 氧气浓度

氧气浓度应根据蔬菜的种类和品种来确定。气调冷藏中氧气浓度并不是越低越好。一般应以能维持该品种不发生无氧呼吸为低限。

5. 乙烯浓度

贮藏中的蔬菜会有少量的乙烯产生而释放到贮藏库中。乙烯对蔬菜具有催熟作用，要及时从气调库中排除出去。

三、塑料薄膜与硅橡胶窗气调贮藏

气调冷藏库的建筑和设备都比较复杂，成本高，而且气调冷藏只适合于部分蔬菜的贮藏。20 世纪 60 年代以来，国内外对塑料薄膜大帐封闭气调法、硅橡胶窗塑料大帐贮藏法和塑料薄膜单棵包装法贮藏蔬菜开展了广泛的研究，这些方式均不需要复杂的建筑和设备，使用方便，成本较低，已经在我国广泛应用。

1. 塑料薄膜封闭贮藏

（1）塑料薄膜大帐贮藏法。是先用聚乙烯塑料或聚氯乙烯塑料薄膜做成塑料大帐，将蔬菜装箱后堆码在大帐内，再将薄膜封闭的一种简易贮藏方法。具体操作时，蔬菜先用容器装好，再堆成垛，垛底先垫衬垫塑料薄膜，其上放垫木，使盛装产品的容器垫空。产品摆放好后，罩上薄膜帐，将帐和垫底膜的四边叠卷，压紧封闭。生产上常配合采用充入氮气，适当抽掉部分氧气，或充入二氧化碳，抽掉部分氧气等技术，以使大帐内加快形成适宜的气体组合。

制作大帐所用的薄膜一般用厚度 0.1～0.2 毫米、机械强度高、透明、热密封性好、耐低温老化的聚乙烯（PE 膜）或无毒聚氯乙烯（PVC 膜）薄膜压制而成，呈长方体。大帐可设置在普通冷藏库内，也可设置在常温贮藏库内、普通民房内或凉棚内。

大帐内的温度总要稍高于帐外温度。因有薄膜阻隔，产品的呼吸热散发较慢。同时，封闭薄膜的透湿性一般都很低，因而帐内的相对湿度很高。这样，薄膜的内侧面很易产生水珠。温差越大，温度波动越大，这种情况越严重。解决的措施是：产品在封帐前充分预冷到与帐内温度基本接近；帐内产品堆积时应留有较大的自由通风空隙；尽量保持库温恒定，避免频繁的大幅度温度波动；或采用防雾膜制作塑料大帐。

由于封闭薄膜的透气性很差，时间长了有可能会造成帐内氧气浓度过低和二氧化碳浓度过高，因此需要对帐内气体含量进行调节。通常用消石灰作二氧化碳吸收剂，一般是将消石灰撒在帐内的底部，也可以用开帐通风的方法来调节。

（2）塑料薄膜袋贮藏法。将产品装在塑料薄膜袋内，稍微扎紧袋口。袋的规格不一，袋的容量从 1 千克到 30 千克不等。薄膜袋一般用厚度为 0.02～0.08 毫米的 PE 薄膜制成。袋内的气体成分由于产品本身的呼吸和薄膜本身的透性自动达到一种平衡浓度。尽管薄膜较薄，但通常是透气性不足，也往往出现袋内氧气浓度太低而二氧化碳浓度太高的情况。生产上解决的措施一是人工定期开袋通风，即每隔一定时间将封闭的袋口打开，换入新鲜空气后再行封闭，以避免袋内二氧化碳浓度过高。另一种办法是应用打孔膜，孔径为 1～5 毫米，孔的大小和数目以能满足换气要求为度。为了提高膜的透性，减少膜的厚度是简单有效的方法，但太薄的膜却很易破裂，机械强度很低，在使用上受到了限制。

（3）塑料薄膜单棵包装贮藏法。该法是将采收后的蔬菜经过防腐保鲜、发汗等处理后，用 0.01～0.02 毫米厚的聚乙烯塑料薄膜袋或其他薄膜袋，每袋包装一棵蔬菜（个体较大的蔬菜），然后再将蔬菜堆码在贮藏场所内。这种包装袋内的空气组成与正常空气的组成略有不同，是由于蔬菜在袋内的呼吸作用，使二氧化碳浓度略有升高，氧气浓度略有降低。因此，该法具有类似气调贮藏的效果。

2. 硅橡胶窗简易气调贮藏

用硅橡胶膜作成气体交换窗，镶嵌在塑料帐或塑料袋上，起自动调节气体成分的作用。这种贮藏方式称为硅橡胶窗简易气调贮藏。

（1）硅橡胶膜的特性及硅橡胶窗气调原理。硅橡胶是一种有机硅高分子化合物，具有特殊的透气性。某种气体在单位时间内通过膜的渗透量与膜的面积成正比，与厚度成反比，与膜两侧的气体分压差成正比；而且，混合气体的渗透方向和速度是彼此独立，互不干扰的。因此，经过一定时间的贮藏后，帐内的气体组成可以基本保持稳定。

硅橡胶是高聚物中透气性最好的材料，对二氧化碳的透过率是同厚度 PE 薄膜的 200～300 倍，是 PVC 膜的 20000 倍，对乙烯的透过率则比普通的膜高 1000 倍左右。硅橡胶还具有选择透过性，它对二氧化碳的透过率是氧气的 5～6 倍，是氮气的 8～12 倍。所以，蔬菜在呼吸过程中所需要的氧气可以从硅窗缓慢透入，而释放的二氧化碳和乙烯等气体则可自动地从硅窗扩散出去，这就为蔬菜的密封贮藏提供了有利的条件。也就是说，在塑料薄膜帐（袋）上镶嵌适当面积的硅橡胶窗，经过一定的时间，就能自动地调节和维持一定的气体组成。蔬菜呼吸过程中所需的氧气不足时，可从硅窗缓慢透入，而释放的二氧化碳过多时，也可自动从硅窗扩散出去，不会发生氧气过低和二氧化碳过高的情况。同时，经过一段时间的自动调节，硅窗帐（袋）内的气体成分可自动地保持在相对稳定的水平。达到平衡后，蔬菜呼吸消耗的氧气与通过硅窗透入的氧气，以及蔬菜释放的二氧化碳与从硅窗扩散出去的二氧化碳在数量上大致相等。

（2）注意事项。一个多大的帐上需要用多大面积的硅橡胶膜做气体交换窗，决定于蔬菜的种类品种、成熟度、单位容积的贮藏量、贮藏温度、要求的气体组成和硅橡胶膜厚度等因素。在具体应用时，一般要通过大量的试验后才能确定。

第六章 新鲜蔬菜贮藏期的病害与防治

贮藏期病害，也称贮藏病害，一般是指有生命活动的鲜活蔬菜在贮藏期间发生的、由微生物引起的侵染性病害，以及由于蔬菜本身代谢失调而引起的生理病害。不同的蔬菜贮藏病害种类不同，防治方法也不同。

第一节 蔬菜贮藏期侵染性病害举例

一、胡萝卜贮藏期侵染性病害

1. 主要种类

（1）胡萝卜菌核病。菌核病是胡萝卜贮运期一种严重病害，尤以窖藏胡萝卜发病为重。其症状为胡萝卜直根软腐，外部缠有大量白色絮状菌丝体和鼠粪状菌核。菌核初期为白色，后期为黑色的颗粒，严重时可造成整窖胡萝卜直根腐烂。它是由子囊菌亚门核盘菌属菌引起，此菌寄主极多。在潮湿情况下，菌丝体生长茂盛，迅速不断蔓延危害。贮藏期间接触传染是本病造成严重烂窖的主要途径。高温下病害会迅速蔓延。对菌核病来说，贮藏期间的扩展蔓延比入窖或入库时的菌源影响更大。肉质根冻伤、擦伤是病害在窖库中大面积爆发的诱因。

（2）胡萝卜黑腐病。黑腐病是胡萝卜贮运期间较普遍的病害，但腐烂速度远比菌核病和细菌软腐病慢。主要危害肉质根，形成不规则或近圆形、微凹陷的黑斑，上有黑色霉状物，腐烂可深入内部 5 毫米左右，烂肉发黑，病组织稍坚硬。但如湿度大，也会呈现软腐。它是由半知菌亚门丝孢纲链格孢属的根生链格孢菌引起的病害。

2. 防治方法

严格田间管理，选用无病地栽植，并与禾本科作物实行轮作，以减少病原菌的数量。及时烧毁田间和贮藏环境中的病残株和病叶，以减少侵染来源。适时采收，尽量减少采前或采后运输、贮藏过程中所造成直根表面的各种机械损伤，以防止微生物从伤口侵入。挑选健康个体入库贮藏，贮藏前，用次氯酸钠等含氯化合物对库房及用具进行彻底的消毒，以防止残留的微生物对胡萝卜造成侵染。在田间管理时，做到雨后及时排水，合理施肥浇水，喷洒石硫合剂，以杀死病原微生物。贮藏前期不要削去直根的茎盘，这种处理会造成大面积的伤口，易感染病菌，并造成水分蒸发，刺激呼吸强度提高而增加养分消耗，促使胡萝卜糠心。只拧缨而不削顶，也易萌芽和糠心。因此，可以用刮去生长点而不切削的办法处理后进行前期贮藏，到贮藏后期窖温回升时再削顶，这样既可以防止萌芽又可以防止糠心。贮藏期间，将窖（库）温控制在 13℃ 上下，相对湿度在 80% 左右，防止窖顶滴水。

二、大白菜贮藏期侵染性病害

细菌性软腐病是大白菜常见的贮藏期病害，主要危害部位为叶柄及菜心。在田间，多从包心期开始发病，病部软腐，有臭味。多数病株表现为初时外叶在中午萎蔫，继之叶柄基部腐烂，病叶瘫倒，露出菜球，俗称"脱帮"。也有的茎基部腐烂并延及心髓，充满黄色黏稠物，病株一触即倒或菜球用手一揿即可拎起，俗称"烂疙瘩"。也有少数菜株外叶湿腐，干燥时烂叶干枯呈薄纸状紧裹住菜球，俗称"烧边"，或菜球内外叶良好，只是中间菜叶自边缘向内腐烂，俗称"夹心烂"。细菌性软腐病是大白菜贮藏期间的主要病害。病菌可潜伏在田间的植株中，也可通过采收、入窖时产生的伤口侵入，贮藏期间的冻伤也是病原菌侵入的主要门户。病原菌的寄主种类很多，可在不同寄主之间危害。防治措施主要为：

（1）选用抗病耐病品种。国内选育的抗病、耐病品种主要有北京小杂 5 号、中白 1 号、中白 2 号、中白 4 号、优秋五、优夏王、东方夏荣、东方夏辉、北京 75 号、北京 100 号、北京 106、安阳二包头、豫白菜 1 号、豫白 4 号、郑州二包、鲁白 4～11 号、鲁由 1 号、鲁春白 1 号、山东 4 号、山东 7 号、龙协白 1 号和 2 号等等。各地还有不少耐贮藏品种。

（2）严格田间管理。避免连作，采用轮作制度。换种豆类、麦类、水稻等作物。焚烧清除田间病残体；精细翻耕整地，暴晒土壤，促进病残体分解。发现病株后及时挖除，病穴撒石灰消毒。

（3）科学入窖贮藏。入窖前，清除病株、病叶。将菜棵适度晾晒，一般于采后将植株在太阳下晾晒 1 天，使外叶失水萎蔫变软，以减少病菌入侵的伤口。入窖前，将贮藏窖用 1% 的福尔马林药剂喷洒消毒，密闭

2 天后再通风换气 1 天。冷库贮藏时，可将温度调节到 2℃～5℃。在入窖前期的 1～2 个月内，每隔 10～15 天翻菜一次，并剔除病菜。

第二节　蔬菜贮藏期生理性病害举例

生理性病害是指鲜活蔬菜采后生理代谢失调所致的病害，它不是由微生物引起的病害。现将胡萝卜、大白菜、马铃薯和蒜薹的贮藏期生理病害分述如下：

一、胡萝卜的生理病害

萌芽和糠心是胡萝卜贮藏期常见的生理病害。萌芽会使胡萝卜的营养物质向生长部位转移，引起其他部位的营养成分减少，并引起整个胡萝卜糠心，食用价值降低。有效的预防方法：

（1）适时采收，宜在胡萝卜正好充分长大时采收贮藏，不宜过晚采收；

（2）采取贮藏前期只刮去胡萝卜生长点而不削顶，贮藏后期再削顶的方法。贮藏前期对胡萝卜进行削顶处理，不仅会造成胡萝卜大面积的伤口，使胡萝卜易感染病菌，并造成水分蒸发，还会刺激呼吸强度提高而增加养分消耗，促使胡萝卜糠心。生产中使用的只拧缨而不削顶的方法，胡萝卜也易萌芽和糠心。因此，可以采用前期刮去生长点而不削顶的办法进行贮藏，到贮藏后期窖温回升时再进行削顶处理，这样既可以防止萌芽又可以防止糠心。

（3）可采用 0℃～3℃、90％～95％的相对湿度贮藏，以延缓发芽和糠心。

二、大白菜的生理病害

1. 大白菜干烧心病

该病在田间发生，在贮藏期加重。患病时，大白菜菜体外观无异常，内部自心部向外多层叶片发褐发苦，故名"烧心"。一般认为是缺钙引起。防治措施一是在田间多施用农家肥，少施用氮素化肥。二是适当根外补钙，在大白菜即将结球时，开始向心叶喷洒 0.7％的氯化钙水溶液加 150 毫克/千克的萘乙酸，每隔 10 天喷一次。

2. 大白菜脱帮

大白菜冬季贮藏 2～3 个月后，叶球外部的叶片会逐渐脱落，叶色变黄，若被微生物侵染会进一步腐烂。贮藏温度变化大，相对湿度低或通风不良，会加重脱帮。在采前 3～5 天喷洒 25～50 毫克/千克的 2,4-D 钠盐水溶液，可有效防止脱帮发生。喷洒量以大白菜外部叶片喷湿为宜。

三、马铃薯的生理病害

1. 低温伤害

马铃薯的低温伤害包括冷害和冻害。我国北方冬季气温低，马铃薯常发生低温伤害。当贮藏温度低于 -1.7℃时，马铃薯就可能发生冻害。遭受冻害的薯块，块茎外部出现褐黑色的斑块，薯肉逐渐变成灰白色、灰褐色直至黑褐色，如局部受冻，与健康组织界限分明。以后薯肉软化、水烂，继而被各种软腐细菌、镰刀菌侵害。遭受冷害的薯块，外部症状不明显，一般为内部组织发灰，煮食时有甜味。冷害程度较重的，韧皮部局部或全部变色，横切面有一圈或韧皮部呈黑褐色，严重时四周或中央的薯肉变褐。贮藏前应剔除受冻薯块。贮藏温度以 3.5℃～4.5℃为宜。要保持贮藏库通风良好，防止无氧呼吸发生。

2. 马铃薯黑心病

黑心病是马铃薯贮运期间的常见病。受害薯块中央薯肉变为黑色甚至蓝黑色，变色部分的形态不规则，但与健部界限分明。变色组织常变硬，但置于常温下常能变软。发病原因一般为氧气浓度过低，或者二氧化碳浓度过高。有效防治措施：合理堆码，堆码不过高，以保持通气顺畅；适温贮藏，避免在温度高于 21℃或低于 0℃的条件下贮藏太长时间。

四、蒜薹的生理病害

1. 蒜薹高温老化

贮藏温度过高，蒜薹呼吸强度大，体内的营养物质由薹梗向薹苞转移，以致薹苞膨大，并结出小蒜，薹梗纤维化，空心发糠，重量减轻，食用品质下降。采用低温气调贮藏，可抑制高温老化现象发生，延长贮藏期。蒜薹采用简易气调冷藏和气调库冷藏，可贮藏 5～8 个月，贮藏方法见第七章。

2. 蒜薹二氧化碳伤害

薄膜袋包装自发气调贮藏时，如管理不当，贮藏后期的二氧化碳浓度往往过高，易引起二氧化碳中毒。二氧化碳中毒后，薹梗出现黄色斑点，然后斑点逐渐下陷、连接，组织坏死，形成水渍状腐烂，最终导致蒜薹断条，有时薹苞坏死，出现酒精味，并伴有恶臭。严重者，整袋蒜薹腐烂变质。蒜薹贮藏环境中的二氧化碳浓度一般不应超过 5％，贮藏后期超过 13％，就会发生二氧化碳中毒。蒜薹气调贮藏的条件及贮藏期限见第七章。

第七章　新鲜蔬菜的贮藏保鲜方法

第一节　大白菜贮藏保鲜方法

一、大白菜的贮藏特性

大白菜，又名黄芽白。贮藏期间的主要损耗是脱帮（掉叶）、失水和腐烂。用于贮藏的大白菜应根据其成熟度分批采收，确保品质。采收过程中的工具应清洁卫生，无污染。采后应在田间晾晒 2～3 天，使其失去部分水分，以增强耐贮性，还要剔除病、虫叶和外部老叶、黄叶。产品质量应符合 DB 51/533《大白菜生产技术规程》的要求。运输过程中严禁日晒雨淋，并注意防冻、防热、防污染，以 0℃～5℃贮藏和运输为宜。大白菜冷藏时，应控制贮藏温度在 0℃～1℃，空气相对湿度在 85%～90%，还要防止温度过低造成冻害。大白菜可用网袋包装，每袋可装 25～50 千克。摆放时应放在菜架上，单层摆放，不能多层摆放造成重压，更不能大堆摆放。大堆摆放会造成垛内湿热排放不畅，引起腐烂发臭。

二、大白菜标准化贮运条件

为了指导经营者搞好大白菜的贮运工作，我国发布了商业行业标准《大白菜》(SB/T 10332)。该标准规定了新鲜大白菜（结球白菜）的质量要求、试验方法与检验规则，包装与标志及运输与贮藏等方面的要求，适用于收购、贮藏、运输、销售及出口的大白菜。现将该标准有关贮藏保鲜的主要内容摘录如下，供广大读者参考。

（1）包装。大白菜应按等级分别包装，包装应按 SB/T 10158 - 2012《新鲜蔬菜包装与标识》有关规定执行。

（2）标志。在外包装纸箱上应标明品名、等级、产地、重量、包装者和包装日期，每箱净重不得超过 15 千克。

（3）运输。短途运输（运输距离在 500 千米以内的运输）严禁日晒雨淋；长途运输（运输距离在 500 千米以上的运输）要在 0℃～5℃ 条件下运输。运输途中要注意防冻、防热、防污染。

（4）贮藏。大白菜冷藏库贮藏时，要控制 0℃～1℃ 的适宜库温，空气相对湿度保持在 85%～90%，防止冻害；窖藏时，注意窖内换气。根据气温变化，入贮初期注意通风散热、勤倒菜垛、防止脱帮；贮藏中期须保温防冻，减少倒垛次数；贮藏末期，应在夜间通风降温防止腐烂。

三、大白菜的贮藏前处理

首先要选择合适的采收期。各地的收获期不一样，但以不受冻害为准，最早的地区在霜降前后，最迟的地区也应在大雪之前，各地收获期要以各地的气候条件而定。其次要选择好采收时间，并做好贮藏前处理。选择晴天将大白菜砍倒后，在田间晾晒 2～3 天，使菜棵直立、外叶垂而不折。晾晒可使叶子失去一定量的水分，减少叶球的体积，方便贮存并提高抗寒能力。晾晒后要整理黄帮烂叶，好的外叶要保留以保护叶球。然后在通风处堆成条形码进行预贮，使其散热。预贮期间，要防热或防冻，如果堆内发热要倒垛一次，一般经过 5～7 天就能正式进入贮存阶段。

四、大白菜庭院贮存法

此法适合于北方少量贮存。在冬季，选择经过晾晒和整理的大白菜。在院内背风向阳处挖坑贮藏。坑的大小视白菜的多少而定，坑的深度要求比所贮白菜高出 15 厘米。坑挖好后，将大白菜直立于坑内，根朝下，叶朝上，紧密排列。每放一排，在根部埋些湿润的干净土，全部排完后，在菜的上面盖上草苫。天气如果尚暖不可盖厚，要保证菜体能够正常散热。随着天气渐冷，当气温低于 0℃ 时，可适当增加草苫的厚度以防冻害。此法可将大白菜贮存到来年春天。

五、大白菜沟藏法

此法适合于不太严寒的地区大量贮存大白菜。在冬季，选择经过晾晒和整理的大白菜用于贮藏。在露天向阳的地面上挖贮藏沟，沟宽 2 米左右，不宜过宽，过宽不便于操作。沟深比菜高出 15 厘米左右。温度过低的地区，沟的深度可适当加深。沟长要根据贮藏量而定。先在沟底铺一层草毡或稻草，将用于贮藏的大白菜根向下排紧在沟内，在菜上面盖一层草毡，气温低于 0℃时，草毡上面再盖一层稻草；再冷时加盖一层薄土，以防止大白菜发生冻害。此法可贮存到大白菜抽薹时期。

六、大白菜地窖贮藏保鲜法

此法适于较寒冷的地区，选择经过晾晒和整理的大白菜用于贮藏。大白菜入窖前一周，先要用木炭加硫黄暗火熏蒸消毒窖内。硫黄熏蒸时，人要立即离开，以防止中毒。熏蒸时，密闭门窗。熏蒸 1 天后，打开门窗通风换气 3 天，方可进入地窖操作。然后在窖底铺一层 6 厘米厚的干净河沙或净土，再铺上一层稻草或麦秆，窖的中间留 50～70 厘米的通道，将大白菜码于两侧，并与窖壁保持 10～20 厘米的间隙。码菜的高度一般为 1.5～2.5 米高、宽度不超过 1 米。窖温控制在 0℃～2℃为宜。贮藏初期，应加强夜间通风，并勤倒菜。一般每隔 3～5 天倒菜一次。倒菜时要按层倒放，从里到外，从上到下。期间要挑除脱帮、烂叶。大寒、小寒时要注意防冻，密闭通风口，窖门口要挂上草毡，防止冷空气进入。确实需要通风时，要选择晴天的中午短时通风，并及时关上风口。立春以后，窖外温度升高，窖温也上升，通风时间应选在凌晨或傍晚。白天要关上通风口，防止外界热气进入窖内。为防堆内发热，每 10 天应倒菜一次。此法贮存时间可达到 3 个月以上。此法成败的关键一是大白菜必须经过适当的晾晒，使其部分失水，以增强大白菜的耐贮性。二是温度管理。要利用窖外气温来调节窖内温度，将窖内温度尽可能地调节到 0℃～1℃附近，但窖温不能低于 0℃。三是要及时清除烂菜，以防止病害蔓延。

七、大白菜家庭阳台贮藏法

该法适合于南方不使用暖气的家庭阳台贮藏。采后应在田间晾晒 2～3 天，使其失去部分水分，增强耐贮性，还要剔除病、虫叶和外部老叶、黄叶。选择北面阳台，在阳台上垫上纸板。将晾晒好的大白菜去掉表面烂菜叶，正立摆放在纸板上。在菜的上方放置纸张遮阳。菜体表面过度干燥时，可适当洒水以增加湿度。这样能将大白菜贮藏 1～2 个月。

八、叶菜类采后处理技术规程（北京）

为了指导经营者搞好叶菜类蔬菜采后处理，北京市质量技术监督局发布了《蔬菜采后处理技术规程 第二部分：叶菜类》（DB11/T 867.2），规定了叶菜类蔬菜采后处理各环节的技术要求。现将该标准的有关内容摘录如下：

1. 采收与分级

（1）采收。应选择气温较低时采收，避免雨水和露水。采收时应去掉根和不可食叶片。应轻拿轻放，防止机械损伤。

（2）基本要求。每一包装、批次为同一品种。应具有该品种蔬菜具有的形状和色泽。无腐烂、无病虫害、冻害和其他伤害。无黄化、无抽薹、无萎蔫。

（3）等级规格。应将符合基本要求的蔬菜分为一级、二级和三级。不同种植户应按等级规格要求进行采收和分级。叶菜类蔬菜的规格应符合表 7－1 的规定。不同种类叶菜类蔬菜的等级规格见附录 7－1。

表 7－1　　　　　　　　　　叶菜类等级

一级	二级	三级
形状整齐，色泽良好 新鲜、洁净 无机械伤 个体大小差异不超过均值的 5%	形状整齐，色泽较好 较新鲜、洁净 有轻微机械伤 个体大小差异不超过均值的 10%	色泽尚好 较新鲜、洁净 有轻微机械伤 个体大小差异不超过均值的 20%

2. 产地包装

产地包装宜采用塑料周转箱或纸箱。塑料周转箱应符合 GB/T 5737《食品塑料代替周转箱》的规定，纸箱应符合 GB/T 6543《运输包装用单瓦楞纸箱和双瓦楞纸箱》的规定。采收前将包装箱备放在地头，并在箱体上标注生产者信息。采收后，将同一等级的叶类蔬菜放置在同一塑料周转箱内。在气候干燥季节，塑料周转箱的底部和两个长面要衬上塑料薄膜，防止失水。

3. 产地短期存放

产地存放时间不宜超过 4 小时。如不能及时运走，宜在温度 0℃～2℃、相对湿度 90% 以上的条件下存放。

4. 运输

（1）普通车运输要注意防晒、保湿和通风，夏季应注意降温，冬天应注意防冻。从采收到集散中心不超过 6 小时。

（2）夏天宜采用冷藏车运输，冷藏车温度控制在 0℃～2℃。外界最高气温低于 10℃ 时，可采用保温车运输。

（3）装卸时，应轻拿轻放，防止机械伤。

5. 预冷

（1）冷库预冷。预冷库温度为 0℃～2℃，相对湿度为 90% 以上。应将菜箱顺着冷风的流向堆码成排，箱与箱之间应留出 5 厘米宽的缝隙，每排间隔20厘米。菜箱与墙体之间应留出30厘米的风道。菜箱的堆码高度不得超过冷库吊顶风机底边的高度。预冷应使菜体达到5℃左右。

（2）压差预冷。预冷库温度为0℃～2℃，相对湿度为90％以上。每预冷批次应为同一种蔬菜。预冷前，应将菜箱整齐堆放在压差预冷设备通风道两侧，菜箱要对齐，风道两侧菜箱要码平。如预冷的菜量小，可于通风道两侧各码一排；如预冷的菜量大，可于通风道两侧各码两排。堆码高度以低于覆盖物高度为准。应根据不同压差预冷设备的大小，确定每次的预冷量。菜箱码好后，应将通风设备上的覆盖物打开，平铺盖在菜体上，侧面覆盖物要贴近菜箱垂直放下，防止覆盖物漏风。预冷时，打开压差预冷风机，菜体达到5℃左右时，便可关闭预冷风机。

6. 配送包装方式

配送小包装可采用胶带捆扎、透明薄膜或塑料袋包装。每个包装应标注或者附加标识标明品名、产地、生产者或者销售者名称、生产日期。

7. 销售

常温销售时，柜台上应少摆放蔬菜，随时从冷库中取出补充。低温销售应控制温度在5℃左右。不能及时出库的叶菜，应放置在温度0℃～2℃，相对湿度90％以上的冷库中贮存。

附录7-1　不同种类叶菜的等级规格
（资料性附录）

表 A1　　　　　　　　　　结球白菜等级规格

	一级	二级	三级
等级	①形状整齐，结球紧实，修整良好 ②新鲜、洁净，无老帮、烧心、裂球和侧芽 ③无机械伤 ④个体大小差异不超过均值的5％	①形状较整齐，结球紧实，修整较好 ②新鲜、洁净，无老帮，烧心，裂球和侧芽 ③有轻微机械伤 ④个体大小差异不超过均值的10％	①形状较整齐，结球较紧实，修整一般 ②较新鲜、洁净，无老帮、烧心，裂球和侧芽 ③有轻微机械伤 ④个体大小差异不超过均值的20％
规格	同品种分大中小三个规格		

表 A2　　　　　　　　　　　**结球生菜等级规格**

等级	一级	二级	三级
等级	①形状整齐，结球紧实，修整良好 ②新鲜、洁净，无烧心和裂球 ③无机械伤 ④个体大小差异不超过均值的 5%	①形状较整齐，结球紧实，修整较好 ②新鲜、洁净，无烧心和裂球 ③有轻微机械伤 ④个体大小差异不超过均值的 10%	①形状较整齐，结球较紧实，修整一般 ②较新鲜、洁净，无烧心和裂球 ③有轻微机械伤 ④个体大小差异不超过均值的 20%
规格	同品种分大中小三个规格		

表 A3　　　　　　　　　　　**结球甘蓝等级规格**

等级	一级	二级	三级
等级	①形状整齐，结球紧实，修整良好 ②新鲜、洁净，无裂球和侧芽 ③无机械伤 ④个体大小差异不超过均值的 5%	①形状较整齐，结球紧实，修整较好 ②新鲜、洁净，无裂球和侧芽 ③有轻微机械伤 ④个体大小差异不超过均值的 10%	①形状较整齐，结球较紧实，修整一般 ②较新鲜、洁净，无裂球和侧芽 ③有轻微机械伤 ④个体大小差异不超过均值的 20%
规格	同品种分大中小三个规格		

表 A4　　　　　　　　　　　**芹菜等级规格**

等级	一级	二级	三级
等级	①形状整齐，色泽良好，修整良好 ②新鲜、洁净，质地脆嫩 ③无机械伤 ④个体大小差异不超过均值的 5%	①形状较整齐，色泽较好，修整良好 ②较新鲜、洁净，质地较脆嫩 ③有轻微机械伤 ④个体大小差异不超过均值的 10%	①形状较整齐，色泽尚好，修整良好 ②较新鲜、洁净，质地较脆嫩 ③有轻微机械伤 ④个体大小差异不超过均值的 20%
规格	同品种分大中小三个规格		

表 A5　　　　　　　　　　　　　油菜等级规格

	一级	二级	三级
等级	①形状整齐，色泽良好，修整良好 ②新鲜、洁净 ③个体大小差异不超过均值的 5%	①形状较整齐，修整较好 ②新鲜、洁净 ③个体大小差异不超过均值的 10%	①形状较整齐，修整良好 ②新鲜、洁净 ③个体大小差异不超过均值的 20%
规格	同品种分大中小三个规格		

表 A6　　　　　　　　　　　　　菜心等级规格

	一级	二级	三级
等级	①长短粗细整齐一致，色泽良好，修整良好 ②新鲜、洁净，质地脆嫩 ③无机械伤 ④个体大小差异不超过均值的 5%	①长短粗细较整齐一致，色泽较好，修整良好 ②较新鲜、洁净，质地较脆嫩 ③有轻微机械伤 ④个体大小差异不超过均值的 10%	①长短粗细较整齐一致，色泽较好，修整良好 ②较新鲜、洁净，质地较脆嫩 ③有轻微机械伤 ④个体大小差异不超过均值的 20%
规格（横径，cm）	大（L） >1.5	中（M） 1.5~1.0	小（S） <1.0

表 A7　　　　　　　　　　　　　芥蓝等级规格

	一级	二级	三级
等级	①长短粗细整齐一致，色泽良好，修整良好 ②新鲜、洁净，质地脆嫩 ③无机械伤 ④个体大小差异不超过均值的 5%	①长短粗细较整齐一致，色泽较好，修整良好 ②较新鲜、洁净，质地较脆嫩 ③有轻微机械伤 ④个体大小差异不超过均值的 10%	①长短粗细较整齐一致，色泽良好，修整良好 ②较新鲜、洁净，较地较脆嫩 ③有轻微机械伤 ④个体大小差异不超过均值的 20%
规格（横径，cm）	大（L） >1.5	中（M） 1.5~1.0	小（S） <1.0

第二节　甘蓝类蔬菜的贮藏保鲜方法

一、甘蓝类蔬菜的包装运输与贮存

为了指导生产者搞好绿色食品甘蓝类蔬菜的包装、运输与贮存，农业部发布了《绿色食品甘蓝类蔬菜》标准（NY/T 746）。该标准规定了绿色食品甘蓝类蔬菜的技术要求、检验规则、标志和标签、包装、运输和贮存，适用于绿色食品甘蓝类蔬菜，包括结球甘蓝、赤球甘蓝、抱子甘蓝、皱叶甘蓝、羽衣甘蓝、花椰菜、青花菜、球茎甘蓝、芥蓝等。现将该标准的有关内容摘录如下：

1. 包装

用于产品包装的容器如塑料箱、纸箱等应按产品的大小规格设计，同一规格应大小一致，整洁、干燥、牢固、透气、无污染、无异味，内壁无尖突物，无虫蛀、腐烂、霉变等，纸箱无受潮、离层现象。塑料箱应符合 GB/T 8868《蔬菜塑料周转箱》的要求。包装应符合 NY/T 658《绿色食品　包装通用准则》的要求。按产品的品种、规格分别包装，同一件包装内的产品应摆放整齐紧密。每批产品所用的包装、单位净含量应一致。逐件称量抽取的样品，每件的净含量不应低于包装外标志的净含量。根据整齐度计算的结果，确定所抽取样品的规格，并检查与包装外所示的规格是否一致。

2. 运输

运输应符合 NY/T 1056《绿色食品贮藏运输准则》的要求。运箱前应进行预冷，运输过程中要保持适当的温度和湿度，注意防冻、防雨淋、防晒、通风散热。

3. 贮藏

贮存应符合 NY/T 1056 的规定。贮存时应按品种、规格分别贮存。冷藏库贮存时，适宜温度为：结球甘蓝$-0.6℃\sim-1℃$，花椰菜 $0℃\sim3℃$，青花菜 $0℃$，芥蓝和苤蓝 $2℃\sim3℃$。贮存的适宜温度：结球甘蓝和苤蓝 90%，青花菜和芥蓝 95%，花椰菜 90%~95%。库内堆码应保证气流均匀流通。

二、包菜的多种贮藏保鲜方法

包菜又称结球甘蓝、洋白菜、包心菜、卷心菜、甘蓝、圆白菜或莲花白。它是十字花科、芸薹属，两年生草本甘蓝类蔬菜，以叶球供食用。包菜适合较长期贮藏。在长江流域及西南地区四季均可露地栽培，可满足周年供应；北方地区除严冬外，在春、夏、秋三季均可栽培。包菜按叶球形状可分尖头、圆头、平头三种类型；按成熟期可分为早、中、晚熟。直接供夏、秋季节鲜销的，可选用尖头或中、晚熟品种。供冬、春市场鲜销的，可选择叶球紧实、抗病性强、耐贮性好的平头或中、晚熟品种。一般在6月中、下旬播种，10月下旬至11月下旬收获，经贮藏后供冬季及早春市场。采收要求：采收前2～3天应停止灌水。雨后3天才能采收。早熟品种可适当早采，提早上市。当叶球有一定大小，达到适当的充实程度时就可开始分期采收、上市。而用于贮藏的中、晚熟品种，应在叶球充分长大，达到最紧实时再采收。采时要留1～2轮外叶，采后剔除病、虫株或伤株，装筐后放置凉棚下待贮。贮藏特性：包菜外叶附有蜡粉，抗寒、抗病能力强。包菜的冰点在−0.8℃左右，贮藏适宜温度为−0.5℃～0.5℃，相对湿度90％～97％。贮藏环境的湿度过大时，可能出现基部腐烂的现象；湿度过低时，则失水严重。贮藏时间过长时，可能出现抽薹现象。

1. 埋藏

冬季时节，北方可选择干净的地方挖沟，沟的宽度2米左右，深度根据气候及贮量多少而定。一般沟内堆放两层，堆放时根部向下排列在沟内，第二层将根朝上码放，码满后覆土，以后追加土的时间、厚度及次数要根据当地气候冷暖而定。温度低于0℃便增加土的厚度，防止包菜结冰。温度升高时，降低土层厚度，以利于包菜散热。

2. 假植贮藏

此法适合于包心还不充实的晚熟品种。在华北地区，可在土壤结冻前，将菜连根拔起，带土在露地堆放数天。略见萎蔫时即可假植。即一棵棵地根朝下摆放，植后灌水，水量以湿地皮为度，然后在其上覆盖甘蓝外叶，一周后覆土10厘米左右，到12月上旬再第二次覆土12～13厘米，12月下旬第三次覆土5～6厘米。覆土厚度要求均匀，以免厚处发热、薄处受冻。

3. 窖藏

从冬季至初春，将窖清理消毒后，选择耐贮藏的品种，收获后自然晾晒1～2天，再将外叶护住叶球后装筐、在窖内码垛。垛的大小、高度以窖的大小、高度而定。垛间要留有倒垛空间，并利于通风。为防失水，也可在菜垛上覆盖塑料薄膜，但不密封。

4. 家庭简易贮藏

冬、春时期，气温在 0℃～15℃时，南方地区可选择包心紧实的包菜，带外叶采收，去掉烂叶。采后自然晾晒 1～2 天。然后直接将包菜单层摆放在家庭阳台贮藏。此法可贮藏包菜 3～4 周时间。

5. 冷库贮藏

在冷库中一般采取架藏，即将装筐的包菜摆放在多层菜架上，筐间适当留空隙，然后再覆盖塑料薄膜。也可将菜装入厚为 0.03～0.05 毫米聚乙烯膜袋中再摆放到菜架上。冷藏的适宜温度为 −0.5℃～0.5℃，相对湿度为 90%～97%。此法可贮藏包菜 2～3 个月。运输及包装：在运输中除仍需严格控制适宜的温、湿度环境条件外，还应合理使用包装，以便减轻机械伤害，加强通风换气，保护商品菜。目前所用的主要包装物有塑料筐和网状编织袋。

三、花菜的贮藏特性

花菜又称花椰菜、菜花、是甘蓝的一个变种。花菜包括白花菜和青花菜。白花菜为白色的花菜，以洁白未熟的花球供食用；青色的花菜叫作青花菜、绿花菜或西兰花等。花菜贮藏期间可出现变色（白花菜变黄或变黑，青花菜变黄）、开花（花柄伸长、花球松散、小花开放）和霉变。贮藏时要注意以下几点：一是要正确采收。当花球充分膨大，表面圆整，花球较紧实，边缘尚未散开时采收为宜。用于贮藏的花菜还要求花球的小花紧密、白花菜洁白、青花菜青绿、洁净、无真菌生长、无虫眼。花菜应根据成熟度分批采收，以确保每批次产品的成熟度一致。采收时，花球周围须保留 3～4 片小叶，以保护花球免受机械伤害，花菜遭受机械伤害后会立即发生褐变。采收工具应清洁、卫生。采收时要剔除病虫危害的老叶、黄叶，避免包装、贮藏和运输过程中的损伤和二次污染。采收前 2 天不要浇水。二是采后要及时预冷。花菜采后经挑选、修整及保鲜处理后，应立即进入预冷库预冷，要求能在采后 3～6 小时内降温至 1℃～2℃，以防止花菜变色（白花菜变黄、变黑，青花菜变黄）、开花（老化）和霉变，以延长保鲜期。及时预冷是花菜贮藏能否成功的关键。花菜在 20℃～25℃的室温下 1～2 天，花蕾花茎就会转黄。三是要合理包装。花菜可直接用聚苯乙烯泡沫箱包装，装箱后立即加盖、入库；或外包装用纸箱，内包装用 0.03 毫米厚的聚乙烯薄膜单花球包装。须在袋上和包装箱上打 2 个小孔，起到良好的自发气调作用。用有硅橡胶窗的聚乙烯袋作内包装，能控制二氧化碳含量在 5%～10%，贮藏效果更佳。四是要低温贮藏。花菜的最适贮藏温度为 0℃～1℃，相对湿度为90%～95%。在此环境条件下结合上述包装可贮藏 30 天左右。花菜的运输也要求用冷藏车，但温度不宜高于 4℃，否则小花蕾会很快黄化、开放，乃至霉变。没有冷藏设备条件贮藏、运输的，可于采收后及时在包装箱内加冰块降温，加冰量占箱总体积的 1/3～2/5，并尽快运至目的地。青花菜在贮藏期间有一定量的乙烯释放出来，乙烯在贮藏环境中积累后，会加速花蕾的衰老变化，贮藏管理上应注意适时通风换气。

四、花菜冷藏技术

为了指导经营者搞好花椰菜的冷藏，我国发布了《花椰菜冷藏技术》商业行业标准（SB/T 10285）。该标准规定了花椰菜冷藏的采收与质量、冷藏前准备、冷藏条件与管理的一般技术要求，适用于我国直接消费的新鲜花椰菜的冷藏。现将该标准的有关内容摘录如下：

1. 采收与质量要求

（1）采收。冷藏用的花椰菜，应在其花球充分长大，表面圆整，边缘尚未散开时收获。采收时花球外边留有 3～4 片保护叶，并在存留的末一片包叶外基部切齐总花茎。选择无病虫害的花椰菜在晴天的早晨采收。采收前的 3～7 天停止灌水，采收时轻拿轻放，避免机械伤害。

（2）质量要求。外观新鲜、清洁，色泽正常，花球紧实完整，表面无绒毛，不脱水，不散花，无病虫害、冻害和机械伤害。

2. 冷藏前准备

（1）灭菌。花椰菜入贮前一周，进行库房清扫、灭菌。灭菌方法按照 GB/T 8867《蒜薹简易气调贮藏技术》中的有关规定执行。

（2）包装与标志。花椰菜包装与标志应符合 SB/T 10158《新鲜蔬菜包装与标识》中的有关规定。单花球包装时，可采用 0.015 毫米厚的聚乙烯薄膜袋。袋子规格为（30～35）厘米×（35～40）厘米。薄膜应符合 GB/T 4456 中第 1 章的有关规定。

（3）预冷。采收后的花椰菜要尽快放到阴凉通风处或冷库中预冷，去掉携带的田间热。

（4）入库。将预冷后的花椰菜按等级、规格、产地、批次分别码入冷藏库内，距蒸发器至少 1 米。码放高度应符合 SB/T 10158《新鲜蔬菜包装与标识》中的有关规定。

3. 冷藏方法

（1）一般冷藏方法。花椰菜装箱（筐）时，花球应朝上；箱（筐）码放时，以不伤害下层花椰菜的花球为宜。

（2）单花球套袋冷藏方法。将单个花球装入 0.015 毫米厚的聚乙烯薄膜袋中，折口后放入箱（筐）内，码放时要求花球朝下，以免袋内产生的凝结水滴在花球上造成霉烂。

4. 冷藏条件与管理

（1）温度。冷藏库温度应保持在 0℃±0.50 ℃。

（2）相对湿度。冷藏库内适宜相对湿度为 90%～95%。

（3）冷藏期间管理。冷藏期间要定时检测库内温、湿度，冷藏的物理条件和测定方法应符合 GB/T 9829《水果和蔬菜　冷库中物理条件定义和测量》中的有关规定。

（4）冷藏期限。在上述温度、相对湿度和管理条件下，根据花椰菜品种和产地不同，一般冷藏方法，冷藏期限为 3～5 周；单花球套袋冷藏方法，冷藏期限为 6～8 周。

五、花菜冷藏与冷运指南

为了指导经营者搞好花椰菜的冷藏和冷运，国家质检总局和国家标准委联合发布了《花椰菜冷藏和冷藏运输指南》（GB/T 20372）。该标准规定了鲜销和加工用不同种类的花椰菜冷藏和远距离冷藏运输的方法。现将该标准的有关内容摘录如下：

1. 采收和包装条件

（1）采收。用于贮藏的花椰菜应该在花球长到最大前采收。采收应在上午进行。采收期应根据花球的成熟情况决定。在炎热的天气，即使是延迟 1 天采收，都可能导致颜色变黄、花球松散。

（2）质量要求。花球应该外观完整，无损伤，清洁，呈新鲜状。没有受啮齿动物和昆虫侵害的痕迹，没有明显的病害、冷害和机械损伤的迹象。不允许花球显现出任何瑕疵。花椰菜要做到表面无水。花椰菜贮藏前不要清洗，但要进行修整，留下几片叶片保护花球，并将花柄切短。

（3）包装。最常用的包装为木制的板条敞口箱，也可用打蜡的瓦楞纸箱。羊皮纸或塑料（聚乙烯、聚氯乙烯等）包装能延缓水分的损失。上述材料也可用作箱子的内衬、包装单个的花球或者覆盖在板条箱垛上。

作保护产品的包装，要有足够的通气孔，以便于运输和贮藏过程中产品的冷却。

2. 最适宜的贮藏和运输条件

（1）入库。花椰菜采后应尽快预冷，因为花椰菜在15℃下存放48小时后开始变黄，细菌或真菌引起的变化也开始显现出来，而且这些变化是不可逆的。如果从采摘地到冷库的运输需要几天时间，花椰菜在运输之前一定要进行预冷。

（2）温度。花椰菜最适贮藏和运输的温度范围是0℃～4℃，低于0℃会导致冷害。所选用的温度在贮运期间一定要保持稳定，并要避免表面结露。

（3）相对湿度。相对湿度应控制在90％～95％范围内。较低的相对湿度会导致花球和叶子的萎蔫，缩短贮藏寿命。羊皮纸和塑料包装有助于减少水分损失。

（4）空气循环。在贮藏和运输期间，应该进行通风换气，以维持贮藏和运输所要求的温度和相对湿度的稳定和均匀。

（5）贮藏。花椰菜的摆放层数要根据其外叶的数量确定，外叶多的可码两层。上层的花椰菜不要伤及下层。失去保护外叶的只能摆放一层，花头向上。包装花椰菜时，宜将花球朝下，这样可以防止花椰菜在运输过程中因湿度过大、擦伤或污染带来的损害，并能够除去花椰菜采摘和处理带来的少量水分。

（6）贮藏期限。采用上述贮藏条件，不同品种的花椰菜分别能够贮藏3～6周。为防止花椰菜变质，每天应该进行质量监控。

3. 运输和装载要求

（1）运输。花椰菜运输期间，应保持低温。可用冰制冷或者机械制冷的列车或冷藏汽车。所有的运输装置都应处于良好的技术状态。冰制冷的冷藏列车，在装载之后，应将冰舱中的冰加足。如果天气比较热或者运输时间比较长，冰制冷车里的冰会逐渐融化，需要在途中加冰，确保冷藏列车到达终点时，冰舱里的冰块量不少于1/3。

（2）包装件的排列。陆路运输车辆包装件的排列，应参照ISO6661《新鲜水果和蔬菜 陆路运输车辆上平行六面体包装件的排列》执行。

4. 贮藏和冷藏运输末期的操作

贮藏结束时，应对花椰菜进行检查，并除掉变黄和其他受损的叶子，并对花茎进行再切削。花椰菜在运输和卸载之后，应继续冷藏，或尽快出售或加工。

六、花菜类蔬菜采后处理技术规程（北京）

为了推广花菜类蔬菜采后处理技术，北京市质量技术监督局发布了《蔬菜采后处理技术规程 第三部分：花菜类》（DB11/T 867.3）。该标准规定了花菜类蔬菜采后处理各环节的技术要求。主要内容如下：

1. 采收与分级

（1）采收。应选择气温较低时采收，避免雨水和露水。青花菜应保留 5～12 厘米长的花茎。应轻拿轻放，防止机械损伤。

（2）基本要求。每一包装、批次为同一品种。应具有该品种蔬菜具有的形状和色泽。花茎不开裂、无开花、无抽薹。无异味，无腐烂、无病虫害及其他伤害。

（3）等级规格。应将符合基本要求的数蔬菜分为一级、二级和三级。不同种植户应按等级规格要求进行采收和分级。花菜类蔬菜的规格应符合表 7-2 的规定。不同种类花菜类蔬菜的等级规格见附录 7-2。

表 7-2 花菜类等级

一级	二级	三级
①花球新鲜、完好，紧实，花蕾紧密	①花球较新鲜、完好，较紧实	①花球较新鲜、完好，较紧实
②花球色泽良好，表面清洁	②花球色泽正常，表面较清洁	②花球色泽正常，表面较清洁
③无机械伤	③有轻微机械伤	③有轻微机械伤
④个体大小差异不超过均值的 5%	④个体大小差异不超过均值的 10%	④个体大小差异不超过均值的 20%

2. 产地包装

产地包装宜采用塑料周转箱或纸箱。塑料周转箱应符合 GB/T 5737《食品塑料代替周转箱》的规定，纸箱应符合 GB/T 6543《运输包装用单瓦楞纸箱和双瓦楞纸箱》的规定。采收前将包装箱备放在地头，并在箱体上标注生产者信息。采收后，将同一等级的叶类蔬菜放置在同一塑料周转箱内。在气候干燥季节，塑料周转箱的底部和两个长面，要衬上塑料薄膜，防止失水。

3. 产地短期存放

产地存放时间不宜超过 4 小时。如不能及时运走，宜在温度 0℃～

2℃，相对湿度90％以上的条件下存放。

4. 运输

（1）普通车运输要注意防晒、保湿和通风，夏季应注意降温，冬天应注意防冻。从采收到集散中心，不超过6小时。

（2）夏天宜采用冷藏车运输，冷藏车温度控制在0℃～2℃。外界最高气温低于10℃时，可采用保温车运输。

（3）装卸时，应轻拿轻放，防止机械伤。

5. 预冷

（1）冷库预冷。预冷库温度为0℃～2℃，相对湿度为90％以上。应将菜箱顺着冷风的流向堆码成排，箱与箱之间应留出5厘米宽的缝隙，每排间隔20厘米。菜箱与墙体之间应留出30厘米的风道。菜箱的堆码高度不得超过冷库吊顶风机底边的高度。预冷应使菜体达到5℃左右。

（2）压差预冷。预冷库温度为0℃～2℃，相对湿度为90％以上。每预冷批次应为同一种蔬菜。预冷前，应将菜箱整齐堆放在压差预冷设备通风道两侧，菜箱要对齐，风道两侧菜箱要码平。如预冷的菜量小，可于通风道两侧各码一排；如预冷的菜量大，可于通风道两侧各码两排。堆码高度以低于覆盖物高度为准。应根据不同压差预冷设备的大小，确定每次的预冷量。菜箱码好后，应将通风设备上的覆盖物打开，平铺盖在菜体上，侧面覆盖物要贴近菜箱垂直放下，防止覆盖物漏风。预冷时，打开压差预冷风机，菜体达到5℃左右时，便可关闭预冷风机。

6. 配送包装方式

配送小包装可采用托盘加透明薄膜、透明薄膜或塑料袋包装。也可用胶带捆扎或整齐码放。每个包装应标注或者附加标识标明品名、产地、生产者或者销售者名称、生产日期。

7. 销售

常温销售柜台应少摆放，随时从冷库取货补充。低温销售应控制温度在5℃左右。不能及时出库的叶菜，应放置在温度0℃～2℃，相对湿度90％以上的冷库中贮存。

附录 7 - 2　不同种类花菜的等级规格
（资料性附录）

表 A1　　　　　　　　　　　　　花椰菜等级规格

	一级	二级	三级
等级	①花球完好，紧实，小花球肉质花茎短 ②花球色泽洁白，表面清洁。无机械伤 ③个体大小差异不超过均值的 5％	①花球完好，较紧实，小花球肉质花茎较短 ②花球色泽乳白，表面清洁。有轻微机械伤 ③个体大小差异不超过均值的 10％	①花球完好，较紧实，小花球肉质花茎略伸长 ②花球色泽黄白，表面有少许污物。有轻微机械伤 ③个体大小差异不超过均值的 20％
规格	同品种分大中小三个规格		

表 A2　　　　　　　　　　　　　青花菜等级规格

	一级	二级	三级
等级	①花球完好，紧实，花蕾紧密；鲜嫩 ②花球色泽浓绿，表面清洁。无机械伤 ③个体大小差异不超过均值的 5％	①花球完好，较紧实，花蕾较紧密；鲜嫩 ②花球色泽浓绿，表面清洁。有轻微机械伤 ③个体大小差异不超过均值的 10％	①花球完好，略松散；较鲜嫩 ②花球色泽略显黄绿，有轻微机械伤 ③个体大小差异不超过均值的 20％
规格	同品种分大中小三个规格		

第三节　芹菜的贮藏保鲜方法

一、芹菜的贮藏特性

新鲜芹菜的植株挺拔，组织充实，容易折断。贮藏期间，若贮藏不当或时间过长，芹菜可能出现抽薹（短缩茎伸长）、老化（叶片、叶柄转黄，叶柄糠心，折断时纤维多）、萎蔫（由于失水而使组织失去新鲜挺拔状态）、腐烂（由微生物引起的败坏）等问题。芹菜适宜的贮藏温度为0℃～2℃，相对湿度为98％～100％。

二、芹菜的冷藏保鲜法

芹菜的耐寒性较强，适宜的贮藏温度在0℃左右，可以在－1℃～－2℃条件下微冻贮藏。但温度过低，菜体容易受冻，解冻后不能恢复到新鲜状态。芹菜也可在0℃冷库中冷藏。冷藏时，一般可以贮藏2～3个月。芹菜适合高湿贮藏，贮藏环境的相对湿度以98％～100％为宜。湿度过低，芹菜易萎蔫。萎蔫的芹菜失重、失鲜、纤维增多、口感变差。冷藏中，可用带孔的塑料袋包装，以保持高湿，减少水分损失导致萎蔫。要注意选择耐贮藏的品种。芹菜可分为实心和空心两类，用于贮藏的芹菜，多选择实心、色绿的品种，因耐寒力较强，较耐挤压，经过贮藏后仍能较好地保持脆嫩的品质。空心类型的品种贮藏后叶柄容易变糠，纤维增多，质地粗糙。采收一般于晴天的傍晚进行。采收前3天不能灌水，雨后3天才能采收。用于贮藏的芹菜最怕霜冻，遭霜冻后芹菜叶片变黑，耐贮性大大降低，所以应在霜冻之前收获芹菜。收获时将芹菜连根铲下，去掉泥土，并摘除黄叶、枯叶和烂叶，捆把待贮。冷库贮藏芹菜，库温应控制在0℃左右，相对湿度要求98％～100％。芹菜可装入有孔的聚乙烯膜衬垫的板条箱或纸箱内，也可以装入开口的塑料袋内。如此包装有利于保持高湿条件、减少失水。同时还要保持足够的通风，使库房温度均匀。

三、芹菜的假植贮藏

在田间挖好假植沟。沟宽2米左右，长度不限，沟深约1～1.2米，三分之二在地下，三分之一在地上，地上部用土筑成围墙。将芹菜连根铲下，去掉泥土，并摘除黄叶、枯叶和烂叶，再按如下方法假植于沟内。捆把假植法：将芹菜捆成1～2千克的菜把，再将菜把直立摆放在假植沟内，捆间留有10厘米左右距离，以利于通风换气。单棵摆放假植法：将整理好的芹菜逐棵摆放在假植沟内。栽植法：将芹菜逐棵栽在土中，每棵之间留有几厘米的空隙。为了加强通风换气，常在芹菜四周用竹竿架起，以便通风散热。芹菜假植后应立即灌水淹没根部。贮藏期间再视土壤干湿情况灌水1～2次。芹菜入沟后用草毡覆盖或在沟顶搭棚、覆土，并预留通风口。以后随气温下降情况添加覆土、堵塞通风口。整个贮藏期间，设法维持沟温 0℃ 左右，防止受热或受冻。栽植法的贮藏期最长，捆把假植法的贮藏量虽大，但菜把中心部位的温度较高，芹菜容易黄化腐烂，贮藏期短；单棵摆放假植法的贮藏期介于两者之间。

四、芹菜的简易气调冷藏

芹菜在 0℃ 左右和高湿条件下贮藏时，3％的氧浓度和 5％的二氧化碳浓度可以降低腐烂率，减轻退绿程度。东北各地采用冷库将芹菜装入塑料袋中用简易气调方法贮藏，效果较好。方法是：用 0.08 毫米厚的聚乙烯薄膜制成 100 厘米×75 厘米的袋子，每袋装 10～15 千克经挑选、整理、无病虫害和机械伤、带短根的芹菜，扎紧袋口，单层摆放在冷库菜架上。将库温控制在 0℃～2℃。采用自然降氧法使袋内氧含量降到 5％左右时，打开袋口通风换气，再扎紧，也可以松扎袋口贮藏。这种方法可以将芹菜贮藏 2 个月，商品率在 90％左右。

五、芹菜的硅窗气调冷藏法

该方法操作简便，效果良好。将挑选好的芹菜迅速入冷库预冷 24 小时，然后放入硅橡胶窗气调贮藏袋内，扎紧袋口，保持库温 0℃～1℃。硅橡胶窗气调贮藏袋是指用聚乙烯塑料薄膜制成长 100 厘米、宽 70 厘米的包装袋，其上硅窗面积为 96～110 平方厘米。每袋装量 15～20 千克。此法可贮芹菜 2～3 个月。

六、芹菜的标准化包装贮运技术

为了提高芹菜贮运效率，农业部发布了《芹菜》标准（NY/T 580）。该标准规定了芹菜的要求、试验方法、检测规则、标志、包装、运输和贮存，适用于本芹、西芹。现将该标准的有关内容摘录如下：

1. 包装

芹菜的包装容器要求大小一致、清洁、干燥、牢固、透气、无污染、无异味、内壁无尖突物，外表平整无尖刺、无虫蛀、腐朽、霉变。塑料箱应符合 GB/T8868《蔬菜塑料周转箱》的要求。

采收后的芹菜，经过修整，按同品种、同等级分别包装。每批报检的芹菜，其包装规格、净含量应一致。

包装检验规则：抽取样品逐件称量，不应低于包装标示的净含量。

逐件打开样品包装，取出芹菜平放在检验台上，并进行品质、规格检测，再核对与包装外标志所示的规格是否相符。

2. 运输

芹菜收获后应就地修整，及时包装、运输。高温季节长距离运输宜在产地预冷，收获到预冷的时间应小于 2 小时。

预冷温度 1℃～2℃，湿度 98％～100％。预冷方法可采用水预冷、冷库预冷、真空预冷、差压预冷。经预冷的芹菜运输时间 10 小时以上宜用冷藏车，运输温度 0℃～2℃；运输时间 10 小时以下可用保温车，未经预冷、短途流通的芹菜，可用卡车运输，但要严防日晒、雨淋。

低温季节长距离运输，需用保温车；如用卡车需加盖棉被和其他保温措施。严防受冻。运输工具清洁卫生、无污染。装运时，轻拿轻放，严防机械损伤。

3. 贮存

贮存的芹菜应符合芹菜等级规格中一等品或二等品的要求。按等级、品种分别贮存。贮存温度应保持在 0℃～2℃范围内，空气相对湿度应保持在 98％～100％。贮存期间应防止污染。

第四节　香菜的贮藏保鲜方法

一、香菜的贮藏特性

香菜又称芫荽、香荽，是伞形花科芫荽属一年生或两年生草本植物，具有特殊的香味，喜冷凉湿润环境，属耐寒香辛绿叶菜，食用部分为鲜嫩茎叶，市场需求量大，因此极具贮藏价值。香菜有大叶和小叶两个品种，小叶品种香味较浓，耐寒性和适应性相对较强。香菜采后贮运中存在的主要问题是失水萎蔫、黄化和腐烂。由于香菜的组织及其脆嫩，叶片相对小而嫩，采后呼吸作用和水分蒸发作用较旺盛，因此低温高湿条件较适宜香菜贮藏。供贮藏的香菜应纤维少，植株健壮，因此需贮运的香菜在播种时即应稀疏，或者幼苗期适当间苗，并保持土壤肥沃，促使植株健壮，叶柄粗壮。采收前 5～7 天应停止灌水，降低植株含水量，增强其耐寒力。应避免在雨后采收，采收时需保留 2～3 厘米根，并及时抖落泥土，剔除病、黄叶，置于阴凉处预冷，再捆扎成 0.5～1.0 千克一捆，适时入贮。

二、香菜地沟微冻贮藏

在我国北方地区，由于低温天气较长，香菜又具有一定的耐寒性，因此可以采用地沟对香菜进行微冻贮藏。一般来说，首先需要挖一个宽70～200 厘米、深 30～70 厘米的地沟，再顺地沟延长方向挖 1～3 条宽和深各 20～25 厘米的通风道，通风道上面放一层薄秸秆，将采收后的香菜经预处理并捆扎以后轻轻放在沟内，根朝下、叶朝上，再在顶部撒一层薄薄的湿沙土，刚盖住香菜即可。在逐渐降温的低温天气下香菜便轻微冻结，可达−2℃左右。以后随着气温逐步下降，可逐步增加覆土厚度，但不宜超过 30 厘米，或者覆以草毡以防止过度冻结，维持沟内−5℃～−4℃、叶片冻结、根部不冻状态。

三、香菜温床贮藏

香菜温床贮藏是一种活贮方法。一般选择耐寒品种进行活贮，而且播种时间也会影响到贮藏效果，以 7 月中下旬播种最佳。适时扣床对贮藏效果影响很大，扣床太早，气温高，床内温度高，香菜继续生长，下部叶子容易发黄；扣床晚了，气温较低，香菜容易受冻而不耐贮。一般来说，待气温降至 0℃时开始扣床。扣床后还要用泥浆将床缝填满，防止透风而影响贮藏效果。然后还要盖上草帘，遇上气温较低时还要加厚草帘以隔绝寒气，使香菜处于既不生长又不被冻死的状态。由于此法仍需要适时观察，目前也有采用温室活贮香菜，管理员只需根据室内温度的变化进行通风、保暖和散热。活贮结束前一周，选择气温较高的晴朗天气，中午打开草帘，适当让阳光照射，下午 3 点左右盖上草帘，缓慢提高床（室）内温度，如此 4～5 天后，植株便缓慢直立起来，恢复初始状态，此时即可采收。

四、香菜窖藏保鲜方法

窖藏是指用窑（窖）来存放香菜，一般分为堆藏或者隙藏。堆藏用来存放大量的香菜，是将香菜堆放在窑（窖）内，堆放高度一般为 25～30 厘米。在贮藏初期应该将香菜暂时存放在过道上或者气窗附近，便于通风，待气温明显下降后再将其转入窖内部贮藏。如果贮藏少量香菜，则可以用隙藏，即将其存放至白菜窖内，利用白菜植株较高含水量来为香菜提供低温高湿的有利条件，但要保持温度在 5℃以下。

五、香菜薄膜封闭气调贮藏方法

挑选新鲜无病害、无腐烂的香菜捆扎成 0.5～1 千克一把，先放入冷库中均匀摊放在菜架上进行预冷，温度降至 0℃时，将香菜根里叶外装入保鲜袋，放入一定量的乙烯吸收剂，注意松扎袋口。贮藏期间定期测定袋内二氧化碳含量，需控制在 4%～8% 范围，浓度过高则要开袋调气，待二氧化碳含量下降至适宜范围再松扎袋口。冷库应控制温度 0℃左右，相对湿度 90%～98% 为宜。

六、香菜的质量标准与贮运方法（辽宁）

为了规范无公害香菜的生产，辽宁省质量技术监督局发布了《农产品质量安全　香菜生产技术规程》（DB21/T 1371）。该标准规定了无公害香菜生产要求的产地环境、生产技术和采后技术管理，现将该标准中有关贮藏保鲜的内容摘录如下：

1. 采收

可按需要分批采收。通常株高 20～40 厘米，具有 10～20 片叶，单株重 20～50 克时开始采收。采收前 1～2 天必须进行农药残留检测，合格后及时采收。可用刀子在植株近地面处收割。除去老叶，捆把装框或装入聚乙烯袋内，不宜来回翻动，及时销售。夏季收获时在早上进行，冬季温室内应在晚上进行。需要贮藏或运输的叶片不要太嫩，水分含量宜低，收获时要轻收、轻放，避免机械损伤。贮藏的在 2 小时内应运抵加工厂。

2. 采收后技术管理

（1）整理。把香菜放在操作台上，掰掉老外叶、黄叶、病虫害叶、机械伤叶，挑出过小棵，用刀把根切去，每切 20 棵时，刀要放入 500 倍高锰酸钾溶液中消毒一下，每 0.5～1 千克捆成 1 把。如果进行长途运输，还要进行预冷。

（2）分级及包装。

①分级标准。具体分级标准见表 7-3。②包装容器。外运需装箱，包装材料应选择整洁、干燥、牢固、无污染、无异味、内壁无尖突物、无虫蛀及霉变的包装容器；纸箱无受潮离层现象，一般规格为 45.6 厘米×35.5 厘米×25.0 厘米。成品纸箱耐压强度为 400 千克/m² 以上。③标注。在每把香菜捆扎处贴上无公害农产品商标，按照表 7-26 要求，把香

菜放入规定纸箱中，每箱净含量为 10 千克，纸箱外标明无公害农产品标识、香菜品名、产地、生产者、规格、毛重、净含量、采收日期等。

表 7-3　　　　　　　　　香菜分级标准

规格	每箱净含量（千克）	单株重量（克）	植株高度（厘米）
中	10	20～30	20～25
大	10	30～40	25～35
特大	10	40～50	35～45

（3）贮藏。①冻藏。冻藏香菜前在屋后先挖深 1 米、宽 25～30 厘米的沟，沟长按储藏量多少而定。先把挖出的土堆放在沟的四周。在 11 月中旬前后收获为宜。将香菜带根挖出，把根上的泥土抖净，去掉黄烂叶，捆成捆，每捆 2.5 千克。在早晨入沟，香菜根朝下，叶朝上斜放在沟内，撒一层细沙，再撒上 7～8 厘米厚的细湿土。以后随着气温的下降，分 2～3 次增加盖土厚度，但总覆土厚度最好不要超过 20 厘米。封冻前后，再在沟上加盖 15 厘米厚的草帘或干稻草。②小包装冷藏。供小包装冷藏的香菜要适当迟播，且收获时要防止带霜或带露水作业，轻拿轻放。收获的香菜扎成 0.5～1 千克的小捆，放在阴凉处预冷。当外界气温下降至 0℃时，装入聚乙烯塑料袋中，扎好袋口，或装入包装箱，放入库温 0℃～0.5℃，相对湿度 80％～85％的冷库中储藏。贮藏须在通风、清洁、卫生的条件下进行，严防暴晒、雨淋、冻害及有毒物质的污染。库内堆码应保持气流均匀流通，堆码时包装箱距地 20 厘米，距墙 30 厘米，最高堆码为 7 层。香菜长途外运，包装产品应在 0℃的冷库中预冷 12 小时后，才可装集装箱冷藏外运。

第五节　菠菜的贮藏保鲜方法

一、菠菜的贮藏特性

菠菜属藜科，一年或两年生草本植物，地生，叶面平滑无毛、柔嫩、水分多。菠菜依据其叶型和种子是否有刺可分为有刺种（又称尖叶种）和无刺种（又称圆叶种）两大类；前者耐寒力相对较强，适宜越冬栽培；

圆叶种叶片呈卵圆形，不耐寒，耐热力较强，产量高，适宜春季、夏季或晚秋栽培。贮藏用的菠菜应选择尖叶种，且要适当晚播种，栽培期间要保证肥水供应充足，适当间苗，以保证植株健壮耐贮。收获前一周要停止灌水，以降低植株含水量，提高耐贮性。收获时先将植株周围土壤适当整松，将菠菜连根拔起后抖落泥土，去除烂叶、黄叶，轻轻捆扎，0.5～1千克一把。菠菜的适宜贮藏环境为温度－1℃～0℃，相对湿度90％～95％，氧气浓度2％～4％，二氧化碳浓度2％～5％。菠菜贮藏期间易发生细菌性软腐病和霜霉病，但只要严格控制适宜的低温和采收，处理时小心操作，避免造成伤口，就能防止出现上述病害。

二、菠菜的冻藏

由于菠菜具有一定的耐寒性，在轻微冻结状态下可以长期贮藏，而且经缓慢解冻后能恢复新鲜状态，所以可以利用地沟对菠菜进行轻微冻藏。根据挖沟的宽窄可以分为窄沟贮藏和宽沟贮藏。窄沟法一般是挖一条20～30厘米的地沟，深度和菠菜高度相近，不设通风道。宽沟法需再挖1～3条通风道，道口露出地面，通风道上面放薄层秸秆。将捆扎完毕的菠菜经预冷后直立或斜放在沟内，根朝下、叶朝上，再在顶部撒一层薄薄的湿沙土或秸秆，并且随着气温逐步下降，需逐步增加覆盖物厚度，尽量维持－6℃～0℃，如此冻藏可以保鲜至翌年3～4月份，上市前缓慢取出放置室温下缓慢回温再上市销售，切忌高温解冻。

三、菠菜的暖藏

菠菜的暖藏是使菠菜贮藏温度维持在0℃附近而不至于过低，菠菜没有明显的冻结。此法更加需要适时观察并及时添加覆盖物，防止温度下降过多。

暖藏类似于冻藏，只是为了更好地保温且防止植株被冻结，贮藏沟需要稍深、稍宽，且覆盖物较多。收获后的菠菜剔除烂叶、黄叶和有机械损伤的植株，经预冷后用橡皮筋将菠菜捆扎好，1～1.5千克一把，捆扎完毕即将菠菜直立或斜放在沟内，根朝下、叶朝上，摆放整齐，再在顶部撒一层薄薄的湿沙土或秸秆。随着气温逐步下降，需逐步增加覆盖物厚度，使沟内温度维持在0℃左右。如此贮藏可保鲜至翌年4月份上市。此法贮藏的菠菜上市前无须解冻。

四、菠菜的塑料袋简易气调贮藏

塑料袋简易气调法，是指用 0.07 毫米厚、1000 毫米×750 毫米的聚乙烯袋包装约 10 千克的菠菜。包装前，需要保留菠菜的短根，并且单独用绳捆扎成 0.5 千克左右的小把。扎口时在袋口放一根直径 2.5 厘米的圆棒，扣子扎紧后取出，这样能避免捆扎过紧而不利于透气。如此包装后摆放在冷库的货架上，库温应为 -1℃~0℃。当二氧化碳浓度上升至 5% 以上时需及时开袋换气。此法可以贮藏 2~3 个月。

五、菠菜的质量标准与贮运方法

为了提高菠菜的贮运效率，农业部发布了标准《菠菜》（NY/T 964）。该标准规定了菠菜的要求、试验方法、检验规则、标志、包装、运输和贮存，适用于鲜食菠菜。现将该标准的有关内容摘录如下：

1. 包装

包装容器如塑料箱、纸箱、竹筐等应按菠菜的大小规格设计，同一规格应大小一致。容器外表平整无尖刺，内壁无尖突物。纸箱无受潮、离层现象；竹筐缝隙宽度需适当。包装材料应清洁、干燥、牢固、透气、无污染、无异味、无虫蛀、腐烂和霉变等。同期采收的菠菜，按品种、等级、规格分别包装，同一包装内的菠菜应摆放整齐。每批报验菠菜的包装，净含量应一致。逐件称量抽取的样品，每件净含量应一致，不应低于包装外标志的净含量。确定所抽取样品的规格，并检查与包装外所示的规格是否一致。

2. 运输

菠菜收获后就地整修，及时预冷、包装。装运时要轻装轻卸，防止机械损伤；运输工具清洁、卫生、无污染。运输过程中适宜的温度为 0℃~5℃，相对湿度 90%~95%。运输过程中注意防冻、防雨淋、防晒、通风散热。

3. 贮存

临时贮藏场所需阴凉、通风、清洁、卫生，防止烈日暴晒、雨淋、冻害及有毒物质和病虫害的危害。贮存时应按等级、规格分别堆码，堆码整齐，防止挤压。贮存库（窖）温度应保持在 0℃~2℃，空气相对湿度保持在 90%~95%，库内堆码应保证气流均匀畅通。冷藏库贮藏，控制适宜库温；窖藏，入贮初期注意通风散热，中期需保温防冻，末期夜间通风降温，防止腐烂。

第六节　空心菜的贮藏保鲜方法

一、空心菜的贮藏特性

空心菜，又名蕹菜，是旋花科番薯属一年生或多年生草本植物，以绿叶和嫩茎供食用，在我国各地普遍栽培，是夏秋季的重要蔬菜。空心菜茎叶娇嫩，水分含量高，采后易失水萎蔫、老化甚至腐烂，不适合久贮久运。适时、合理采摘，并且适当稀植、保证肥水充足而促使植株健壮，是空心菜贮运的关键环节。空心菜在生长前期和后期，由于气温较低，生长较缓慢，一般 7 天以上采摘一次，在生长旺盛时期，4 天左右可采摘一次。空心菜的最佳贮藏温度为 3℃～5℃，相对湿度 80%～85%，温度过低易发生冷害，叶片出现斑点，叶柄呈暗褐色。

二、空心菜的冷库气调贮藏

将采收后的空心菜用绳捆扎成 0.5 千克左右的小把，经预冷后用 0.07 毫米厚、1000 毫米×750 毫米的聚乙烯袋包装，每袋装约 10 千克左右。扎口时在袋口放一根直径 2.5 厘米的圆棒，扣子扎紧后取出，这样的松扎方式能避免捆扎过紧而不利于透气。如此包装后摆放在冷库的货架上，库温应为 3℃～5℃。当二氧化碳浓度上升至 5% 以上时需及时开袋换气。此法可以贮藏 2～3 个月。

三、空心菜的质量标准与贮藏（辽宁）

辽宁省质量技术监督局发布了标准《农产品质量安全　空心菜生产技术规程》（DB21/T 1372）。该标准规定了无公害空心菜生产要求的产地环境、生产技术和采后技术管理，适用于保护地及露地栽培的无公害空心菜生产。现将该标准的有关内容摘录如下：

1. 采收

株高 18～20 厘米时，结合定苗间苗上市，一次采收，或多次采收；多次采收时，第一次收割茎基部留两个节，第二次收割将基部留下的第二节采下；第三次收割将基部留下的第一节采下。

2. 采收后技术管理

（1）检验。采收前 1～2 天必须进行农药残留检测，合格后及时采收上市。

（2）整理。把空心菜轻放在操作台上，摘掉老外叶、黄叶、病虫害叶、机械伤叶。每 500 克捆 1 把。

（3）规格划分。具体规格划分见表 7-4。

表 7-4　　　　　　　　　　空心菜规格划分

规格	每箱净含量（千克）	单株重量（克）	植株高度（厘米）
中	10	50～100	20～25
大	10	100～150	25～35
特大	10	150～200	35～45

3. 包装

（1）包装容器。外运需装箱，包装材料应选择整洁、干燥、牢固、无污染、无异味、内壁无尖突物、无虫蛀、无霉变的包装容器；纸箱无受潮离层现象，一般规格为 45.6 厘米×35.5 厘米×25.0 厘米，成品纸箱耐压强度为 400 千克/米^2 以上。

（2）标注。在每把空心菜捆把处，贴上无公害农产品标志，把空心菜放入规定纸箱中，用电子秤称重，每箱空心菜净含量为 10 千克，纸箱外标明无公害农产品标识、品名、产地、生产者、规格、毛重、净含量、采收日期等。

4. 贮藏

产品须在通风、清洁、卫生的条件下操作，严防暴晒、雨淋、冻害及有毒物质的污染。贮藏温度为 3℃～5℃，相对湿度 80％～85％，库内堆码应保持气流均匀流通，堆码时包装箱距地 20 厘米，距墙 30 厘米，最高堆码为 7 层。包装产品应在 3℃的冷库中预冷 12 小时后，才可装集装箱冷藏外运。

第七节　茼蒿的贮藏保鲜方法

一、茼蒿的贮藏特性

茼蒿又名蓬蒿、菊花菜，因其曾为宫廷佳肴，所以又叫皇帝菜，为一年生或两年生草本植物，茼蒿具有特殊的芳香气味，是以幼嫩叶茎供食用的绿叶菜。茼蒿依据其形态可以分为大叶茼蒿、小叶茼蒿和花叶茼蒿。南方多为大叶茼蒿，北方主要是小叶茼蒿，多分支，耐寒性相对较强；花叶茼蒿极少栽培。茼蒿含水量高，组织柔嫩，采后呼吸代谢旺盛，容易失水而萎蔫甚至黄化、腐烂，不适宜久贮久运。茼蒿的最佳贮藏温度为0℃～1℃，相对湿度95％以上。茼蒿因品种不同，采收时期也不同。一般在播种后株高超过20厘米时一次性采收，或者在播种后株高超过15厘米时分批间收。春茼蒿易抽薹，应在抽薹前采收。

二、茼蒿的塑料袋简易气调贮藏

塑料袋简易气调法，是指用0.07毫米厚、1000毫米×750毫米的聚乙烯袋包装约10千克的茼蒿进行贮藏。将采收后的茼蒿剔除腐烂叶、黄叶，单独用绳捆扎成0.5千克左右的小把，松扎袋口，避免捆扎过紧而不利于透气。将包装好的茼蒿摆放在冷库的货架上，库温应为−1℃～0℃。当二氧化碳浓度上升至5％以上时需及时开袋换气，并擦去袋壁上的水汽。此法可以贮藏2～3个月。

第八节　紫菜薹的贮藏保鲜方法

一、紫菜薹的贮藏特性

紫菜薹，别名红菜薹、红菜、红油菜薹，为十字花科芸薹属芸薹种白菜亚种的变种，一年或两年生草本植物，是原产中国的特产蔬菜。紫菜薹以柔软的花薹供食，品质脆嫩、营养丰富，市场需求量大。

紫菜薹依据其成熟特性可以分为早熟类、中熟类和晚熟类品种。早熟类品种较耐热，适于在温度较高的季节栽培，根据叶形不同又可分为圆叶和尖叶两大类，代表品种分别为武昌红叶大股子和成都尖叶子红油菜薹。早熟品种定植后30天左右即进入初收期，主薹宜早采割。主薹不掐，侧薹不发，当主薹长30～40厘米，1个或2个花蕾初开时为采收适期。采收时在主薹的基部割取，切口略倾斜，以免积水而引起腐烂。切割时注意保留基部几个腋芽，以保证侧薹抽长粗壮。侧薹采收时，每个薹基部留1～2片叶，以使萌发下一级菜薹。中熟种代表品种有二早子红油菜薹，较耐热，一般定植后70天开始采收。秋茬紫菜薹主薹采收后，正值侧菜薹盛发期时，气温下降，生长缓慢，因此主薹要更早采收，达15厘米后即采摘，促使侧薹早发快长。一般只能收1次或2次侧薹，采收期较短，产量较春茬低，但采收期处于较低的温度，菜薹的品质较好。

晚熟品种主要有胭脂红，耐寒力较强而耐热力较弱。冬季在有雪覆盖下，气温在－1℃～2℃时，植株都不致受冻害；但若无雪覆盖，0℃时间稍长即受冻害。搞好紫菜薹的贮藏，首要的一点就是要适时采收，采收过早产量不高，采收过晚则花蕾开放，纤维增多，口感不佳。此外，要保证紫菜薹的适宜贮藏条件，温度为0℃～6℃，相对湿度为90％～95％，气体成分为氧气浓度3％～5％，二氧化碳浓度5％～10％。紫菜薹在贮藏过程中基部养分上移，促使花蕾开放，容易造成薹茎出现糠心和纤维化，叶片失水萎蔫。

二、紫菜薹薄膜封闭气调贮藏方法

用于贮藏的紫菜薹要选择耐贮藏的品种，且要挑选薹茎粗壮、叶片厚实的植株。高温时节采收的紫菜薹应做好预冷措施，否则会影响贮藏效果。挑选新鲜无病害、无腐烂的菜薹捆扎成0.5～1千克一把，先放入冷库中均匀摊放在菜架上进行预冷，温度降至0℃时，将紫菜薹叶朝外装入塑料薄膜袋内，松扎袋口。贮藏期间定期测定袋内二氧化碳含量，需控制在3％～5％范围，浓度过高则要开袋调气，待二氧化碳含量下降至适宜范围再松扎袋口。冷库应控制贮藏条件为温度0℃～6℃，相对湿度90％～95％。

三、紫菜薹的质量标准与贮运条件

为了指导生产者们搞好紫菜薹的生产，农业部发布了标准《紫菜薹》（NY/T 778）。该标准规定了紫菜薹的术语和定义、要求、检验规则与方法、包装与标志及运输与贮藏，适用于收购、贮藏、运输、销售及出口的鲜食紫菜薹。现将该标准的有关内容摘录如下：

1. 感官指标

感官指标应符合表7－5的规定。

2. 理化指标

理化指标应符合表7－6的规定。

3. 卫生指标

卫生指标应符合GB 2762《食品安全国家标准　食品中污染物限量》和GB 2763《食品安全国家标准　食品中农药最大残留限量》的规定。

4. 分级指标

质量级别按表7－7规定的指标进行分级。

表 7-5   感官指标

项目	指标	限度
品种	同一品种	
蜡粉	具有本品种的特征特性	
薹色	具有本品种的特征特性	
薹长	具有本品种的特征特性	
薹粗	具有本品种的特征特性	
新鲜	有光泽，无萎蔫、糠心、老化和黄叶	每批样品不符合感官要求的按质量计，其总不合格率不超过 5％
清洁	无泥土、灰尘及污染物	
病虫害	无	
机械伤	无	
冻害	无	
苦味	无	
花蕾	每薹花穗开放花朵在 5 朵以下	

表 7-6   理化指标

项目	指标
粗纤维	<8％

表 7-7   分级指标

等级	指标要求	规格	备注
一级	1）具有同一品种的特征，薹粗、薹长整齐一致，薹色紫（鲜）红，无蜡粉或蜡粉均匀一致，薹质脆嫩，食用时无苦味，薹叶少而尖小，薹叶叶柄极短或无叶柄，薹花序无开放花朵 2）整修良好，清洁，新鲜，无腐烂、黄叶、异味、冻害、病虫危害及机械损伤，无糠心老化现象	25 厘米＜薹长≤35 厘米 1.5 厘米＜薹粗≤3.0 厘米 鲜样粗纤维含量在 8％以下	1）单薹出现糠心、冻害、机械损伤、黄叶或腐烂、异味等缺陷即为一根残次品（或不合格株） 2）本级产品的不合格率超过 5％（含 5％）降为下一等级产品 级别的划分按照指标中相应规格的要求，遵循就低不就高的原则

续表

等级	指标要求	规　格	备　注
二级	1）具有同一品种的特征，薹粗、薹长整齐一致，薹色鲜红，无蜡粉或蜡粉均匀一致，薹质脆嫩，无苦味，薹叶少而尖小，薹叶叶柄短，每薹花序开放花朵在3朵以下 2）整修良好，清洁，新鲜，无腐烂、黄叶、异味、冻害、病虫危害及机械损伤，无糠心老化现象	20厘米＜薹长≤25厘米 1.2厘米＜薹粗≤1.5厘米 鲜样粗纤维含量在8%以下	1）单薹出现糠心、冻害、机械损伤、黄叶或腐烂、异味等缺陷即为一根残次品（或不合格株） 2）本级产品的不合格率超过5%（含5%）降为下一等级产品 级别的划分按照指标中相应规格的要求，遵循就低不就高的原则
三级	1）具有相似品种的特征，薹粗、薹长整齐一致，薹色紫（鲜）红，薹质脆嫩，基本无苦味，薹叶少，每薹花序开放花朵在5朵以下 2）整修良好，清洁，新鲜，无腐烂、黄叶、异味、冻害、病虫危害及机械损伤，无糠心老化现象	15厘米＜薹长≤20厘米 1.0厘米＜薹粗≤1.2厘米 鲜样粗纤维含量在8%以下	
等外级	1）具有同一品种的特征，薹粗、薹长整齐一致，薹色紫（鲜）红，薹质脆嫩，薹叶少，薹叶叶柄极短或无叶柄 2）整修良好，清洁，新鲜，无腐烂、黄叶、异味、冻害、病虫危害及机械损伤	薹长＞35厘米或≤15厘米 薹粗＞3.0厘米或≤1.0厘米	

5. 包装与标签

（1）紫菜薹的包装容器（箱、筐等）要求大小一致，清洁、干燥、牢固、透气、无污染、无异味、内壁无尖突物，外表平整无尖刺，无虫蛀、腐烂、霉变。疏木箱需缝宽度适当，无突起的铁钉。塑料箱应符合GB 8868《蔬菜塑料周转箱》的要求。

（2）产品按级别分开包装。

（3）包装上应标明品种、等级、毛重、净重、产地、收获日期和包装日期。

6. 运输

紫菜薹收获后及时整理、分级、包装、运输。装运时，做到轻装、轻卸，防止机械损伤；运输工具应清洁、卫生、无污染。运输时，防止日晒、雨淋、变质，做好通风散热。

7. 贮藏

贮存应在阴凉、通风、清洁、卫生的条件下进行，严防日晒、雨淋、冻害及有毒物质污染和病虫危害。按品种、级别分别堆码，货堆保持通风散热；在冷库贮藏时，于空气湿度大于90%的聚乙烯袋内密封。温度0℃～5℃，贮藏期60天；5℃～10℃时，贮藏期为30天。窖藏时，注意窖内换气，根据气温变化，入贮初期注意通风散热；中期需保温防冻，末期夜间通风降温，防止腐烂。

第九节　紫苏的贮藏保鲜方法

一、紫苏的贮藏特性

紫苏，为唇形科一年生草本植物，又名白苏、赤苏、红苏、香苏、黑苏、白紫苏、青苏、野苏、苏麻、苏草、唐紫苏、桂荏、皱叶苏等。紫苏叶具有独特的浓郁香味，可以食用，紫苏梗、紫苏籽均具有药用价值。紫苏比较耐贮藏，适宜的贮藏条件为：温度3℃～8℃，相对湿度90%以上。

二、紫苏的贮藏

为了指导出口紫苏的保鲜工作，江苏省苏州质量技术监督局发布了标准《出口紫苏保鲜技术规程》。本标准规定了出口紫苏的术语和定义、保鲜技术和运输出口，适用于紫苏的出口保鲜。现将主要内容摘录如下，供广大读者参考。

1. 保鲜技术

出口紫苏保鲜要求严格，其保鲜技术应抓住采收、预冷入库、作业、包装、成品贮存等各个环节严格把关。

（1）采收。①采收时间。出口紫苏设施栽培为全年采收。②采收标准。采收主枝上叶片，夏季应从第 5 对叶开始采收，冬季应从第 6 对叶开始采收。叶片鲜绿有光泽，无病虫害、斑点、畸形、缺损等。采收叶片宽度应在 6.5～8.5 厘米。③采叶要求。采叶人员应戴网帽，罩住头发；戴超薄棉手套，经常剪净指甲。应使用专用塑料桶，保持清洁卫生，保证桶内不渗水，严禁将不洁物放入桶内。严禁采收超过 8.5 厘米，小于 6.5 厘米的叶片。严格剔除老叶、侧枝狭长叶、病虫害叶、畸形叶、有伤痕叶、裂口叶、焦边、焦尖叶等不合格叶片。采收叶片放入桶内不超过桶沿，严禁用手将叶压实。④采收方法。注意手法，细心轻采，不能捏得太紧，防止采伤、捏伤。采摘后叠整齐，叶面向下，叶背朝上，一层一层小心轻放，放入桶内。采满后盖上浸湿的纱布放入阴凉处，及时送到计量室称量、存放。

（2）预冷入库。①入库准备。计量好后的紫苏放入专用储存塑料筐，直接放入冷库；在高温季节采收的紫苏叶，则应先放置在阴凉处 1～2 小时，待散掉田间热后再入库。②冷库条件。库内湿度要保持 90％以上，温度一般保持 3℃～8℃，在高温季节，库内温度则可维持在 4℃～6℃。入库后不随便开启库门。③存放要求。库内专用储存塑料筐成列叠放，两列之间间距应大于 15 厘米。库内冷风直接吹到的部位不放置紫苏叶，以防受冻伤害。④预冷时间。预冷时间应保持在 4 小时以上，确保预冷充分。

（3）加工作业。①车间作业环境及条件。车间内应安装空调，温度控制在 15℃～20℃，不宜过冷或过热；相对湿度应控制在 40％左右。②作业要求。作业人员必须穿戴工作服及工作帽，常修指甲，防止在作业时刮伤叶片。从预冷库中取出紫苏放到车间作业时，应分批、多次、少量。

（4）整理分级。①分级标准。紫苏叶片分级标准按叶面宽度分为 M级、小 L 级、大 L 级、LL 级四个等级。具体见表 7-8。②整理要求。作业人员在紫苏分级整理时，应按照分级标准整理，剔除不符合标准的叶片（包括病叶、虫叶、老叶、狭长叶、损伤叶、焦边叶以及裂口叶等）。③扎束。整理分级好的紫苏叶片，每 10 枚扎为 1 束，用橡皮筋扎于叶柄处，扎好后应小心轻放。

表 7 - 8　　　　　　　　　　　　紫苏分级标准

级别	M 级	小 L 级	大 L 级	LL 级
叶面宽度（厘米）	6.5～7.0	7.1～7.5	7.6～8.0	8.1～8.5

（5）包装。出口包装应符合 NY/T 658《绿色食品包装通用准则》的要求。整理好的紫苏应按级装入纸箱（规格：59.0 厘米×41.5 厘米×41.0 厘米），每箱装 750 束（7500 枚）。成品包装箱四周预先打好通气孔，在纸箱周围应垫好保温材料，并铺好食品用聚乙烯塑料薄膜，在紫苏装完后全部覆盖包装。

（6）成品贮存。包装好的紫苏应及时放入成品冷库，做好明显标识。入库时，包装好的紫苏按大小等级放上成品冷库专用铁架，整齐堆放。紫苏在冷库放置足够的预冷时间，冬天应 2 小时以上，夏天应 5 小时以上。成品冷库温度必须控制在 5℃～8℃，并做到少开启冷库门。

2. 运输出口

出库时应检查紫苏箱内温度是否在 5℃～8℃。如温度过高，应继续预冷，直至预冷温度达到要求后才能出库；用保温车运输，有条件的最好使用冷藏车；出库装车时要注意小心轻放，应尽量避免挤碰，并注意覆盖保温，避免阳光直接照射；紫苏在出口过程中，尽快办理相关手续，并及时运到机场，空运出口。

三、紫苏的质量标准与贮运要求（北京）

为了指导叶用紫苏的生产，北京市质量技术监督局发布了标准《叶用紫苏设施生产技术规程》（DB11/T 326）。该标准规定了叶用紫苏的栽培技术、肥水管理技术、病虫害防治技术、采收要求、感官标准以及包装、贮存和运输要求，适用于叶用紫苏的设施生产。现将该标准有关贮运的内容摘录如下：

1. 收获

（1）采叶。当主茎长出第 5 对叶或分枝第 3 对叶长出时，即可采摘。采摘时员工要戴手套，每次每株采摘不超过 10 片，把叶面朝下轻轻放入桶中，预冷。

（2）叶片选择。老叶、狭长叶、虫眼叶、斑点叶、黄尖叶、黄边叶、撕裂叶等都应舍弃。

（3）采叶标准。要按叶面宽度由小到大逐级采摘，太大、太小均舍弃。叶子的宽度规格为6～10厘米。

（4）整枝。开始采叶时，当株高达30厘米以后，主茎上第4对真叶以下的叶片和分枝上的第1、第2对真叶要陆续打去，侧枝保留6～8对真叶，其余都要打掉，以减少养分消耗，提高商品叶的质量和产量。

2. 感官要求

叶用紫苏的感官应符合表7－9的规定。

表7－9　　　　　　　　　　叶用紫苏感官要求

	项　目	要　　求
	品种	同一品种
感官要求	整齐度	柄、叶片一致性＞95％
	鲜嫩	鲜、嫩、绿，正面和背面都是绿色，或正面为绿色，背面为紫色，有细小的褶皱
	形状	叶形为宽卵圆形，叶边有不规则的锯齿形，叶表面有清晰的叶脉
	气味	紫苏应有的气味
	冻害	无
	病虫害	无
	机械伤	无
	腐烂	无
限度	每批样品中感官要求总不合格品百分率不得超过2％	

3. 标志、包装、运输、贮存

（1）标志。每一包装上应标明产品名称、产品标准号、商标、生产单位名称、地址、规格、净含量（按级别分别标注）和采收日期等，标志上的字迹应清晰、完整、准确。

（2）包装。①按用户要求进行保鲜、保温包装，包装材料应符合相关的食品包装卫生标准的要求。包装容器应保持干燥、清洁、无污染。纸箱包装：大箱套小箱，每小箱8500片左右，大箱34000片左右，小箱内用PE板保温；塑料盒包装：每盒10束，每束10片。②应按同品种、同规格分别包装。③逐件称量抽取的样品，每件的净含量不得低于包装标注的净含量。

（3）运输。紫苏叶采摘后，整理、包装、运输。运输时做到轻装、轻卸，严防机械损伤。运输工具要清洁、卫生、无污染、无杂物。短途运输严防日晒、雨淋。长途运输应采用恒温冷藏库，温度应不低于 5℃。

（4）贮存。紫苏叶贮存在冷藏库内，应保持恒温、通风、清洁、卫生。堆码整齐，防止挤压等损伤；半成品库内温度应保持在 8℃，空气相对湿度保持在 95％。成品库内温度应保持在 5℃，空气相对湿度保持在 95％；堆码高度：应距房顶不少于 1.2 米；距离墙面应不少于 30 厘米。

第十节　莴笋的贮藏保鲜方法

一、莴笋的贮藏特性

莴笋是莴苣的变种。莴苣又名春菜、麦菜，是菊科莴苣属之一年生或两年生蔬菜。莴苣可分为叶用和茎用两类。叶用莴苣又称春菜、麦菜；茎用莴苣又称莴笋、香笋。莴笋的肉质嫩，茎可生食、凉拌、炒食、干制或腌渍。莴笋是半耐寒的蔬菜，喜冷凉，稍耐霜冻，怕高温。莴笋按照叶片形状可分为圆叶莴笋和尖叶莴笋两类，圆叶莴笋成熟较早，尖叶莴笋属于中晚熟，相对比较耐寒、耐贮。莴笋含水量较高，采后呼吸代谢旺盛，贮藏期间易出现空心、褐变和腐烂等问题而影响销售和食用价值。莴笋的最佳贮藏条件为温度 0℃～1℃，相对湿度 90％～95％，气体组成为氧气浓度 2％～3％，二氧化碳浓度 10％～20％。

二、莴笋的假植贮藏

用于假植贮藏的莴笋应在冰冻天气来临之前采收，一般在立冬前后，防止受冻影响贮藏效果，采收时应连根拔起，去掉泥土，摘除下部老叶，顶端留 7～8 片叶，置于阴凉处短期预冷。首先挖一条南北向、宽 1.5～2.0 米、深 0.6～0.8 米的假植沟，将预冷后的莴笋逐棵假植于沟内，行距约保留 10 厘米，并保留一定株间距，以利于通风散热，然后覆土至茎部 2/3 处轻轻踩实。莴笋入沟后用草毡覆盖或者在沟顶搭棚后覆土，初期夜间要通风降温，逐步变为白天通风，并依据天气情况逐步增厚覆盖物，整个贮藏期间要控制沟温 0℃～2℃，防止莴笋受冻或受热。

三、莴笋的冷藏保鲜法

莴笋是半耐寒的蔬菜，喜冷凉，稍耐霜冻，利用此特性可以对莴笋采用冷藏法保鲜。莴笋收获后适当去掉下部叶片，如叶痕处有白色汁液流出，为了防止引起褐变，要用水冲洗并及时沥干。经预冷后的莴笋用网袋或塑料薄膜包装，每包 0.5 千克左右，再置于塑料箱中，堆码于冷库中贮藏，堆码时包装箱距地 20 厘米，距墙 30 厘米，最高堆码为 7 层。冷库的环境温度为 0℃～1℃，相对湿度 90％～95％，采用此法可贮藏 2～3 个月。

四、鲜食茎用莴笋的等级规格

莴笋又名莴苣。为了规范莴笋的等级、规格和包装，农业部发布了标准《茎用莴苣等级规格》（NY/T 942）。本标准规定了茎用莴苣的等级、规格及其允许误差、包装、标志，适用于鲜食茎用莴苣。现将该标准主要内容摘录如下：

1. 等级

（1）基本要求。根据每个等级的规定和允许误差，茎用莴苣应符合下列条件：清洁，修整良好，无杂质；外观形状完好，带嫩尖，具有适于鲜销的成熟度；无不正常的外来水分；外观新鲜，不失水，无老叶、黄叶和残叶，具有品种的固有色泽；无腐烂和变质现象；无虫及病虫导致的损伤；茎秆无抽薹，无空心，无裂口；无异味。

（2）等级划分。在符合基本要求的前提下，茎用莴苣分为特级、一级和二级，各等级应符合表 7－10 的规定。

表 7－10　　　　　　　　　　茎用莴苣等级

等级	要　　求
特级	茎秆直，外观一致；茎秆鲜嫩；成熟度适宜，一致，无现蕾，保留 4 环嫩叶片；茎秆无机械损伤
一级	茎秆较直，外观基本一致；茎秆较鲜嫩；成熟度基本一致，无现蕾；允许有少量轻微的机械损伤
二级	茎秆较直，外观稍有差异；茎秆较鲜嫩，允许外皮稍有木质化；成熟度基本一致，允许少量现蕾，允许少量的机械损伤和锈斑

（3）允许误差。按质量计，特级允许 5% 的产品不符合该等级的要求，但应符合一级的要求；按质量计，一级允许 10% 的产品不符合该等级的要求，但应符合二级的要求；按质量计，二级允许 10% 的产品不符合该等级的要求，但应符合基本要求。

2. 规格

（1）规格划分。按质量大小确定茎用莴苣规格，分为大、中、小三个规格。各规格的划分规则应符合表 7-11 的规定。

（2）允许误差。按质量计，各等级允许有 10% 的茎用莴苣不符合该规格的规定。

表 7-11　　　　　　　　　　茎用莴苣规格

规　　格	大（L）	中（M）	小（S）
茎秆质量（克）	＞500	350～500	＜350

3. 包装

（1）包装要求。同一包装内茎用莴苣的等级、规格应一致。包装内的产品可视部分应具有整个包装产品的代表性。

（2）包装方式。应根据包装容器规格采用水平方式排列。

（3）包装材料。包装容器（箱、筐、网袋）应大小一致、无污染、无异味；有透气孔；牢固，适宜搬运、运输；使用的瓦楞纸箱应符合 GB/T 5033 的要求；使用的钙塑瓦楞箱应符合 GB/T 6980《钙塑瓦楞箱》的要求。

（4）净含量及允许负偏差。每个包装单位净含量应符合表表 7-12 的要求。

（5）限度范围。每批受检样品质量和大小不符合等级、规格要求的允许误差按所检单位的平均值计算，其值不应超过规定的限度，且任何所检单位的允许误差值不应超过规定值的 2 倍。

表 7-12　　　　　　　　　净含量及其允许负偏差

每个包装单位净含量	允许负偏差
≤10 千克	≤5%
10～20 千克	≤3%

4. 标志

包装上应有明显标志，内容包括产品名称、等级、规格、产品执行标准编号、生产者及详细地址、净含量和采收、包装日期等。如需冷藏保存，应注明其保存方式。标注内容要求字迹清晰、规范、准确。

第十一节　韭菜的贮藏保鲜方法

一、韭菜的贮藏特性

韭菜，属百合科葱属多年生草本植物，又称扁菜，具有特殊强烈气味，适应性强，抗寒耐热，全国各地都有栽培。韭菜有细叶种、大叶种（杂交品种）和阔叶种3种，细叶韭菜叶片细长，深绿，质地柔嫩，香味浓但纤维较多；大叶韭菜是利用在高寒气候条件下的韭菜雄性不育系和优良自交系杂交而成，超抗寒，超高产。阔叶韭菜叶片宽厚，浅绿色，纤维较少，香味较淡。韭菜由于质地柔嫩，采后的主要问题是腐烂、发黑或者失水引起萎蔫、变黄，影响销售，因此韭菜不宜久贮，适宜鲜销。欲贮藏的韭菜应在早晨露水消失后才采收，收割后要及时贮藏。韭菜要求的贮藏环境为温度0℃～1℃，相对湿度90%～95%。

二、韭菜的简易气调贮藏

用于贮藏的韭菜，宜选择耐贮的品种，收割后的韭菜应及时挑出腐烂叶和病害叶以及黄叶，抖落茎基的泥土，用绳子捆扎成0.5～1千克左右的小把，先放置室温下或者在冷库中先行预冷至0℃左右，再用0.03毫米左右的聚乙烯袋或聚氯乙烯袋包装，每包10～15千克，松扎袋口，均匀摆放在冷库货架上，避免堆码过高压迫韭菜而影响贮藏效果。冷库温度保持在0℃左右，适时观察并进行通风换气。韭菜贮藏期较短，仅为7～10天。

三、韭菜的等级规格与贮运条件

为了规范韭菜的生产、运输和贮藏，农业部发布了标准《韭菜》（NY/T 579）。该标准规定了韭菜的要求、试验方法、检测规则、标志、包装、运输和贮存，适用于叶用韭菜。现将该标准的相关内容摘录如下：

1. 等级规格

韭菜按其品质分为一等品、二等品和三等品三个等级，每个等级按其株长分为长、中、短三个规格，各等级规格应符合表7－13的规定。

表 7－13　　　　　　　　　　韭菜等级规格

<table>
<tr><th rowspan="2" colspan="2">项　目</th><th colspan="3">等　级</th></tr>
<tr><th>一等品</th><th>二等品</th><th>三等品</th></tr>
<tr><td rowspan="13">品质要求</td><td>品种</td><td>同一品种</td><td>同一品种</td><td>相似品种</td></tr>
<tr><td>整齐度（％）</td><td>＞80</td><td>＞70</td><td>＞60</td></tr>
<tr><td>韭薹（厘米）</td><td>无</td><td>＜5</td><td>＜7</td></tr>
<tr><td>萎蔫</td><td>无</td><td>无</td><td>稍有</td></tr>
<tr><td>枯梢（厘米）</td><td>无</td><td>＜0.2</td><td>＜0.4</td></tr>
<tr><td>色泽</td><td colspan="3">正常</td></tr>
<tr><td>整修</td><td colspan="3">符合整修要求</td></tr>
<tr><td>鲜嫩</td><td colspan="3">符合鲜嫩要求</td></tr>
<tr><td>异味</td><td colspan="3">无</td></tr>
<tr><td>冻害</td><td colspan="3">无</td></tr>
<tr><td>病虫害</td><td colspan="3">无</td></tr>
<tr><td>机械伤</td><td colspan="3">无</td></tr>
<tr><td>腐烂</td><td colspan="3">无</td></tr>
<tr><td rowspan="3">规格</td><td>长（厘米）</td><td colspan="3">株长＞30</td></tr>
<tr><td>中（厘米）</td><td colspan="3">株长20～30</td></tr>
<tr><td>短（厘米）</td><td colspan="3">株长＜20</td></tr>
<tr><td colspan="2">限度</td><td>每批样品中总不合格百分率不应超过5％，其中不应有枯梢，不合格部分应达到二等品标准</td><td>每批样品中总不合格百分率不应超过10％，其中枯梢不应超过0.5％，不合格部分应达到三等品标准</td><td>每批样品中总不合格百分率不应超过10％，其中枯梢不应超过1％</td></tr>
</table>

注：异味、病虫害、腐烂为主要缺陷。

2. 标志

　　包装上应标明产品名称、产品的标准编号、商标、生产单位名称、详细地址、等级、规格、净含量和包装日期等。标志上的字迹应清晰、完整、准确。

3. 包装

　　韭菜的包装（箱、筐）要求大小一致、牢固，内壁及外部均平整，疏木箱缝宽适当、均匀。包装容器应保持干燥、清洁、无污染。塑料箱应符合 GB/T 8868《蔬菜塑料周转箱》的要求；应按同品种、同等级、同规格的产品分别包装；每批报验的韭菜其包装规格、单位净含量应一致；逐件称量抽取的样品，每件净含量应一致，不应低于包装外标志的净含量。根据整齐度计算的结果，确定所抽取样品的规格，并检查与包装外所示的规格是否一致。

4. 运输

　　韭菜收获后应就地整修，及时包装、运输。运输时做到轻装、轻卸，严防机械损伤；运输工具清洁、卫生、无污染。短途运输中严防日晒、雨淋，长途运输中注意防冻保温或通风、散热，不使产品质量受到影响。

5. 贮存

　　临时贮藏应在阴凉、通风、清洁、卫生的条件下，防日晒、雨淋、冻害及有毒物质的污染；堆码整齐，防止挤压等损伤；短期贮存应按品种、等级、规格分别堆码，货堆不应过大，保持通风散热，控制适宜温、湿度。贮存库（窖）内菜体温度应保持在（0±0.5）℃，空气相对湿度保持在 85%～90%。

第十二节　大蒜头的贮藏保鲜方法

一、大蒜头的贮藏特性与辐照抑芽贮藏技术

　　大蒜头是指大蒜地下部分的鳞茎，一般称为大蒜。大蒜头采收后，就进入休眠期。休眠期的大蒜头不会发芽。但休眠期结束后，大蒜头便开始萌动，进入细胞分裂的生殖生长，其结果是导致贮藏期间逐渐散瓣、干瘪、养分损失，失去食用价值。若在休眠期间用 Y 射线进行辐照处理，利用辐射的能量，造成蒜鳞瓣芽的损伤，抑制其正常生长，可防止发芽，降低贮运期间的养分消耗，保障商品质量，达到安全贮藏的要求，这就

是通常所说的大蒜辐照保鲜处理。辐照处理的大蒜具有该品种大蒜固有的色泽及辛辣味，蒜头饱满，无虫蛀，无腐烂，无异味，不发芽。

大蒜由于各自的品种性状不同，各地的适宜收获期亦有差异，应掌握有利于大蒜贮藏的适宜收获期。一般认为，当大蒜头的总鳞片老化、失水、变薄，但色泽尚新鲜时，应及时进行挖掘采收。采收时，一般带有少量地上部分的茎叶。将大蒜头挖出后，连其茎叶束扎成捆，晒至表面鳞片干枯，再抖尽泥土；剪下蒜头、去掉须根、整理、分级。将个体大的蒜头用聚丙烯编织袋、麻袋等透气性包装，每袋装 25～30 千克，袋口用塑料绳扎紧，以便于运输和辐射加工的工艺操作。

辐照处理应在大蒜的休眠期进行，在休眠期进行辐照的，抑制发芽和贮藏的效果最好。不同品种大蒜的休眠期相差很大，一般为 60～69 天不等。处于休眠期的大蒜头，以白皮大蒜为例，其幼芽长度与蒜瓣长度的比值一般小于或者等于 0.25。大蒜收获后 2 个月内辐照的最低有效剂量为 50 戈瑞，2 个月后辐照的最低有效剂量为 80 戈瑞，大蒜辐照抑制发芽的最高耐受剂量为 200 千戈瑞。经过辐照处理的大蒜芽呈褐色（芽变红），这一解剖学特征，可以鉴别大蒜辐照处理的有效性。

大蒜贮藏适宜温度为 0℃±1℃，相对湿度在 85％以下，最好在 60％～70％。经辐照处理的大蒜在此条件下可贮藏 8～9 个月，在常温条件下也可以贮存 4～5 个月。常温贮藏时，应存放在阴凉、通风、清洁、卫生的库房内，严禁日晒、雨淋、高温、高湿、冻害，严禁有毒物质污染。常温库房应干燥，并防止仓库害虫危害。装运时应轻装、轻卸，防止挤压。贮藏初期要注意防潮、散热、通风，堆房要设置对流的通气窗。堆垛以 6～8 袋高和 2 袋宽为宜，堆间留有通道，底部铺垫木板。整个贮藏期间选择晴天倒垛 1～2 次，排除堆内的湿热空气。这样贮藏到来年春节出库时，产品质量仍符合商品大蒜的质量要求。

二、大蒜头冷藏保鲜法

大蒜头采收后就进入 2～3 个月的休眠期。在休眠期内，即使在适宜生长的温度、湿度和气体成分等环境条件下，大蒜头也不会发芽。休眠期过后，在 3℃～28℃的气温下，大蒜头便会迅速发芽、长叶，消耗鳞茎中的营养物质，导致鳞茎萎缩、干瘪，食用价值大大降低，甚至腐烂。大蒜头的贮藏保鲜，就是要设法采取必要手段，造成其生长条件不适宜，从而强制其延长休眠期。大蒜头的冷藏保鲜就是通过适当的低温、低氧等措施，抑制其生命活动强度，减少物质消耗速度，保持原有新鲜状态，阻止其发芽、腐烂，延长贮藏期。

大蒜头耐低温贮藏，贮藏的最低温度为 $-5℃ \sim -7℃$，最适宜的贮藏温度为 $0℃ \sim -3℃$。

大蒜头也耐低湿贮藏，相对湿度不应高于 80%，以 $60\% \sim 70\%$ 较适宜。

大蒜头还适合于气调贮藏。大蒜头适宜贮藏的气体成分为：氧气浓度不低于 1%；较适宜的二氧化碳浓度为 $1\% \sim 3\%$，最高不超过 18%，一般可控制在 $12\% \sim 16\%$ 范围内。另外，贮藏环境中某些气体，如乙烯、乙醇、乙醛等影响大蒜头的保鲜效果，应注意通风换气，以排除这些气体的不良影响。

大蒜头适宜的采收期在蒜薹采收后 $15 \sim 20$ 天，此时叶片枯萎，假茎松软。采收过早或过晚都不利贮藏。用于冷藏的大蒜应严格控制质量。要选择无机械伤、无虫蛀、无霉变、外皮颜色正常、个头匀称、不散瓣的蒜头。采收后的大蒜头要充分曝晒至表面鳞片干枯时才能贮藏。机械损伤对贮藏保鲜的质量影响很大，因为受损伤的大蒜呼吸作用会急剧增强，蒸发作用也会加剧，还容易受到青霉菌的侵害而引起腐烂。大蒜头的入库时间应在其生理休眠期结束之前即 7 月底或 8 月初完成，入库时一般采用高密度塑料编织袋装。这样既能减少碰撞，又有一定的保湿、阻气作用。

大蒜入库前应先进行设备的检修，库房的清扫，然后对库房及所用包装容器等进行杀菌消毒。在入库前 3 天，对库房进行降温，使库温达到 $-1℃ \sim -2℃$。大蒜采后先去除根须，留 $1 \sim 1.5$ 厘米的假茎，对大蒜进行挑选分级，去除机械伤和病虫害的蒜头，然后包装。大蒜忍受低温的能力很强，短时间内 $-7℃$ 也不会产生冻害，一般贮藏温度应控制在 $0℃ \sim -3℃$ 之间。温差控制在 $1℃$ 以内，温差过大容易刺激酶的活性，继而发芽或干耗。贮藏环境的适宜相对湿度为 $60\% \sim 70\%$，最高不要超过 80%。贮藏过程中应保持库温的恒定。大蒜忍受二氧化碳的能力较强，可达 16%。贮藏期间一般可控制在 $12\% \sim 15\%$ 之间，氧气浓度不能低于 1%，否则会出现大蒜中毒变质。贮藏过程中，除了要注意调节温度、湿度和气体成分外，还要注意检查贮藏质量，并根据贮藏情况及时出库。产品出库时，应缓慢升温，以防止大蒜鳞茎表层结露、生霉。在以上冷藏条件下，质量较好的大蒜头可贮藏 $8 \sim 10$ 个月。

三、大蒜头简易保藏法

将采收后的大蒜头晒干至表面鳞茎干枯，再利用其假茎编织成辫子状，或者将大蒜头置于网袋中，悬挂在房前屋后的通风干燥处，可抑制发芽，延长贮藏时间。此法可贮藏大蒜头 4～6 个月。贮藏时间过长，大蒜头会失水、发糠，干缩。

四、大蒜头的冷藏技术

为了指导经营者搞好大蒜头的冷藏，国家质检总局和国家标准委联合发布了《大蒜冷藏》标准（GB/T 24700）。该标准规定了大蒜主要品种的冷藏技术条件，现将该标准的有关内容摘录如下：

1. 采收

冷藏用大蒜头宜在叶尖或叶片开始变黄、蒜头的茎部组织开始变软、蒜头的大小不再增加时采收。大蒜头宜完好，并达到生理休眠期，其外皮宜干燥，并呈现出该品种所特有的色泽。采收宜在干燥的天气下进行。

2. 质量要求

冷藏用大蒜头应选择适合长期贮藏的品种。应具备以下商品质量特性：洁净、干燥、完整；紧实、成熟、无发芽；外皮干燥、完好；田间和贮藏期间未受虫害侵染；无日晒伤或冷害；无异味。

3. 预处理

采收后的大蒜头应使其干燥。干燥工序应从田间开始，并可在室内继续进行。在温度 20℃～30℃时保持 8～10 天，或在 35℃～40℃下保持 0.5～1 天，相对湿度为 60%～75%。经溴化甲烷消毒处理的蒜头只允许作种用。为延长大蒜的贮藏期，在采收前使用马来酰肼或其他发芽抑止剂，可有效控制大蒜的发芽和失重。

4. 规格尺寸

大蒜头的规格尺寸应根据蒜头的直径计算。特级大蒜头最小直径为 45 毫米，一级和二级的最小直径为 30 毫米。同一包装中蒜头直径的差值不应超过 2.5 毫米。

5. 包装

冷藏用大蒜头宜采用纸箱、箱式托盘、金属网筐或将麻袋放在托盘上的形式进行包装。包装材料宜洁净，其材质不会对产品造成外部或内部的损伤，也不会阻碍产品周围的空气流通。

6. 入库

大蒜头不应与其他产品一起贮藏，除洋葱外。入库操作应在短时间内完成。

7. 堆码

堆码方式应确保空气的循环流通。箱式托盘或麻袋放在托盘上的包装形式可堆码5～6层，箱式托盘的堆码可高至8～9层，留有的空隙应足以保证各个方向的空气流动。上下层之间宜留有约0.5米的空隙。

8. 贮藏条件

影响大蒜头冷藏物理因素的定量测定方法按 GB/T 9829《水果和蔬菜　冷库中物理条件　定义和测量》执行。

(1) 温度。应在0℃条件下贮藏，温度波动幅度±0.5℃。

(2) 相对湿度。相对湿度应保持在65%～75%。

(3) 空气循环。应保持空气在恒温条件下循环。

9. 冷藏期限

冷藏期限因栽培品种和栽培方法的不同而有差别，一般为130～220天。冷藏期间应每7～10天检查温度和湿度等贮藏条件。

10. 出库

冷藏大蒜头出库时，应缓慢回暖，避免产品表面结露。如有要求，大蒜应根据质量分级冷藏。

第十三节　蒜薹的贮藏保鲜方法

一、蒜薹贮藏特性

蒜薹，又称蒜毫，是从抽薹大蒜中抽出的花茎。蒜薹采收正值高温时节，采收后呼吸强度大，新陈代谢旺盛，容易失水老化，主要表现为表皮暗淡黄化、纤维增多、薹条变软变糠、薹苞膨大开裂，影响外观和食用价值。蒜薹贮藏的适宜环境条件为：温度−1℃～0℃，相对湿度85%～95%，二氧化碳浓度6%～8%，氧气浓度2%～4%。蒜薹在贮藏后期耐受二氧化碳的能力降低，应适当提高氧气浓度，降低二氧化碳浓度。

适时采收是确保蒜薹保鲜效果较为关键的一环。不同的产地采收时期不同，南方一般在4～5月采收，北方则在5～6月采收。蒜薹的采收时期以薹苞下部变白，顶部开始弯曲作为标志，应选择晴天采收。采收方法为抽拔，不宜用划取，以免造成机械伤口引起真菌污染。采下的蒜薹，用皮筋扎成小捆，迅速运到阴凉处散热。

二、蒜薹简易气调冷藏法

这一贮藏方法是蒜薹贮藏的国家标准《GB/T 8867 蒜薹简易气调冷藏法》。该方法在国内使用了多年，取得了很好的贮藏效果和经济效益，现将这一标准摘录如下。

1. 定义

蒜薹简易气调冷藏技术是气调贮藏的一种方法。在冷藏的基础上，把蒜薹密闭于塑料薄膜袋或塑料大帐中，利用蒜薹呼吸作用减少氧气含量，提高二氧化碳浓度，再根据二氧化碳、氧气气体指标通风，进行贮藏的技术。

2. 合理采收

选择无病虫害的原料在晴天时采收。采收时不得用刀割。收后应放在不易损伤，有利通风的包装容器内，避免雨淋、曝晒，采后迅速运到预冷场所。

3. 贮藏库灭菌

贮藏前要做好冷库的灭菌工作。冷库按 $10\sim15$ 克/米^3 的用量燃烧硫黄熏蒸，或用甲醛（福尔马林）溶液喷洒。进行熏蒸灭菌时，可将各种容器、架杆等一并放在库内，密闭 $24\sim48$ 小时，再通风排尽残药。熏蒸时，操作人员必须离开贮藏库，避免中毒。

4. 挑选与预冷

对不同产地、不同批次、不同等级的蒜薹，应分别码放在预冷间或阴凉通风处散热。采用通风预冷等方式使其温度迅速下降，同时按质量标准进行挑选、整理。将符合质量要求的蒜薹薹苞对齐后，用塑料绳（带）捆在距薹苞 $3\sim5$ 厘米的薹茎部位上，每捆 $0.5\sim1$ 千克。若采用塑料大帐气调冷藏，应将薹梢去掉，保留薹苞 $4\sim6$ 厘米。将整理后的蒜薹当天称重、上架、预冷。

5. 防腐处理

当品温下降到 0℃ 时，关闭库内蒸发器的风机，由里向外点燃库内事先码放好的噻菌灵烟剂，密闭 4 小时后开机制冷。噻菌灵使用方法见附录 7-6。

6. 装袋或罩帐冷藏

当蒜薹品温稳定在0℃时，即可装袋或罩帐冷藏。贮藏方法有塑料薄膜袋气调冷藏和塑料薄膜帐气调冷藏。

7. 塑料薄膜袋气调冷藏

当蒜薹品温稳定在0℃时，将蒜薹薹梢向外装入码放在冷藏架上的塑料袋内，扎紧袋口，密封。冷藏包装材料及规格见附录7-3。采取随机取样方法，按不同产地、不同批次、不同等级分别设代表袋，进行检查测定。每产地、每批次、每等级不得少于3个重复。根据气体指标的要求开袋换气，每次换气3~5小时（前期短，后期长）。将袋内气体与大气充分交换后，袋内残留的二氧化碳浓度不得高于1%。

8. 塑料薄膜帐气调冷藏

将捆成小捆的蒜薹薹苞朝外，均匀地码放在冷藏的货架上进行预冷。每层码放厚度30~35厘米。待品温稳定在0℃时，按附录7-6进行噻菌灵防腐处理。塑料薄膜帐的制作及规格见附录7-3。罩帐后，蒜薹不得与塑料薄膜相接触。封帐后，通过快速降氧或自然降氧将帐内氧和二氧化碳气体含量调到所需指标，每天或隔天测定帐内氧和二氧化碳的浓度，待二氧化碳逐步上升后，根据气体指标的变化及时更换氢氧化钙（消石灰）。氢氧化钙的制作、保管与使用见附录7-4。

9. 蒜薹简易气调冷藏的温度、湿度和气体成分指标

适合蒜薹简易气调冷藏的温度、湿度和气体成分指标见表7-14。各项指标的检测方法见附录7-5。

表7-14　　蒜薹简易气调冷藏的温度、湿度和气体成分指标

项　目			指　标
品温			0℃±0.5℃
库房内相对湿度			85%~95%
气体指标	塑料薄膜帐	氧气	2%~5%
		二氧化碳	3%~6%
	塑料薄膜袋	氧气	1%~3%
		二氧化碳	10%~13%

10. 贮藏管理

塑料薄膜袋冷藏150天以内，二氧化碳的控制可采用高限指标，氧采用低限指标。150天以后，二氧化碳应采用低限指标，氧采取高限指

标。氧与二氧化碳两项指标中只要其中一项达标时即可开袋换气。空气环流与空气更换：塑料薄膜帐冷藏要每周进行 2～3 次帐内气体循环。每次循环 15～20 分钟。冷藏蒜薹的冷库应在冷藏中后期视天气状况和库内空气状况不定期地（每月 2～3 次）利用夜间外部低温，开启通风系统或开启门窗，进行库内空气更新，换气时不能造成库内温度较大波动。空气更新的目的是排除过多的二氧化碳和其他气体。

11. 冷藏期限

在确保上述各项技术条件的情况下，一般冷藏期为 150～300 天，若不符合上述技术条件，将会引起损害。损害的现象及防治措施见表7－15。

表 7－15　　　　　蒜薹冷藏中易出现的损害及防治措施

损害的现象	引起损害的有关因素	防治措施
蒜薹包装袋内有轻微的酒精（乙醇）味	缺氧或二氧化碳浓度过高	调节气体成分，尽快销售
蒜薹僵硬，呈暗绿色，严重时表皮组织起泡	温度过低、长时间低于冰点温度所致	明显冻害，解冻后不能继续冷藏。若轻微冻害，缓慢解冻后仍可冷藏
薹苞发黄，薹茎发黄、发糠，并有霉变发生	温度偏高、不稳定或氧含量过高	加强温度管理，控制气体成分，查补漏
薹苞膨大，薹苞出现腐烂	温度过高或长期高氧促使呼吸加强，后期由于湿度大，凝结水多	控制气体成分，及时检查，发现袋破立即更换，并降低温度至适宜标准
薹梢长霉，引起蒜薹腐烂	预冷不透，库温波动较大，袋内凝结水较多	充分预冷，蒜薹品温达标装袋，控制库温，缩小波动
死薹苞，薹茎出现凹陷、病斑、断条	成熟度偏低，长期缺氧或二氧化碳浓度过高	调节气体成分，积极组织销售

附录 7－3　塑料薄膜帐、袋及货架的规格

冷藏货架的规格：以贮 3000～4000 千克蒜薹的塑料大帐为例，货架长 3000～4500 毫米，宽 1200 毫米，高 3150 毫米。共 7～9 层。各层间距 300～400 毫米，底层离地面不得小于 250 毫米。货架顶部为拱形，用 40 毫米×50 毫米的钢带制作，在货架基础上加上拱顶，用螺栓连接。若进

行塑料小包装冷藏，可视库高而定，但顶层码放的蒜薹应距冷风口 500 毫米以上。

塑料薄膜帐的规格：用厚 0.23 毫米的无毒聚氯乙烯薄膜制成长方形大帐罩在货架的外边。帐子的大小根据储量而定。帐子两面设取气孔，两端设循环口。贮藏时要铺设帐底。轧制长方体大帐时，大帐高度要比货架高长出 400 毫米，以便与帐底重叠封卷压边。

薄膜帐底的规格：用厚 0.23 毫米的无毒聚氯乙烯薄膜制成宽 2100～2200 毫米，长 3900～5400 毫米的帐底，以便配合密封卷压大帐。

塑料薄膜袋规格：用厚 0.06～0.08 毫米的聚乙烯薄膜轧制成长 1000～1100 毫米，宽 700～800 毫米的长方形袋，每袋存放蒜薹 18～20 千克。

附录 7 - 4　氢氧化钙的制作与保管

氧化钙（生石灰）加水后即为粉状的氢氧化钙（消石灰）。待热量大量散失、冷却后方可使用。氢氧化钙（消石灰）应在密封条件下冷存，否则会因吸收空气中的二氧化碳而失效。

附录 7 - 5　蒜薹简易气调冷藏期间各项指标的检测方法

1. 气体成分的检测

采用奥氏或其他型号的气体分析仪测定氧气和二氧化碳浓度。测定方法按气体分析仪说明书操作。若采用奥氏气体分析仪，应在 15℃ 以上环境条件下测定。其药液的配制：碱溶液：称取 40 克氢氧化钾，溶于 60 毫升蒸馏水中，用以测定二氧化碳含量。焦性没食子酸钾溶液：称取 153 克氢氧化钾，加蒸馏水 310 毫升，再取 10 克焦性没食子酸，加热蒸馏水 179 毫升。两溶液充分混合后使用。用以测量氧气含量。封闭液：取 200 毫升 80% 的氯化钠饱和溶液，加 2～3 滴 0.1～1.0N 的盐酸和 3～4 滴甲基橙，使溶液呈现红色为止，用于量气管中的测量。计算公式：各种气体成分含量（%）＝吸收前气样体积（毫升）－吸收后气样体积（毫升）－气体总体积×100

温度的检测：采用经校正的半导体温度计，多点测温仪或水银温度表（分度值在 0.2℃），直接插入蒜薹样品中定时观测蒜薹品温，同时检测库内温度。测试点要布局合理，一般将温度表放在库内的四面和中央呈梅花形分布。

相对湿度的检测：采用校正后的干湿球温度表，湿球需用蒸馏水湿润。自记湿度仪或毛发湿度计等仪器测量库内相对湿度，湿度计表放置在库的中央部位或随时观测。

附录 7 - 6　噻菌灵的灭菌使用方法

噻菌灵是一种广谱内吸性杀菌剂，对蔬菜及仓储中的多种真菌病害均有良好的灭菌作用。该药剂使用方便，只需在蒜薹加工后，入库上架预冷时，在冷库通道的货架之间将烟剂均匀布点，每堆 0.5～1 千克，堆成塔形，点燃最上面的一块即可发烟。一般使用量为 5～7 克/米^3。

三、硅窗袋气调贮藏

由于蒜薹在贮藏过程中容易出现二氧化碳中毒现象，因此可以采用硅窗袋气调贮藏，以便自动进行换气。蒜薹适宜的贮藏温度为 -1℃～0℃，我们利用这一温度将采收后的蒜薹迅速进行预冷处理。预冷后采用硅窗袋对蒜薹进行包装后进行常温贮藏，利用了硅窗袋可以自动换气这一特点，既减免了开袋换气这一工作，又能有效降低劳动强度。采用此法进行大批量贮藏前，要根据品种、产地、成熟度的不同进行预备试验，以便根据呼吸强度计算出硅窗面积和蒜薹量之间的比例。不过目前市场上已有明示的硅窗袋，根据说明使用即可。包装好后，将蒜薹堆码在贮藏场所，注意轻拿轻放，且不宜堆码过高，包装之间要预留一定间隙，以便于气体的正常交换。

四、机械冷库贮藏

将机械冷库温、湿度分别控制在 0℃ 和 90%～95%，将预冷后的蒜薹整齐摆放在塑料箱或竹筐中，然后堆码贮藏。注意不可摆放过满，并且堆码要留适当的空隙，以便于换气。采用此法贮藏时间较长，但容易出现脱水和黄化，产品品质下降较快。贮藏期间要定期抽查产品，一旦出现脱水、黄化或者二氧化碳中毒现象要及时终止贮藏。

五、蒜薹冷藏保鲜法

采用冷藏的蒜薹，收获后弃去有明显机械伤口和不新鲜的部分，并将选好的蒜薹在 0℃下充分预冷后，装入聚乙烯袋中，折叠袋口（不要扎紧），单层摆放在冷库内的货架上，并且不得摆放过密，要间隔一定距离。库温要控制在 0℃左右，相对湿度控制在 95％左右，如此贮藏蒜薹可存放 3～4 个月。需要说明的是，如果蒜薹未经预冷就包装，袋内会产生凝水，容易引起腐烂，降低了贮藏效果；袋口之所以不要扎紧，是为了便于换气，因为蒜薹较易因二氧化碳浓度过高引起中毒；单层摆放，是为了保证散热畅通，避免温度升高引起腐烂。该法也适应于家用冰箱贮藏。

六、蒜薹的等级规格

为了规范蒜薹的生产，农业部发布了标准《蒜薹等级规格》（NY/T 945），本标准规定了蒜薹等级、规格、包装、标识。现将该标准主要内容摘录如下：

1. 等级

（1）基本要求。根据对每个级别的规定和允许误差，蒜薹应符合下列条件：外观相似的品种；完好，无腐烂、变质；外观新鲜、清洁、无异物；薹苞不开散；无糠心；无虫害；无冻伤。

（2）等级划分。在符合基本要求的前提下，产品分为特级、一级和二级，蒜薹的等级应符合表 7-16 的规定。

表 7-16　　　　　　　　　　　蒜薹等级

等级	要求
特级	质地脆嫩；成熟适度；花茎粗细均匀，长短一致，薹苞以下部分长度差异不超过 1 厘米；薹苞绿色，不膨大；花茎末端断面整齐；无损伤、无病斑点
一级	质地脆嫩；成熟适度；花茎粗细均匀，长短基本一致，薹苞以下部分长度差异不超过 2 厘米；薹苞不膨大，允许顶尖稍有黄绿色；花茎末端断面基本整齐；无损伤、无明显病斑点
二级	质地较脆嫩；成熟适度；花茎粗细较均匀，长短较一致，薹苞以下部分长度差异不超过 3 厘米；薹苞稍膨大，允许顶尖发黄或干枯；花茎末端断面整齐；有轻微损伤、有轻微病斑点

（3）允许误差范围。按其质量计，特级允许 5％的产品不符合该等级的要求，但应符合一级的要求；按其质量计，一级允许 10％的产品不符合该等级的要求，但应符合二级的要求；按其质量计，二级允许 10％的

产品不符合该等级的要求，但应符合基本要求。

2. 规格

以蓇葖下至末端的长度为划分规格的指标，分为长（L）、中（M）、短（S）三个规格。

（1）规格划分。蒜薹的规格应符合表 7 - 17 的规定。

表 7 - 17　　　　　　　　蒜薹规格

规格	长（L）	中（M）	短（S）
长度（厘米）	＞50	40～50	＜40

（2）允许误差范围。按质量计，特级允许有 5% 的产品不符合该规格要求。按质量计，一级、二级允许有 10% 的产品不符合该规格要求。

3. 包装

（1）要求。同一包装箱内，应为同一等级、同一规格的产品，产品整齐摆放，包装内的产品可视部分应具有整个包装产品的代表性。

（2）包装方式。距花茎基部 5～10 厘米处绑把，每捆不宜超过 1 千克。

（3）材质。塑料袋或纸箱包装。包装材质应无污染。纸箱和塑料袋上应有通气孔。

（4）单位包装中数量或净含量。每个包装单位净含量应符合表 7 - 18 的要求。

表 7 - 18　　　　　　净含量及其允许负偏差

每个包装单位净含量	允许负偏差
≤10 千克	5%
10～20 千克	3%

（5）限度范围。每批受检样品质量不符合等级、长短不符合规格要求的允许误差按所检单位的平均值计算，其值不应超过规定的限度，且任何所检单位的允许误差值不应超过规定值的 2 倍。

4. 标识

包装箱上应有明显标识，内容包括产品名称、等级、规格、产品的标准编号、生产单位及详细地址、净含量和采收、包装日期。若需冷藏保存，应注明其保藏方式。标注内容要求字迹清晰、完整、规范、准确。

第十四节　生姜的贮藏保鲜方法

一、生姜贮藏特性

生姜是具有生理休眠期的蔬菜。其贮藏特性之一是"怕热又怕冷"。刚采收的生姜，表皮容易脱落，呼吸作用旺盛。贮藏初期容易积热，应注意加强通风，防止生姜受热。在贮藏后的一个月时间内，根茎逐渐老化，皮肉不再容易分离，茎叶分离处的伤口逐渐长平，顶芽生长圆，这一过程是增强生姜耐贮性的过程。在这一过程中，要求保持温度20℃左右，并加强通风，使其"圆头"过程良好进行。以后贮藏温度要在15℃左右，温度低于10℃时易受冷害。生姜的贮藏特性之二是"怕干又怕湿"，生姜含水量高，但其表皮保水性差，在干燥的环境中易失水枯萎，造成耐贮性和抗病性下降，但湿度过高又会加速发芽和腐烂。贮藏时，适宜的相对湿度为90%～95%。生姜的贮藏特性之三是可以"二次贮藏，两次越冬"，即用窖藏法使生姜在产地贮藏，第一次越冬，然后用"浇水法"处理，使其第二次越冬。

二、生姜泥沙层积贮藏法

1. 适时收获

用于贮藏的生姜应该选用充分成熟的新姜。一般在霜降至冬至之间，当地上部分开始枯萎、地下茎充分肥大、完全成熟时，选择晴天采收。晴天采收的生姜，表面的泥土易干燥脱落。对收获下来的生姜，要认真挑选，剔除病姜与残次姜。同时，生姜不能用水清洗，用水清洗的易腐烂。

2. 合理贮藏

具体操作如下：首先在屋内地面用红砖或泥砖砌1个坑，深100厘米左右、宽100厘米左右，长度不限。然后在坑底铺一层5厘米厚的干净泥沙，泥沙半干半湿，每隔1米远插上一个稻草把，用作通风筒，再把生姜铺放在泥沙上，每层铺3～4块姜厚。这样一层泥沙、一层生姜相间铺放，直到离坑面10厘米为止，上面再盖一层泥沙封顶。以后定期检查室内和姜堆中的温度变化。生姜喜温怕冷，喜湿怕干。理想的贮藏温度是16℃～20℃，温度过高，生姜易腐烂；温度过低，生姜易受冷害。合适的相对湿度为95%～100%，湿度过低，生姜易失水干缩；湿度过高，生姜易腐烂变质。贮藏期间，尽量少翻动。

3. 科学管理

贮藏过程中常发生姜瘟、生霉及后期发芽。姜瘟是姜在田间感染所致，发病时姜体内部变黑，色越深病越重。对感染姜瘟的病姜必须及时剔除。生霉的主要病原体是黑霉菌和白霉菌，主要以加强环境卫生消毒来预防与控制。对于发芽问题，可采用钴 60 照射，有效剂量为 2000～10000 伦琴。

三、生姜井窖贮藏法

在冬季气温较低的地区适合采用井窖贮藏。选择地下水位低、土层深、土质黏重的场地，挖 1 个深约 3 米的井窖，在井窖底部挖 2 个高约 1.3 米，长、宽各约 1.8 米的贮藏室，每个贮藏室可贮藏生姜 750 千克。贮藏时，将姜块散堆在窖内，先用湿沙铺底，一层湿沙一层姜，上面再盖一层湿沙盖面。贮藏初期，因姜块呼吸旺盛，窖内温度较高，不要将窖口完全封闭，要保持通风。初期收获的姜脆嫩，易脱皮，要求温度保持在 20℃ 以上，使姜愈伤老化、疤痕长平、不再脱皮。以后温度控制在 15℃ 左右。冬季窖口必须盖严，以防止窖温过低，温度长期低于 10℃ 易发生冷害。贮藏过程中要经常检查，以防姜块发生异常变化。发现病害姜，应及时清除。采用老窖贮藏，应在贮藏前一周对老窖进行消毒处理。消毒时，先将窖内脏土铲除，再用 1% 福尔马林溶液对窖内各部分进行喷洒。喷洒时，人在窖外，用喷雾器向窖内喷洒。喷洒后密闭一周，再开启窖盖彻底通风换气后，才可用于贮藏。

四、生姜浇水贮藏法

此法适合于老姜在温暖季节贮藏。选择略带坡度的地点，在上方设置能透光的荫棚，在地面放垫木，垫木沿坡向排列。生姜经挑选后倒立、整齐地排列在漏空的筐内，筐码在垫木上，一般为 2～3 层。荫棚四周设风障。以后视气温变化情况每天向姜筐浇凉水 1～3 次，每次必须浇透，使之维持适当的低温高湿环境，促使生姜发芽生长，维持正常的代谢机能，使根茎基本不变质。最后有的茎叶可达 0.5 米高，叶色葱绿。入冬后，茎叶自然枯黄。此后应将姜筐转入贮藏库，以防冻害，使姜块再次越冬后供应至春节之后。在浇姜期间，如果发现姜块发红，就表明根茎即将腐烂，应及时处理。

五、生姜贮运保鲜技术规程（广东）

为了指导广大农户做好生姜的贮运保鲜，广东省质量技术监督局发布了标准《姜贮运保鲜技术规程》（DB44/T 546）。本标准规定了贮运保鲜的术语和定义、要求、贮藏与管理、运输方式与条件、方法与规则，适用于新收获商品用姜的收购、贮藏与运输。现将该标准摘录如下：

1. 贮藏前的准备

（1）收姜与预贮。采收后应将染姜瘟病的姜块和姜瘟病株周围两米范围内的生姜剔除。新挖的姜要经过 20～30 天的预贮才能入库贮藏，以便于姜"圆头"，姜皮长合。预贮可以用箩筐盛装，散堆的话应当控制姜堆高度不超过 1 米，并保持室内空气新鲜干爽、避免阳光直射和穿堂风。保持相对湿度 90%～95%，温度 20℃～25℃，不超过 30℃。

（2）姜块分级、修整与入贮。姜块的分级按照表 7-19 进行，不同等级的姜分开贮藏。

表 7-19　　　　　　　　　　姜等级规格

等级	品质	重量	不合格限度以重量计（%）
一等	①形态完整，具有该品种固有的特征，肥大、丰满、充实。②同一品种形态色泽一致，表面光滑，清洁干燥。③气味正常。④腐烂霉变，焦皮皱缩，冻伤，日灼伤，机械伤。⑤杂质	一级整块单重≥200克，二级整块单重≥100克，三级整块单重≥50克，重量分级不符合各级要求的不得超过10%	总项≤5，其中，第4项≤1，第5项≤2
二等	①形态基本完整，具有该品种固有的特征，丰满充实。②同一品种形态色泽基本一致，表面基本光滑，清洁干燥。③气味正常。④腐烂霉变、冻伤、日灼伤，允许轻微皱缩、机械伤。⑤杂质		总项≤7.5，其中，第4项≤2，第5项≤2
三等	①形态色泽尚正常丰满。②具有相似品种特征，允许少量异色品种，表面尚清洁干燥。③气味正常。④腐烂霉变、冻伤、机械伤，允许轻微皱缩。⑤杂质		总项≤10，其中，第4项≤3，第5项≤2

（3）贮藏场所消毒。鲜姜入贮前 3～4 天要对贮藏场所以及包装材料、用具进行清扫、消毒。消毒可用生石灰：干草木灰＝1∶1 对贮藏场所撒布消毒。并于入贮前 1 天对贮藏场所通风透气、清理备用。

2. 贮藏与管理

（1）入库与堆码。姜块要按照等级、规格分类入贮，且不同批次、不同品种、不同产地的生姜要分开堆码。贮藏库内有贮藏架的可以摆放包装件，无贮藏架的于地面直接堆码，并留透气间隙，便于检查和管理，且堆码高度不应超过 2 米。

（2）贮藏方法。①贮藏条件。贮藏环境要控制温度为 11℃～13℃，相对湿度 90％～95％，通风窗无阳光直射。②沙藏法。在地上铺一层经洗涤、日晒消毒，含水量 10％左右的干净河沙，再往上铺 3～4 层姜，再覆一层湿沙，如此层层相间堆放，堆高可达 0.8～1 米，最上层湿沙不少于 4 厘米。当堆长大于 2 米时每隔 1～1.5 米设置一直达底部、高出堆面 15～20 厘米、直径不小于 10 厘米的辅助散热透气装置，也可安插温度计监测堆内温度。③辐照贮藏法。γ-射线辐照处理及标识方法等参照《GB/T 18524 食品辐照通用技术要求》。④限气贮藏法。此法适合于有控温调湿设备的场所使用。包装限气贮藏可用无毒塑料薄膜适当打孔制袋，装量为 10～20 千克。也可以用箱、竹筐、条筐、缸等内衬编织袋作限气贮藏；大帐限气贮藏可用厚 0.1～0.2 毫米的塑料薄膜制作大帐，每帐贮量 0.5～1 吨为宜。限气贮藏要控制氧气和二氧化碳浓度均为 3％左右。⑤窖藏法。窖藏以筐、箩、袋等包装后贮藏，散堆贮藏宜适当配制堆内透气散热装置。

（3）贮藏期管理。贮藏期间应定期检测记录贮藏环境温度、相对湿度和关键气体成分含量，气流速度等。

3. 运输方式和条件

（1）运输工具。使用清洁、卫生、符合食品运输工具要求的工具。

（2）运输包装与装卸。各种运输形式要采用包装运输，要轻装轻卸，运输途中防止雨淋、受潮、暴晒，避免运输污染。

（3）非控温运输。采用篷布或其他覆盖物遮盖，并采取适当的措施保证运输质量，控制堆心温度不致过高。

（4）控温运输。采用冷藏运输要控制温度 13℃±2℃、相对湿度 90％～95％，保持温度均匀且无凝露现象。

（5）运输期限。非控温运输不长于 5 天，冷藏运输不超过 20 天。

第十五节　洋葱贮藏保鲜方法

一、洋葱贮藏特性

洋葱具有两个明显的贮藏特性。一个是洋葱具有休眠期，耐贮藏；另一个是耐干燥。洋葱食用部分是肥大的鳞茎。洋葱收获后，其外层鳞片干缩成膜质，能阻止水分进入内部，具有耐干的特性。洋葱在夏季收获后，即进入休眠期，生理活动减弱，遇到适宜的环境条件，鳞茎也不发芽。洋葱的休眠期一般为 1.5～2.5 个月，因品种不同而异。休眠期过后，遇适宜条件便萌芽生长。一般在 9～10 月鳞茎中的养分向生长点转移，致使鳞茎发软中空，品质下降，失去食用价值。因此，使洋葱长期处于休眠状态、抑制发芽，并保持干燥的贮藏环境以防止腐烂，是贮藏洋葱的关键手段。休眠期后的洋葱适应冷凉干燥的环境。温度维持在 0℃～－1℃，相对湿度低于 80% 才能减少贮藏中的腐烂损失。如收获后遇雨，或未经充分晾晒，以及贮藏环境湿度过高，都易造成腐烂损失。

不同品种的洋葱耐贮性不同。洋葱按皮色分，分为黄皮、红皮（紫皮）和白皮三类；按形态分为扁圆形和凸圆形两类；其中以黄皮类型的品质好，休眠期长，耐贮藏，栽培面积大，如天津黄皮、辽宁黄玉等。红皮类型为晚熟，肉质不如黄皮细嫩，水分较多，质地较脆，耐藏性较弱。白皮类型为早熟品种，鳞茎较小，产量较低，肉柔嫩，辣味轻，容易发芽，不耐贮藏。一般而言，扁圆形的比凸圆形的较耐贮藏，辣味浓的比辣味淡的较耐贮藏。

合理采收对提高贮藏效果很重要。用于贮藏的洋葱，应在其充分成熟、组织紧密时采收。成熟的洋葱叶色变黄，地上部管状叶呈倒状，外部鳞片变干。收获过早，耐藏性差；采收过晚，地上假茎容易脱落，易裂球，不利于编挂贮藏，同时可能遇到雨季，导致腐烂。收获应选择晴天进行，避免机械伤害。收获前 10 天内应停止灌水。收获后要及时晾晒，一般就地将葱头放在田埂上，叶片朝下呈覆瓦状排列。一般晒 4～6 天，中间翻动 1 次，当叶绵软能编辫子即可。如遇雨时，最好收集起来，并加以覆盖，以免淋雨而降低耐贮性。经过充分晾晒后洋葱便可用于挂藏。洋葱贮藏也可以不编辫子，挑选后直接盛放在容器内以备贮存。

二、洋葱挂藏保鲜法

晾晒过的葱头经过再次挑选后，将发黄、绵软的叶子互相编成长约 1 米的"辫子"，两条"辫子"结在一起成为一挂。每挂葱头约 60 个，重 10 千克左右。如晾晒后的叶子少而短时，可添加微湿的稻草编辫。编辫的洋葱，还需晾晒 5～6 天，晒至葱头表面鳞片充分干燥，颈部完全变成皮质，抖动时鳞茎外皮沙沙发响时为宜。中午阳光强烈时，最好用苇席稍盖一段时间再揭开晾晒，遇雨时应予以覆盖。挂藏时，选阴凉、干燥、通风的屋檐或荫棚下，将洋葱辫挂在木架上，不接触地面，四周用席子围上，防止淋雨。贮藏中不需倒动。此法通风好，腐烂少，但休眠期过后陆续发芽，因此要在休眠期结束前上市。

三、洋葱垛藏保鲜

垛藏洋葱在天津、北京、河北唐山一带有悠久的历史，贮期长，效果好。垛藏应选择地势高燥、排水良好的场所。先在地面上垫上枕木，上面铺一层秸秆，秸秆上面放葱辫，纵横交错摆齐，码成长方形垛。一般垛长 5～6 米，宽 1.5～2 米，高 1.5 米，每垛 5000 千克左右。垛顶覆盖 3～4 层席子或加一层油毡，四周围上 2 层席子，用绳子横竖绑紧。用泥封严洋葱垛，防止日晒雨淋，保持干燥，如发现漏雨应拆垛晾晒。封垛后一般不要倒垛。如垛内太湿，可视天气情况倒垛 1～2 次，但必须注意，倒垛要在洋葱休眠期内进行，否则会加速发芽。贮藏到 10 月以后，视气温情况，加盖草帘防冻，寒冷地区应转入库内贮藏，并保持适当的贮藏温度（0℃～3℃）和干燥的贮藏环境。

四、洋葱机械冷藏库贮藏

冷藏库贮藏，是当前洋葱较好的贮藏方式。采用此方法时，须在 8 月中下旬洋葱出休眠期之前入库贮藏。将干燥的洋葱球装筐、码垛或架藏或装入透气的编织袋内架贮。并维持库内 0℃左右的温度，便可较长期贮藏。但冷藏库湿度较高，鳞茎常会长出不定根。因此要注意尽可能地降低库内的空气相对湿度。

五、洋葱简易气调贮藏

在洋葱休眠期结束之前 10 天左右，将洋葱装筐，在荫棚下码垛，用塑料薄膜帐封闭，每垛 500~1000 千克，维持 3％~6％氧和 8％~12％的二氧化碳，抑制发芽的效果明显。简易气调贮藏时，可用氯气进行防腐处理。氯气用量为空气体积的 0.2％，每周使用一次。但氯气过量，会引起药害。如在冷库内进行气调贮藏，并将温度控制在 0℃~-1℃，贮藏效果会更好，贮藏期更长。

六、洋葱贮藏指南

为了提高洋葱贮藏效果，国家质检总局和国家标准化委员会联合发布了《洋葱贮藏指南》标准（GB/T 25869）。该标准给出了洋葱在使用或不使用人工制冷条件下的贮藏指南，目的是使其长期贮藏并在新鲜状态下销售。该标准适用的范围参见附录 7-7。现将该标准的有关内容摘录如下：

1. 采收和贮藏前处理

（1）品种。应选择适宜贮藏的洋葱品种。通常选择晚熟的洋葱品种贮藏。

（2）采收。采收应在 65％~75％的茎叶由绿变黄，茎开始倒伏，叶子开始凋萎，以及洋葱有明显的外皮包裹（表明洋葱处于生理休眠状态）时进行。采收时应避免擦伤和其他损伤，应切断茎，茎的长度应在干燥后不超过 4 厘米。

（3）质量要求。应对洋葱进行质量检验，应选择质量好的洋葱，应符合同一品种、完整、无机械伤、外皮干燥、包裹完好、成熟的质量要求。应无外来异味。应保留一定长度的茎，可有 2~3 层外皮包裹，也可没有外皮包裹。太大、太小、形状不规则或未完全成熟的洋葱都不适宜贮藏。

（4）贮藏前处理。为避免洋葱在贮藏期间发芽，如没有严格要求，可使用发芽抑止剂。洋葱在贮藏前应进行干燥处理，除去外表的潮气以及膜质鳞片、须根和茎盘上的潮气。如不能进行自然干燥，可采用适当的人工干燥方法。可根据潮湿程度放置在流动的干燥热空气中 4 天，最多可到 8 天。空气温度最高 30℃，相对湿度应在 60％~70％，气流流经每立方米洋葱的流量是 2~25 米³/分钟。可从贮藏库外引入新鲜空气，也可以是贮藏库内外的混合气体，但这两种不同类型的通风所要求的空气交换率不同。贮藏库内的空气也可简单地反复循环，空气的循环流量应为每小时库容量的 40％~50％。洋葱外皮的水分含量达到 12％~14％时即完成干燥。此时触摸洋葱的外皮会发出沙沙声响。为避免洋葱在运输过程中的损伤，可在贮藏库内利用特殊的设备进行干燥。热空气的处理会使洋葱发芽，人工干燥应在采收后直接进行，此时洋葱处于生理休眠期。

（5）入库。贮藏库宜是低温的或具有排气的空气通风系统。贮藏库应是干燥、洁净、无污染的。入库应快速进行，一般不超过 7～8 天。应尽量避免与其他有特殊气味的蔬菜和水果混合贮藏，以防串味。洋葱可以和大蒜一起贮藏。洋葱的干燥如不在贮藏库进行，干燥后应尽快入库。在大批量贮藏的情况下，如洋葱没有完全干燥，应立即打开通风设备，不要等到完全入库后再通风。

（6）贮藏方法。洋葱可采用托盘包装、箱式托盘、柳条箱、麻袋或其他容器大批量贮藏。用麻袋包装的洋葱只能短期贮藏。在大批量贮藏的情况下，贮藏堆垛的最大高度应符合下列要求：①自然通风贮藏库，堆垛高度 2～2.5 米；②强制通风贮藏库，堆垛高度 3.5～4.5 米。堆垛的高度应根据洋葱的耐压性来决定。为避免损伤，包装的堆垛应 5～7 层高，距墙有 15～20 厘米的空隙，堆垛的层与层之间应有 5～8 厘米的空隙，以确保空气能自由流动。

2. 贮藏条件要求

（1）一般条件。洋葱贮藏的温度和湿度条件变化应根据贮藏的阶段、品种的特性、贮藏的设备系统、贮藏库本身等确定，例如是否有空气循环通风系统或者使用人工制冷系统等。温度和湿度应在贮藏期间保持恒定。最大允许的温度和相对湿度的变化范围分别是 ±1℃ 和 ±5%。每天监控影响贮藏的因素。每 7～10 天对洋葱的质量进行监控，检查产品的病害和新鲜程度。

（2）温度。①适宜的温度。洋葱可在不同的温度条件下长期贮藏，应根据使用的贮藏设备和洋葱品种的耐低温特性来确定贮藏温度：a. 可在没有人工制冷的贮藏库内自然循环温度贮藏（自然通风或强制通风）；b. 中等耐冷的洋葱品种可在 0℃±1℃ 下贮藏；c. 耐冷性好的洋葱品种可在 -1℃～-2.5℃ 下贮藏（洋葱接近冻结状态）。②温度控制。循环冷空气控制：当室外温度低于室内温度时，可从室外引入冷空气。为避免洋葱受冻害，室外温度低于 -3℃ 时，室外空气不得引入室内。通风和隔热设施应能保持贮藏库内要求的恒定温度。人工制冷控制：空气是在密闭的条件下循环，整个贮藏期间应保持定期进行换气。

（3）相对湿度。为阻止洋葱在贮藏期间生长和发芽，相对湿度应保持在 70%～75%。

（4）空气循环。为了获得恒定的温度和相对湿度，应严格设定空气循环系统。两种不同类型的空气循环之间可有区别。①密闭循环。这种循环类型的目的是使洋葱冷却，保持温度恒定，消除包装袋中的气体和洋葱新陈代谢所产生的挥发性物质。使用冷气循环系统和人工制冷系统空气的交换比率都应在每小时 20%～30%。②换气。贮藏密度大的洋葱由于呼吸作用导致了二氧化碳的积累，在贮藏期间应定期引入新鲜空气以消除这种现象。空气循环系统应使空气交换比率在每小时 20%～30%。

（5）贮藏期限。使用循环空气冷却，洋葱的贮藏期限因品种或地区的气候条件而不同，贮藏期限在 3～7 个月。使用人工制冷，贮藏期限可长达 9 个月。

（6）贮藏后期的操作。出现冰晶的洋葱不应进行处理，避免在处理过程中导致冻害。为避免洋葱表面结露，出库时应在中间温度保持大约 24 小时。然后再将符合条件和包装好的洋葱运输。

3. 其他贮藏方法

化学发芽抑制剂的使用应符合相关国家标准，但贮藏后要出口时，应注意进口国家的化学抑芽剂的限制使用标准。使用 6 000～10 000 拉德的辐照方法贮藏效果较好，但在一些国家受到限制，我国按国家的相关规定执行。

4. 不同贮藏方法及其贮藏条件

洋葱的贮藏程序、时间和贮藏的相关条件见表 7-20。

表 7-20　　　　　　　　　　洋葱的贮藏条件

贮藏程序		时间（天）	温度（℃）	最大相对湿度（%）	通风率（小时/天）
干燥		4～8	外部空气或热空气（最高 30）	70	18～20
冷却		10～14	2～－2	75	16～20
贮藏	自然循环	90～210	循环空气（最低－3）	75	6～8
	人工制冷	180～270	－1～1[a] －1～2.5[b]		
a. 抵抗低温能力中等的洋葱品种 b. 抵抗低温能力较强的洋葱品种					

附录 7－7　应用的局限性
（资料性附录）

本标准仅提供了一般性导则。需根据产品的种类及栽培时间、地点和区域等因素进一步确定收获的其他条件或贮藏期间的条件。

本标准不能完全应用于各种气候条件下生长的所有产品，因此本标准可作为专家适当修改的判断标准。

本标准不考虑生态环境因素和贮藏期间的损耗问题。在保证洋葱是新鲜的状态下，应用本标准可使多数品种在贮藏期间减少损耗，并达到长期贮藏的效果。

七、洋葱通风库及冷库标准化贮藏技术

为了指导经营者搞好洋葱贮藏，我国发布了《洋葱贮藏技术》商业行业标准（SB/T 10286）。该标准规定了洋葱通风库和冷库贮藏的采收与质量、贮藏前准备、贮藏条件及管理的一般技术要求，适用于我国直接消费的新鲜洋葱的贮藏。现将该标准的主要内容摘录如下：

1. 采收与质量要求

（1）采收。当洋葱基部 2～3 片叶开始枯黄，假茎逐渐失水变软，开始倒伏，鳞茎停止膨大，外层鳞片呈革质状时即可采收。选择无病虫害的洋葱，在晴天采收。采收前一周停止灌水，采收时要轻采轻放，避免机械损伤。

（2）质量要求。选择耐藏性强的中、晚熟洋葱栽培品种进行贮藏。贮藏用的洋葱应符合 SB/T 10026（洋葱）的规定。要求鳞茎完整、健全、坚实、色泽正常，外面的两层鳞片、鳞茎顶部、鳞茎盘和根应充分干燥，无鳞芽萌发、损伤、异味、腐烂、病虫害。

2. 贮藏前准备

（1）干燥处理。①自然干燥。可就地将采收的洋葱放在田埂上，叶片朝下呈覆瓦状排列，晾晒 2～3 天后翻动一次，再晾晒 2～3 天，当叶片发软、变黄、外层鳞片干缩时即可贮藏。晾晒过程中若遇雨时，则该批洋葱不宜长期贮藏。②人工干燥。将洋葱置于干燥房内，在温度 25℃～38℃、相对湿度 60％，流过每立方米洋葱的气流量 2～8 米³/分钟的条件下，干燥 2～7 天即可贮藏。

（2）抑芽处理。干燥处理后的洋葱，贮藏前再按 ZBC 53006《辐照洋

葱卫生标准》中有关规定进行抑芽处理。

（3）灭菌。洋葱入贮前一周进行库房清扫、灭菌方法按照 GB/T 8867《蒜薹简易气调冷藏技术》的有关规定执行。

（4）包装与标志。洋葱的包装应符合 SB/T 1015《新鲜蔬菜包装与标识》的有关规定。

（5）入库。洋葱经干燥处理和包装后应及时入库，防止吸湿受潮。贮藏的洋葱，需按等级、规格、产地、批次分别码入库内。码放高度视包装材料的种类和抗压强度而定，但最高不得超过 3 米。冷藏的洋葱需距蒸发器至少 1 米。

3. 贮藏方法

（1）通风库贮藏。将干燥处理后的洋葱先在荫棚下码垛，暂时存放，待气温下降后装入箱、筐或塑料编织网袋，再加垫枕木或枕石，码入通风库。贮藏时注意通风，保持干燥，冬季库温不低于−1℃。

（2）冷库贮藏。将干燥处理后的洋葱先在荫棚下码垛，暂时存放，待气温下降后装入箱、筐或塑料编织网袋，再加垫枕木或枕石，码入冷库，贮藏时注意控制适宜库温，防止温度过低造成冻害。

4. 贮藏条件与管理

（1）温度：适宜贮藏温度为 0℃±1℃。

（2）相对湿度：库内的相对湿度应保持在 65%～70%。

（3）贮藏管理：①通风库管理：可利用通风装置或采取隔热保温措施来调节库内的温度和相对湿度。②冷库管理：贮藏期间要定时检测库内温、湿度。冷藏的物理条件和测定方法，应符合 GB/T 9829《水果和蔬菜 冷库中物理条件 定义和测量》的有关规定。洋葱出库时，若外界温度高于品温，需经缓慢升温处理，以防止洋葱表面有凝结水出现。

（4）贮藏期限：在上述温度、相对湿度和管理条件下，洋葱的贮藏期限因品种和气候条件的不同而异，一般通风库贮藏期为 3 个月，冷库贮藏期为 8 个月。

八、洋葱的等级规格

为了规范洋葱的等级规格，农业部发布了《洋葱等级规格》标准（NY/T 1584）。该标准规定了洋葱等级和规格的要求、抽样方法、包装、标志和图片，适用于鲜食洋葱，不适用于分蘖洋葱和顶球洋葱。现将该标准的有关等级和规格的内容摘录如下：

1. 等级要求

（1）基本要求。洋葱鳞茎应符合下列基本要求：同一品种或相似品种；最外面两层鳞片完全干燥，表皮基本保持清洁；无鳞芽萌发；无腐败、变质、异味；无严重的损伤、无冻害。

（2）等级划分。在符合基本要求的前提下，洋葱分为特级、一级和二级。各等级具体要求应符合表7-21的规定。

表7-21   洋葱等级

等级	要　　　　求
特级	鳞茎外形和颜色完好，大小均匀，饱满硬实；外层鳞片光滑无裂皮，无损伤；根和假茎切除干净、整齐
一级	鳞茎外形和颜色有轻微的缺陷，大小较均匀，较为饱满硬实；外层鳞片干裂面积最多不超过鳞茎表面的1/5，基本无损伤；有少许根须，假茎切除基本整齐
二级	鳞茎外形和颜色有缺陷，大小较均匀，不够饱满硬实；外层鳞片干裂面积最多不超过鳞茎表面的1/3，允许小的愈合的裂缝、轻微的已愈合的外伤；有少许根须，假茎切除不够整齐

（3）允许误差范围。等级的允许误差，按质量计应符合：①特级允许有5%的产品不符合本级的要求，但应符合一级的要求。②一级允许有8%的产品不符合本级的要求，但应符合二级的要求。③二级允许有10%的产品不符合本级的要求，但应符合基本要求。

2. 规格

以洋葱的横径作为划分规格的指标，分为大（L）、中（M）、小（S）三个规格。

（1）规格划分。洋葱规格具体要求见表7-22。

表7-22   洋葱大小规格   厘米

规格	大（L）	中（M）	小（S）
横径	>8	6～8	4～6
同一包装中的允许误差	≤2	≤1.5	≤1.0

（2）允许误差范围。规格的允许误差范围按数量计，特级允许有5%的产品不符合本级的要求，一级和二级允许有10%的产品不符合该规格的要求。

3. 包装

（1）基本要求。同一包装内应为同一等级和同一规格的产品，包装内的产品可视部分应具有整个包装产品的代表性。

（2）包装方式。塑料网袋或纸箱包装。

（3）包装材料。包装材料应清洁、卫生、干燥、无毒、无异味，符合食品卫生要求。包装塑料网袋应符合 GB 9687《食品包装用聚乙烯成型卫生标准》规定，包装纸箱应符合 GB/T 6543《运输包装用单瓦楞纸箱和双瓦楞纸箱》的规定。

（4）净含量及允许负偏差。塑料网袋包装每袋质量 30 千克，纸箱包装每箱质量 15 千克或视具体情况而定，净含量及允许负偏差应符合国家质量监督检验检疫总局令（2005）第 75 号的规定。

（5）限度范围。每批受检样品质量和大小不符合等级、规格要求的允许误差按所检单位的平均值计算，其值不应超过规定的限度，且任何所检单位的允许误差值不应超过规定值的 2 倍。

4. 标志

包装上应有明显标志，内容包括产品名称、等级、规格、产品执行标准编号、生产与供应商单位及详细地址、产地、净含量和采收、包装日期等。标注内容要求字迹清晰、规范、完整。包装外部应注明防晒、防雨要求，包装标志图示应符合 GB 191《包装储运图示标志》的要求。

现代农产品贮藏加工技术丛书

蔬菜茶叶
贮运保鲜技术

主 编◇谭兴和　副主编◇谭欢 谭亦成（下）

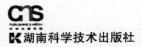

湖南科学技术出版社

图书在版编目(CIP)数据

蔬菜茶叶贮运保鲜技术/谭兴和主编. ——长沙:湖南科学技术出版社,2015.7

(现代农产品贮藏加工技术丛书)

ISBN 978—7—5357—8673—9

I.①蔬… Ⅱ.①谭… Ⅲ.①蔬菜—贮运②蔬菜—食品保鲜 Ⅳ.①S630.9

中国版本图书馆 CIP 数据核字(2015)第 098730 号

现代农产品贮藏加工技术丛书

蔬菜茶叶贮运保鲜技术(下)

主　　编:谭兴和

副 主 编:谭　欢　谭亦成

责任编辑:欧阳建文　彭少富

出版发行:湖南科学技术出版社

社　　址:长沙市湘雅路 276 号

　　　　　http://www.hnstp.com

湖南科学技术出版社天猫旗舰店网址:

　　　　　http://hnkjcbs.tmall.com

邮购联系:本社直销科　0731—84375808

印　　刷:唐山新苑印务有限公司

　　　　　(印装质量问题请直接与本厂联系)

厂　　址:河北省玉田县亮甲店镇杨五侯庄村东 102 国道北侧

邮　　编:064101

出版日期:2017 年 10 月第 1 版第 2 次

开　　本:710mm×1000mm　1/16

印　　张:8

书　　号:ISBN 978—7—5357—8673—9

定　　价:38.50 元(共两册)

前　言

　　2012 年，我国蔬菜产量达到了 70200 万吨，位居世界第一。但由于蔬菜含水量高，组织细嫩，不耐贮藏，加之贮藏保鲜技术普及程度低，致使蔬菜腐烂损失非常严重。据报道，我国每年新鲜蔬菜的损失在 20% 以上。此外，蔬菜价格波动较大，严重影响了广大菜农的生产积极性和广大消费者的生活质量。例如，2012 年 10 月，北京生姜批发价格仅为每千克 3～4 元，而 2013 年 10 月则达到每千克 10～20 元。可见，大力推广贮藏、运输、保鲜、销售技术，对于确保蔬菜稳定供应，平抑蔬菜价格十分必要。我国也是茶叶的生产和销售大国，茶叶的贮藏也很重要。应广大读者要求，编者组织编写了本书。

　　本书简要介绍了新鲜蔬菜及其干制品和茶叶的贮运保鲜原理、技术，重点介绍了其贮运保鲜方法。蔬菜贮运保鲜技术部分主要介绍了新鲜蔬菜的采收与采后处理技术、运输技术、贮藏方式、贮运条件、采后病害及其防治。蔬菜贮运保鲜方法部分主要介绍了各种新鲜蔬菜及其干制品的贮运保鲜方法。贮运保鲜方法既收录了大规模贮藏保鲜运输所采用的标准化贮运保鲜方法，又收集了中等规模的贮运保鲜方法，还汇编了适合经营户及家庭贮藏的小规模贮运保鲜方法，以满足不同用户的需要。因此，本书可作为广大种植户、经营户、加工户、运销户、科研工作者和大专院校师生的参考用书。

　　蔬菜种类繁多，特性不一，贮藏保鲜原理、技术和条件各不相同。新鲜蔬菜属于鲜活产品，这类产品在采收后仍然具有比较旺盛的生命活动。贮运保鲜期间，既要维持其正常的生命活动，又要保存其良好的品质，所需要的贮运保鲜条件比较苛刻。而经过加工脱水的蔬菜干制品和茶叶，则已经丧失生命活动，贮运期间主要是要保持干燥的环境，防止其吸湿霉变。本书将新鲜蔬菜及其干制品（茶叶相同）的贮运原理和技术分别进行讨论。

　　在茶叶贮藏方面，依据中国茶叶六大茶系即绿茶、红茶、黑茶、青茶、黄茶和白茶，分别对其特性和贮藏方法进行了详细介绍。

　　本书编写时力求阐述简单明了，同时又尽可能使每个单独的贮运保鲜方法具有完整性，使之在实际应用中更具有可操作性。

　　在本书的编写过程中，参考了国内外许多资料。在此，对有关作者表示衷心的感谢！感谢他们付出的辛勤劳动！

　　由于编写时间紧，任务重，加之编者的水平有限，书中肯定还有不少待完善的地方，希望广大读者批评指正。

编　者
2015 年 5 月

目　　录

第七章 新鲜蔬菜的贮藏保鲜方法

第十六节 萝卜、胡萝卜的贮藏保鲜方法

一、萝卜、胡萝卜的贮藏特性

萝卜、胡萝卜都属于根菜类。它们喜冷凉多湿的环境条件，适宜的贮藏温度为0℃～3℃，相对湿度为90%～95%。湿度过低时易受低温冷害。萝卜能耐受较高浓度的二氧化碳，二氧化碳浓度达到8%时，也不会发生伤害。因此，萝卜适合密闭贮藏，如埋藏、气调贮藏等。

二、萝卜、胡萝卜的埋藏保鲜

萝卜、胡萝卜无生理休眠期，在贮藏中遇适宜条件便发芽抽薹，引起糠心，降低食用价值。贮藏的萝卜、胡萝卜以秋播的晚熟品种耐贮性好。收获时随即拧去缨叶，就地堆积成小堆，并覆盖菜叶，防止失水及受冻。

用于埋藏的萝卜、胡萝卜应该在下霜前采收。采用埋藏时，在地下水位低的开阔地带挖沟，沟的宽度为1米左右，深度约1米，长度不限。将萝卜、胡萝卜的根部朝上挨个摆放在沟内，摆放一层后用干净、湿润的细土覆盖一薄层，上面再摆一层萝卜、胡萝卜，再覆盖一层细土，最后用细土覆盖、整平、压实。一周后，在上面浇清水一次，浇水量可根据土壤性质、土壤湿度、贮藏品种而定。浇水应用干净水，不应用污水。为了防止热伤或冻害，在贮藏初期，覆盖土层一定要薄，使沟内萝卜热量易排出。以后随气温下降程度分次添加泥土，直至土层稍厚于冻土层。萝卜、胡萝卜埋藏后多需一次出沟，温暖地区有的到立春后除掉覆土，挑出腐烂的萝卜，完好的剥去顶芽再放回沟内，覆一层薄土，继续贮一段时间或陆续上市。

三、萝卜、胡萝卜棚窖或通风库贮藏

棚窖和通风库贮藏根菜类，贮藏量大，管理方便。将产品在窖内或

库内散堆或码垛，堆高一般 1.2～1.5 米。在窖或库内用湿沙与萝卜层堆积效果更好，有利于保湿和二氧化碳，起自发气调的作用。可在堆内每隔 1.5～2 米用稻草把做一通风筒，以便通风散热。贮藏中不要倒动，注意窖或库内温度，外界温度过低时，用草帘等加以覆盖，防止产品受冻。立春前后进行检查，发现病烂产品及时挑除。

四、萝卜、胡萝卜简易气调冷藏保鲜

利用冷库进行气调保鲜，可将萝卜贮藏到第二年 5 月，还能使萝卜保持鲜嫩状态。贮藏前，先将萝卜晾晒 1 天，然后装入筐内，放入冷库预冷至 1℃左右，再码成方形垛，每垛 40～50 筐，在筐外用聚乙烯塑料帐密封，利用其呼吸作用自发调节气体成分。将帐内氧气浓度控制在 2%～5%，二氧化碳控制在 5% 以下，库内温度控制在 1℃±0.5℃。尽量减少冷库开门次数，以防止库温过度波动，引起凝结水导致腐烂。

五、胡萝卜标准化贮运技术

为了提高胡萝卜的贮藏效果，农业部发布了《胡萝卜贮藏与运输》标准（NY/T 717）。该标准规定了鲜胡萝卜贮藏与运输的术语和定义、要求、贮藏和运输前准备、贮藏与管理、运输方式和条件，适用于鲜胡萝卜的贮藏与运输。现将该标准的有关内容摘录如下：

1. 要求

（1）采收要求。①采收。采收适期为整个地块八成以上达到成熟标准（肉质根充分膨大）；采收前 7～10 天不应灌水；采收宜在晴天进行；采收时应尽量减少机械伤害；采后避免在阳光下暴晒。②削顶。采后应在田间选取生长健壮、成熟一致的产品，削去胡萝卜叶樱，即时运销产品可留 1～2 厘米叶樱，并立即装箱或袋运走。

（2）质量要求。贮藏和运输用胡萝卜质量要求应符合 NY/T 493《胡萝卜》的规定。

2. 贮藏和运输前的准备

（1）修整。贮藏用胡萝卜应在入库前削去肉质根残留叶樱，以不伤及肉质根为准。

（2）清洗。运销和冷藏的胡萝卜应进行清洗，洗净肉质根表面泥土和污物，并晾干。采取通风贮藏的胡萝卜不清洗。

（3）库房消毒。胡萝卜入贮前 3～4 天，应对贮藏库、包装箱和库内设施进行清扫、洗刷和消毒灭菌，消毒灭菌方法按 GB/T 8867《蒜薹简易气调冷藏技术》的有关规定执行。

（4）预冷。将经修整和清洗后的胡萝卜，采用各种预冷措施（冷库冷却、强制冷风冷却、真空冷却），使产品温度降到贮运要求。

3. 贮藏与管理

（1）贮藏。①入库与堆码。入库：胡萝卜采后应按等级和规格及时入库；通风贮藏入库时间宜安排在库外温度较低的清晨或夜间进行，每日入库量一般不超过库容量的 1/4～1/5；胡萝卜不应与苹果、梨等易释放乙烯的产品混贮。堆码：贮库内有贮藏架时，可在架上摆放包装件；无贮藏架地面堆码时，码放要稳固，垛间留有空隙，以利通风散热；堆码方式应便于操作；堆码不宜太高，一般不超过 3 米。

（2）贮藏条件。①通风贮藏。秋季采收的胡萝卜，经处理包装后，可入通风库贮藏；利用夜间库外温度逐降过程，开启通风系统，自然通风，调控库温在 0℃～5℃，相对湿度 90%～95%。②冷藏。胡萝卜采后可随时入冷库贮藏，冷藏控制库温 0℃～2℃，相对湿度 90%～95%。③限气贮藏。塑料袋贮用 0.03～0.04 毫米厚的薄膜，每袋装量 10～20 千克；装袋前应将胡萝卜温度降至 0℃～2℃时再整齐摆在袋内，装量达到要求后，松扎袋口，进行架贮或堆码。控制库内的温度 0℃～2℃，相对湿度 90%～95%，袋内二氧化碳含量应小于、等于 7%。塑料帐贮用 0.1～0.12 毫米厚无毒塑料薄膜制作。帐子规格以每帐贮量 0.5～1.0 吨为宜。堆垛时的长、宽应分别比帐子的长、宽小 20～30 厘米，垛高要低于帐高 30～40 厘米。当胡萝卜温度降至 0℃～2℃时罩帐。贮藏期间控制库温为 0℃～2℃，相对湿度 90%～95%，帐内氧和二氧化碳含量均控制在 6%～8%。

（3）贮藏管理。①贮藏环境条件检测。贮藏期间应定时检测贮藏环境温度、相对湿度和气体含量，检测方法按 GB/T 8867《蒜薹简易气调冷藏技术》的规定执行。②贮藏期通风。贮藏期间保持库内空气流畅，使各部温度均衡，并应适时开启通风窗口或库门，进行库内外空气更新。③出库前修整。胡萝卜出库前，应将贮藏期间发生的须根和叶樱削去。

（4）贮藏期限。在上述贮藏条件和贮藏管理下，胡萝卜采用通风贮藏，贮藏期在 1～2 个月；采用冷藏，贮藏期在 3～5 个月；采用限气贮藏，贮藏期在 4～6 个月。

4. 运输方式和条件

胡萝卜运输车辆应清洁、卫生；运输要求轻装轻卸、快装快运、装载适量、运行平稳、严防损伤。

（1）非控温运输。采用非控温方式运输，应用篷布（或其他覆盖物）苫盖，并根据天气状况，采取相应的防热、防冻、防雨措施。

（2）控温运输。采用控温方式运输，控温车应控制车内温度为0℃～5℃；控温集装箱应控制箱内温度为0℃～2℃。

（3）运输期限。在上述运输方式和条件下，胡萝卜非控温运输期限一般不超过2天，控温运输最长期限不超过20天。

六、根菜类蔬菜采后处理技术规程（北京）

为了指导经营者搞好根菜类蔬菜采后处理，北京市质量技术监督局发布了《蔬菜采后处理技术规程 第一部分：根菜类》（DB11/T 867.1），规定了根菜类蔬菜采后处理各环节的技术要求。现将该标准的有关内容摘录如下：

1. 采收与分级

（1）采收。应选择气温较低时采收，避免雨水和露水。采收时应去掉须根，洗掉泥土，轻拿轻放，防止机械损伤。

（2）基本要求。每一包装、批次为同一品种。应具有该品种蔬菜具有的形状和色泽。无腐烂、无病虫害、无冻害和其他伤害。无糠心、无抽薹、无异味。

（3）等级规格。应将符合基本要求的根菜类蔬菜分为一级、二级和三级。不同种植户应按等级规格要求进行采收和分级。根菜类蔬菜的规格应符合表7-23的规定。不同种类根菜类蔬菜的等级规格见附录7-8。

表 7-23　　　　　　　　　　　　　　根菜类等级

一级	二级	三级
新鲜、洁净。形状整齐，色泽良好，表皮光滑。无裂根和叉根。无机械伤。个体大小差异不超过均值的5%	较新鲜、洁净。形状整齐，色泽较好，表皮较光滑。无裂根和叉根。有轻微机械伤。个体大小差异不超过均值的10%	较新鲜、洁净。色泽尚好，表皮较光滑。有少许裂根和叉根。有轻微机械伤。个体大小差异不超过均值的20%

2. 产地包装

产地包装宜采用塑料周转箱或纸箱。塑料周转箱应符合GB/T 5737《食品塑料代替周转箱》的规定，纸箱应符合GB/T 6543《运输包装用单瓦楞纸箱和双瓦楞纸箱》的规定。采收前将包装箱备放在地头，并在箱体上标注生产者信息。采收后，将同一等级的根菜类蔬菜放置在同一塑料周转箱内。在气候干燥季节，塑料周转箱的底部和两个长面，要衬上塑料薄膜，防止失水。

3. 产地短期存放

产地存放时间不宜超过 4 小时。如不能及时运走，宜在温度 0℃～2℃，相对湿度 90% 以上的条件下存放。

4. 运输

（1）普通车运输要注意防晒、保湿和通风，夏季应注意降温，冬天应注意防冻。从采收到集散中心，不超过 6 小时。

（2）夏天宜采用冷藏车运输，冷藏车温度控制在 0℃～2℃。外界最高气温低于 10℃时，可采用保温车运输。

（3）装卸时，应轻拿轻放，防止机械伤。

5. 预冷

（1）冷库预冷。预冷库温度为 0℃～2℃，相对湿度为 90% 以上。应将菜箱顺着冷风的流向堆码成排，箱与箱之间应留出 5 厘米宽的缝隙，每排间隔 20 厘米。菜箱与墙体之间应留出 30 厘米的风道。菜箱的堆码高度不得超过冷库吊顶风机底边的高度。预冷应使菜体达到 5℃左右。

（2）压差预冷。预冷库温度为 0℃～2℃，相对湿度为 90% 以上。每预冷批次应为同一种蔬菜。预冷前，应将菜箱整齐堆放在压差预冷设备通风道两侧，菜箱要对齐，风道两侧菜箱要码平。如预冷的菜量小，可于通风道两侧各码一排；如预冷的菜量大，可于通风道两侧各码两排。堆码高度以低于覆盖物高度为准。应根据不同压差预冷设备的大小，确定每次的预冷量。菜箱码好后，应将通风设备上的覆盖物打开，平铺盖在菜体上，侧面覆盖物要贴近菜箱垂直放下，防止覆盖物漏风。预冷时，打开压差预冷风机，菜体达到 5℃左右时，便可关闭预冷风机。

6. 配送包装方式

配送小包装可采用胶带捆扎、透明薄膜或塑料袋包装。每个包装应标注或者附加标识标明品名、产地、生产者或者销售者名称、生产日期。

7. 销售

常温销售时，柜台上应少摆放蔬菜，随时从冷库中取出补充。低温销售应控制温度在 5℃左右。不能及时出库的叶菜，应放置在温度 0℃～2℃，相对湿度 90% 以上的冷库中贮存。

附录7-8 不同种类根菜的等级规格
（资料性附录）

白萝卜等级规格

等级	一级	二级	三级
等级	①新鲜，洁净 ②形状整齐，弯曲程度小于2厘米，色泽正，表皮光滑 ③无糠心、无抽薹、无裂根和叉根。无机械伤 ④个体大小差异不超过均值的5%	①较新鲜，洁净 ②形状整齐，弯曲程度2～5厘米，色泽良好，表皮光滑 ③无糠心、无抽薹、无裂根和叉根。有轻微机械伤 ④个体大小差异不超过均值的10%	①尚新鲜，洁净 ②色泽尚好 ③无糠心、无抽薹、有少许裂根和叉根。无严重机械伤 ④个体大小差异不超过均值的20%
规格	同品种分大、中、小三个规格		

胡萝卜等级规格

等级	一级	二级	三级
等级	①新鲜，洁净 ②形状整齐，色泽良好，表皮光滑 ③无空心、无抽薹、无裂根和叉根。无机械伤 ④个体大小差异不超过均值的5%	①较新鲜，洁净 ②形状整齐，色泽较好，表皮光滑 ③无空心、无抽薹、无裂根和叉根。有轻微机械伤 ④个体大小差异不超过均值的10%	①尚新鲜，洁净 ②色泽尚好 ③无糠心、无抽薹、有少许裂根和叉根。有轻微机械伤 ④个体大小差异不超过均值的20%
规格	同品种分大、中、小三个规格		

第十七节　马铃薯的贮藏保鲜方法

一、马铃薯的采收与贮藏特性

马铃薯又称土豆、山药蛋、洋芋或地蛋，在我国南北各地均有分布，东北、西北和华北等寒冷地区，一年种植一季，7月至11月收获；长江流域的春马铃薯5月至6月收获、上市，秋马铃薯11月收获上市；华南地区2月至4月收获上市。用于贮藏的马铃薯，要求在植株枯黄时采收。此时马铃薯的地下块茎进入休眠期，是收获最佳时间。收获应选在霜冻到来以前，并要求在晴天和土壤干爽时进行。雨天和土壤不干爽时不能采收。雨天和土壤渍水时采收的马铃薯不耐贮藏，腐烂严重。收获时先将植株割掉，再将马铃薯深翻出土，并在田间稍行晾晒，但不要在烈日下曝晒。收获后，在田间将病虫伤害及机械伤害的块茎剔除，并进行分级。在贮藏前，先将块茎置于 10℃～20℃条件下经过 10～14 天（若温度低时间要长一些）的预贮，使伤口得以愈合。具体方法是把块茎堆在通风的室内，并在堆中插上秸秆把，或竹制通风管，以便通风降温。堆高不得高于 0.5 米，宽不超过 2 米。同时要注意防雨、防日晒，并有草席遮光。为达到通风目的，还可在薯块堆下面设通风沟。预贮期内，要定期检查、倒动，降低薯堆中的温、湿度，并检出腐烂的薯块。

　　马铃薯收获以后具有明显的生理休眠期。休眠期一般为 2～4 个月。处于休眠期的马铃薯，呼吸作用微弱，不会发芽，腐烂率低。因此马铃薯贮藏的首要任务在于尽可能地延长其休眠期。一般早熟品种休眠期长。薯块大小、成熟度不同，休眠期也有差异。如薯块大小相同，成熟度低的休眠期长。另外，栽培地区不同也影响休眠期的长短。贮藏过程中，温度也是影响休眠期的重要因素，特别是贮藏初期的低温对延长休眠期十分有利。烹食马铃薯的适宜贮藏温度为 3℃～5℃，长时间贮藏在 2℃以下会发生冷害。用于加工油炸薯片或油炸薯条的马铃薯，应贮藏于 10℃～13℃条件下，也可先贮藏在 3℃～5℃下，到加工之前再在 10℃～13℃条件下贮藏 1～2 周，以减少其还原糖含量，提高油炸薯片和薯条的品质。马铃薯贮藏适宜的相对湿度为 80%～85%，晚熟种应为 90%。湿度过高会缩短休眠期、增加腐烂；湿度过低会因失水而增加损耗。马铃薯贮藏时，应避免阳光照射。光能促使马铃薯表面变绿、发芽，同时还会使薯块内的茄碱苷含量增加。正常薯块茄碱苷含量不超过 0.02%，对人畜无害。若在阳光下变绿或萌芽时，茄碱苷含量会急剧增加，误食后对人畜均有毒害作用。因此，马铃薯应避光贮藏。

二、马铃薯的沟藏保鲜

　　沟藏法适于在我国北方采用。如我国东北地区，可将收获的马铃薯预贮在通风的空房内或荫棚下，直至 10 月下旬，使其基本度过休眠期，同时愈合伤口，直至休眠期快结束时进行沟藏。不同品种马铃薯的休眠期长短不同，一般为 2～4 个月。处于休眠期内的马铃薯，代谢较弱，腐烂少，不发芽。一旦结束休眠期，就开始发芽。可选择坐北朝南的方位，开挖东西向长的贮藏沟。沟深一般为 1～1.2 米、宽 1～1.5 米，长度不限。将薯块堆至距地面 0.2 米左右，在薯块上面覆土保温，以后随气温下降，逐步增加覆土厚度，以防止冻伤。覆土总厚度为 0.8 米左右。薯块不可堆得太厚，否则沟内温度偏高，容易引起腐烂。

三、马铃薯的井窖和窑窖贮藏

西北地区土质较黏重，多采用井窖和窑窖贮藏法。每窖可贮藏 3000～5000 千克。井窖贮藏时，可选择地下水位低、排水良好的地方，向下挖一直筒式井，井口为 70～80 厘米，下部略大于上口，深 3～4 米，然后横向挖成窖洞，高为 1.5～1.8 米，宽为 1～1.2 米，长度根据贮藏量而定，1 个井内一般设窖洞 2 个，洞顶为拱形。

在有山坡地的地方，可采用窑窖贮藏。以水平方向向土崖挖成窑洞，洞高 1.5～2.5 米、宽 1～1.5 米、长 6 米左右，窑洞顶部呈拱圆形。还可在窑洞的两侧横向挖洞，高度与窑洞相同，宽度 1～1.2 米。井窖和窑窖都是利用窖口通风来调节温度和湿度。可在窖的底部铺上塑料，以防止窖内温度和湿度的急剧变化。窖内贮藏不宜过满，以确保顺利散热，每窖以 3000～5000 千克为宜。气温低时，在窖口覆盖秸秆以防寒。气温高时，可选择晴天的晚上开启窖口，以通风降温。

四、马铃薯的棚窖贮藏

东北地区多采用棚窖贮藏。每年秋季贮藏前建窖，贮藏结束后用土填平，可以用来贮藏多种水果和马铃薯、胡萝卜等蔬菜。棚窖一般深 2 米、宽 2～2.5 米、长 8 米，窖顶用秸秆和泥土覆盖，第一次覆盖厚 0.3 米左右，以后根据气温变化情况调节覆盖厚度。一般在窖顶一角开设一个 0.5 米×0.6 米的窖门，也可用于通风，有的还在窖顶开设天窗用于换气调温。窖内温度是根据所贮产品的要求以及气温的变化，利用天窗及窖门进行通风换气来调节和控制的。窖内湿度过低时，可在地面上喷水或挂湿麻袋来进行调节。黑龙江地区马铃薯 10 月份收获，收后随即入窖，薯堆 1.5～2 米高。吉林马铃薯 9 月中下旬收获后经短期预贮，10 月下旬再移入棚窖贮藏。在冬季，根据气温高低情况，调节薯堆表面秸秆厚度，以调节窖内温度。

五、马铃薯的通风库贮藏

一般将马铃薯散堆在库内，堆高 1.5～2 米，每距 2～3 米垂直放一个竹制的通风筒。通风筒用木片或竹片制成栅栏状，横断面积 0.3 米×0.3 米。通风筒下端要接触地面，上端伸出薯堆，以便于通风。也可装筐贮藏，以方便马铃薯的进出库管理。贮藏期间要检查 1~2 次。薯堆周围要留有一定的空隙，以利通风散热。贮藏期间，还要注意防止鼠害。

六、马铃薯冷藏保鲜

冷藏是发达国家贮藏马铃薯的主要方式。要点如下：选择表面干燥、无损伤、无腐烂、未变绿、处于休眠期（未萌芽）内的马铃薯用于贮藏。贮藏前避免阳光直晒。入库初期，库温应控制在 12℃~15℃，相对湿度 95% 以上，使其进行 10~15 天的预贮，促使其伤口愈合，从而增强对细菌及真菌侵染的抵抗力。在此期间，应注意通风换气，避免二氧化碳的积累。马铃薯在库内完成了伤口愈合后，再用 14 天左右的时间将库温缓慢降至 4℃~5℃ 的贮藏适宜温度；若有马铃薯腐烂的，应在几天内尽快将温度降至 4℃~5℃，相对湿度 90%~95%，否则会有进一步腐烂，并侵染其周围的马铃薯。对加工用马铃薯而言，降至贮藏适宜温度 8℃~10℃，相对湿度 90%~95%，这样会减少马铃薯块茎内还原糖的积累，避免加工时出现褐变。也可将加工用马铃薯先贮藏于 3℃~5℃ 的温度下，加工前再将马铃薯贮藏在 10℃~13℃ 下半个月，以降低其还原糖的含量。马铃薯还必须避光贮藏，光照会引起块茎表皮变绿。表皮的变绿是因为有叶绿素生成，虽然它本身是无害的，但是在生成叶绿素的同时所产生的茄碱苷会使马铃薯产生苦味，并且有毒。贮藏期间，注意适当的通风换气。

七、马铃薯通风库贮藏指南

为了指导生产者和经营者做好马铃薯的贮藏，国家质检总局和国家标准委联合发布了《马铃薯通风库贮藏指南》（GB/T 25872）。该标准给出了种用、食用和加工用马铃薯在通风贮藏库中的贮藏指南。给出的贮藏方法有利于种用马铃薯的生长潜力和发芽率，以及食用马铃薯的良好烹饪品质（如特有的香味、油炸不变色），贮藏方法适用于温带地区。现将该指南的有关内容摘录如下：

1. 预处理

（1）收获。用于贮藏的马铃薯应在完全成熟时收获。用手搓外皮，视其脱离的难易程度来决定成熟度。在收获期间，应特别注意马铃薯的机械损伤，对于马铃薯在贮藏期间维持低的呼吸作用非常重要。不宜将已收获的马铃薯堆放在露天条件下，应防止日晒、雨淋。

（2）质量要求。用于贮藏的马铃薯不能有以下缺陷：感染枯萎病或软腐病；受冻害；每堆马铃薯中受损害的比例超过 10%；每堆马铃薯中含杂物（如附着或脱落的泥土、已分离的发育嫩芽和其他杂质）超过 5%。

（3）贮藏前的准备。马铃薯入库前，应对贮藏库进行清扫，并用国家标准规定的化学药物进行消毒。贮藏库外壁和库顶应是隔热和密封的，以消除外界空气的影响。防潮层应放在贮藏库温度较高的一侧（外壁），以减少水蒸气的渗透。库房应备有以下设施：装载、卸载和运输装置；通风、温度和湿度控制装置和通风控制系统；电力设施（照明和电力）；分级设备。

（4）注意事项。直接食用的马铃薯应避免光照，应使用低度的电灯照明。种用马铃薯可贮藏在光照条件下。为抑制发芽和防止腐烂而采用的化学药剂，要符合国家标准规定。

2. 贮藏

（1）贮藏方法。马铃薯可直接堆放贮藏，高度为 3～5 米。也可装框堆码贮藏，高度不超过 6 米。堆垛与库顶间的距离不应低于 1 米。马铃薯的装载、卸载和分级操作过程中应注意避免机械伤。应注意不要将不同种类的马铃薯混在一起。

（2）贮藏条件。①贮藏的五个阶段如下：a. 干燥：马铃薯需要干燥，应在外界空气温度不低于 0℃ 的条件下，利用外界空气的流通使马铃薯干燥。b. 成熟和愈伤：马铃薯入库后，要进行大约 2 周的成熟和愈伤，温度应控制在 12℃～18℃，相对湿度 90%～95%。c. 降温：在成熟和愈伤结束 2～3 周内，应尽快使贮藏库降到适宜的贮藏温度，相对湿度应控制在 90%～95%。d. 长期贮藏：根据马铃薯最终的用途不同，贮藏条件如下：种用马铃薯的贮藏温度应控制在 2℃～4℃；菜用马铃薯的贮藏温度应控制在 4℃～6℃；加工用马铃薯的贮藏温度应控制在 6℃～10℃。相对湿度控制在 85%～95%。e. 出库前的准备：根据马铃薯最终的用途不同，使用前应保持如下条件：种用马铃薯，升温到 10℃～15℃，维持 3～5 周以上，以刺激发芽，相对湿度应控制在 75%～80%，最小照明 75 勒克斯；菜用马铃薯，升温到 12℃，维持 2 周以上；加工用马铃薯，如果糖分太高或颜色太暗淡，升温到 15℃～18℃，维持 2～4 周以上。②温度和相对湿度的控制，可通过内部和外界空气的流动或混合空气的流通来达到。只有当外界温度比贮藏库温度低至少 2℃ 时，才利用外界空气的流动来调节温度和湿度。内部空气的流通是为了减小堆垛顶部和底部的差异，温度差不宜超过 1℃。外界引入空气的变化速度或循环空气的循环率应根据当地的气候条件而定。

3. 检验

（1）一般检验。包括检查设备和测量工具，以及检查马铃薯的外观。

（2）详细检验和通风检验。如使用机械通风，应遵守以下规则：在每次通风操作前，应测定贮藏库内的温度，至少要测量堆垛的上层和下层两个点，根据测量结果决定是否要通风和采用的空气来源；在利用外界空气或混合空气通风时，应对温度进行监控，并应适当控制外部空气的引入量；当达到要求的温度时，应停止通风，所有的通风口应全部封闭；在利用外部或混合空气通风时，直接吹到堆垛前的空气温度不应低于0℃。

（3）检验后的操作。检验后应进行的三种操作：如顶层的马铃薯是潮湿的，应采用内部空气通风；如顶层的马铃薯出现腐烂，应立即清除腐烂的马铃薯；如腐烂发生在堆垛或框内，应立即处理。

4. 标志

贮藏的每个堆垛都应单独建立贮藏标志，包括以下信息：堆垛号、马铃薯的品质、种类和用途、生产者的姓名、马铃薯的入库日期，检验日期、温度和相对湿度的检验结果，品质注释，移动马铃薯的日期和数量等。

八、早熟马铃薯预冷和冷藏、冷运指南

为了指导生产者和经营者做好早熟马铃薯的预冷和冷藏、冷运，国家质检总局和国家标准委联合发布了《早熟马铃薯　预冷和冷藏、冷运指南》（GB/T 25868）。该标准给出了用于直接食用或用于加工的早熟马铃薯的预冷和冷藏运输的指南，适用于采后直接销售的早熟马铃薯（一般是在完全成熟前采收，且外皮易除去）。现将该指南的有关内容摘录如下：

1. 预冷

（1）为了保证早熟马铃薯的质量和外观，应对收获后远距离运输或销售前需要存放2～3天以上的早熟马铃薯进行预冷处理。

（2）预冷或冷藏运输的早熟马铃薯应在收获期间就予以保护，避免在户外的日晒、风吹和雨淋的损害。

（3）早熟马铃薯收获后，应使用有帆布遮盖的运输车辆直接运送到分级、包装、预冷和配送的站点。分级和包装后的早熟马铃薯应立即用冷藏车送往冷藏和配送站点。为了使早熟马铃薯块茎的外皮能抵抗机械伤害，在热带（或亚热带）气候之下新收获的早熟马铃薯应在20℃和70％的相对湿度条件下，在田间阴凉处堆放3～5天。

（4）预冷适用于具有商业标准规定的最低质量和规格大小并适当包装的早熟马铃薯。

（5）进行预冷和冷藏运输的早熟马铃薯应使用网兜、麻袋或纸箱包装，单体包装应达到 50 千克，或使用 2 千克装的打孔塑料袋包装，以便于短期贮藏期间的通风。

（6）预冷的温度为 10℃～14℃。此温度有利于使清洗、挑选、分级和包装操作期间受损害的马铃薯外皮愈伤，同时可抑制褐变和生理病害的发生。热带地区的早熟马铃薯宜按（3）执行。

2. 冷藏运输

（1）运输的适宜温度为 10℃～12℃，相对湿度为 85%～95%。不应将温度降低到 10℃以下或将相对湿度提高到 95%以上。

（2）麻袋、纸箱或其他包装在运输车辆中的排列应达到满载时能够通风，并在运输期间维持适宜的温度和相对湿度。

（3）在运输期间，为防止温度和相对湿度波动，应进行连续监控。

九、马铃薯种薯贮藏技术规程（四川）

为了指导生产者搞好种用马铃薯的贮藏，四川省质量技术监督局发布了《马铃薯种薯贮藏技术规程》（DB51/T 809）。该标准规定了马铃薯种薯贮藏前的收获、选择、处理，种薯的贮藏方式以及贮藏过程中的管理等技术操作规程，适应于四川省的马铃薯种薯贮藏。现将该标准的主要内容摘录如下：

1. 种薯的收获、预处理和选择

（1）适时收获。当田间大部分茎、叶由绿转黄，达到枯萎，块茎易与植株脱离而停止膨大时开始采收。

（2）田间晾晒。种薯收获后，在田间以小堆堆放，稍加晾晒至表皮干燥，泥土能自然脱落。切忌暴晒、冷冻。

（3）愈伤处理或创伤愈合。在通风良好的室内、荫棚下或库房中，将种薯放至薯皮干爽，表皮木栓化。在不同温度下愈伤处理需要的时间如下：18℃左右约 14 天，15℃左右约 20 天，12℃左右约 30 天。

（4）选薯。选择"一干六无"的种薯入库（房、窖）贮藏，即薯皮干燥、无病块、无烂薯、无伤口、无破皮、无冻伤、无泥土及其他杂质。按照分品种、分级别的要求，选择品种纯度一致的种薯入库（房、窖）贮藏。

2. 种薯贮藏方式

（1）薄摊散光贮藏。选择通风、透光、干燥的库（房），放置木制或竹制多层架床，架高不超过库（房）高度的 2/3。将种薯摊放于架层上，每层厚度不超过 30 厘米，架层间及架四周留一定空隙，便于通风、透光和散热。充分利用库（房）内的散射光抑制种薯的发芽。避免直射光照射种薯。

（2）筐（袋）堆藏。将种薯装入竹筐或木筐中，堆码于库（房、窖）内，每筐约 25 千克，垛高以 5～6 筐为宜。也可将种薯装入尼龙丝网袋中，根据库（房、窖）的实际大小，参照每袋 50 千克，每垛 6 袋，每排 3 垛，每 10 排空 1 排的标准堆放，并在库（房、窖）中间及四周设通风道。

（3）冷藏。有条件的最好采用冷藏。种薯进入冷藏库后，用 14 天左右的时间将库温缓慢降低至贮藏适宜温度 2℃～5℃。库内采用筐（袋）堆藏的，贮藏期间翻筐（袋）一次，以提供适当的氧气。冷库中物理条件的测量参照 GB 9828《水果和蔬菜　冷库中物理条件　定义和测量》的规定执行。

（4）窖藏。选择地势高、地下水位低、排水良好、土质坚实的地方做窖。种薯入窖前，需打开窖口，对贮藏窖进行通风。

3. 种薯贮藏要求

（1）种薯贮藏量。种薯的堆放高度不超过贮藏库（房、窖）高度的 2/3。种薯容积约占贮藏窖容积的 60%～65%。按照种薯的重量为 650～750 千克/米^3，根据贮藏窖的总容积，由以下公式计算出种薯贮藏的适宜数量。

W（种薯的适宜贮藏量，千克）＝V（贮藏库总容积，立方米）×（650×0.65）或者 W（种薯的适宜贮藏量，千克）＝V（贮藏库总容积，立方米）×（750×0.65）。

（2）贮藏库（房、窖）的消毒。种薯在入窖（库、房）前，要清理干净，并用石灰水消毒地面和墙壁。按每平方米 4.2 克高锰酸钾和 5.8 克甲醛的用量，将高锰酸钾和甲醛溶液混合，对库房进行熏蒸消毒。贮藏期间，每周用 2%～5% 的甲酚皂溶液对贮藏库内的过道进行一次喷洒消毒。

（3）温湿度。冷藏的温度应保持在 2℃～5℃，其余各贮藏方式的贮藏温度保持在 5℃～8℃。各贮藏方式的相对湿度均保持在 80%～90%。贮藏期间，尽量利用室外空气进行通风。夏季应阻止热空气进入库房，冬季在种薯表面加覆盖物，如稻草、麦秆、旧麻袋片等，以保温散湿。

（4）防鼠、灭鼠。应经常检查贮藏库，及时堵塞鼠洞。用 2%～5% 的磷化锌拌成新鲜食饵灭鼠。

（5）适时翻袋（筐），及时去除烂、病薯。

（6）适时出库（房、窖），出库时，种薯质量应符合 GB 4406《种薯》的规定。

4. 抑制发芽处理

根据实际需要决定是否需要抑制发芽处理。建议对休眠期较短的品种、收获期离播种期时间较长的种薯进行抑制发芽处理。

（1）贮藏前抑制发芽。在种薯收获前 14～18 天，用 0.25％的马来酰肼水溶液叶面喷洒一次。

（2）贮藏中抑制发芽。收获后，种薯从伤口愈合完成到休眠期结束前，用 0.5％～1％的氯苯胺灵熏蒸，每次熏蒸时间在 48 小时左右。或用萘乙酸甲酯处理，方法是：每 10 吨种薯用药 0.4～0.5 千克，加 15～20 千克细土，快速拌匀后，装入纱布或细麻布袋中，均匀地抖撒在种薯上。药物要现用现配。

第十八节　莲藕的贮藏保鲜方法

一、莲藕的采收方法与贮藏特性

长江流域田藕早熟种在大暑到立秋间、晚熟种在白露至霜降间采收，塘藕相应推迟 10～15 天采收。为了延长供应期，亦可留在田中过冬，至翌年春发芽前采收。藕分嫩藕及老熟藕两种。在多数叶片嫩绿时挖取为嫩藕，此时挖藕不必放干田水。当终止叶出现后，其叶背呈微红色，基部叶开始枯黄时，表示藕已成熟，可挖老熟藕，此时可先放干田水，先摘除荷叶。选大而鲜的叶片，在离叶蒂 2～3 厘米的叶柄处折断，晒干，作为中药或包装材料，然后挖藕。塘藕多直接下水采收，采收时先用脚在终止叶叶柄前方（结藕位置）将藕身一旁的泥踢去，然后在藕身后方踏断藕鞭，用手提取。如水位较深，用长柄藕钩钩住藕节，用脚和手一起将藕托出水面。用于种用的莲藕，当留种田确定后，要保持土壤湿润，在严冬期用柴草覆盖，以免土壤受冻开裂致种藕腐烂，翌年春季种植前将藕挖出做种。塘藕一次种植可连续收 7～8 年，第 1～第 2 年产量较低，亩（1 亩≈667 米²，下同）产 300～500 千克，第 3～第 5 年 750～1000 千克，以后又逐年降低。每年只收 7～8 成，即每隔 2.5～4 米留一株藕不挖（点株苗）作为第二年种藕。种藕一般在留种田中越冬。

莲藕可分为两类。一类是白花藕，其外皮呈白色，根茎肥大，入土较浅，肉质脆嫩而味甜，主要作为蔬菜食用；另一类是红花藕，藕较小，肉质稍带灰色，入土深，品质差，主要作为产籽莲。莲藕喜阴晾，适宜贮藏温度一般为 5℃～8℃，莲藕对湿度适应范围较广，加之采后具有较长时间的休眠期，因此，适用于泥土埋藏。泥土湿度不同，效果也不一样。泥土较干，莲藕易失水，但腐败发病较慢；泥土较湿，莲藕不易失水，质地鲜嫩，但稍有创伤、病害或折断漏气，易腐烂霉变。因此，应选择藕体健壮、根茎完整、品质好的莲藕用于贮藏。入贮前需经过严格挑选，剔除有机械伤、病害、漏气和细瘦藕。同时，由于藕外包有一层烂泥，在挑选时，可能会有部分带病、带伤的藕未被发现而贮藏起来。因此，在贮藏后定期检查时，一定要认真细致，质量差的藕要及时剔除。莲藕皮较薄，保护层较差，果胶物质分解快，在空气中暴露时间过长，表皮容易变为淡紫色，进而转化成褐色，品质显著下降。所以用于贮藏的莲藕，必须稍带泥土，以减少藕体与外界空气的接触。

二、莲藕土坑贮藏法

莲藕较多时，先挖一个 1 米深左右的土坑，在坑底先铺一层细湿土，选择品质好、粗壮、完整的莲藕平整地铺放一层，然后在藕层上面撒一层 2 厘米左右厚的细土，再铺一层莲藕，如此反复，最上层为细土层，细土层高于地面，以利于排除雨水。操作时，注意轻拿轻放，防止产生机械伤。贮藏期间，一般每隔 20 天左右翻堆检查一次；检查时要小心谨慎，不要折断莲藕。

三、莲藕水缸贮藏法

将莲藕洗净，放入盛满清水的缸里，每星期换水一次。最好能将水温调节到 2℃～10℃。此法可将莲藕存放 2 个月左右，并且能保持藕茎白嫩鲜脆。

四、莲藕涂泥贮藏法

将干净的黄土打碎，去除杂物，加清水调成糊状，然后将整支藕放入泥浆中浸蘸，待藕身均匀裹上泥浆后取出，装入箱内或草包内捆好。这种贮藏方式适于短期贮藏和运输，销售前将泥浆洗净。

五、莲藕恒温水贮法

将藕带泥放入水温为 5℃～8℃的恒温水池内。或者将藕稍清洗，装入蒲包或编织袋内，每包 50～70 千克，放入深 1 米、温度 5℃～8℃的水中，使包装袋下部不贴地、上部不露出水面，上面盖一层厚 6～10 厘米的草，可随时取出、销售。此法可贮藏 1 个月左右。

六、莲藕塑料帐贮藏法

莲藕采收后，连泥装入塑料箱中，码垛后用塑料帐密封。贮藏期间，一般每隔一天揭帐一次，以通风换气。采用此法贮藏 50 天后，莲藕完好，自然损耗率低。该法适用于莲藕大量上市前的短期贮藏。

第十九节　百合的贮藏保鲜方法

一、百合的贮藏特性

百合是百合科百合属多年生草本球根植物，少数品种可作为蔬菜食用和药用，又因其形似蒜，其味似薯而又名蒜脑薯等。顶端尖，基部较宽，边缘薄，略向内弯曲。质硬脆，易折断，断面平坦、角质样。无臭、味微苦。百合球茎含丰富淀粉质，有 3 个月左右的休眠期，较耐贮藏。百合喜阴凉干燥，每瓣鳞片上都有内外衣包裹，因此水分蒸发较慢，贮藏时要求较低的相对湿度。但是百合贮藏期间容易出现鳞片褐变、腐烂，鳞茎散瓣和鳞茎焦瓣，贮藏过程中要尽量避免机械损伤并采取适当的包裹措施。在低温低湿条件下贮藏即可有效避免以上问题的发生。百合贮藏的最佳温度为 0℃，相对湿度为 65%～75%，选择色泽白、个头大、抱团紧密、无散瓣、焦瓣等缺陷的百合进行贮藏。百合一般在 11 月初采收，挖掘时要避免造成机械伤害，挖出后及时除去茎秆和泥土，去掉须根，及时转运至阴凉干燥处摊平预冷，避免阳光暴晒导致变色。

二、百合的层积贮藏

选择一处阴凉干燥房间用于百合的贮藏，预先清除屋内杂物，通风散热，并进行空气消毒后再用于贮藏。首先在地面铺上一层干燥清洁的沙子，厚度为 2～3 厘米，再将挑选好的百合轻轻摆放在沙土上，摆完一层再摊一层沙子，如此反复，层层堆积至 1 米左右，最上层沙子需要加厚至 20～30 厘米。贮藏期间注意观察，堆积温度过高，应在夜间适当开窗通风散热。采用此法可将百合贮藏至翌年春天。

三、百合的冷库贮藏

由于百合在较低温度下呼吸强度较低，有利于保持良好的外观，故百合适宜于用冷库贮藏。贮藏百合的最佳温度为0℃，相对湿度为65%～75%，选择色泽白、个头大、抱团紧密、无散瓣、焦瓣等缺陷的百合进行贮藏。预先将冷库温、湿度设置好，再将干燥、清洁的百合用透明调气透湿袋包装好，10～15个一包，然后依次放入冷库货架上整齐堆码贮藏。此外也可以采用装有干炭泥的聚乙烯薄膜袋包装。贮藏期间要适时抽取包装进行检查，如发现冷库控温不准而导致百合出现褐变、腐烂等病变应及时结束贮藏。采用此法贮藏一般可以保鲜3～4个月。

第二十节　芋头的贮藏保鲜方法

一、芋头贮藏特性

芋头属于天南星科芋属，为多年生块茎植物，常作一年生作物栽培，又称芋艿、芋奶、芋根、芋魁、芋子等，其叶柄和球茎可供食用。芋头依据其外观可分为红芋（又称红芽芋）、白芋（又称白芽芋）、九头芋（狗爪芋）、槟榔芋（广西称之为荔浦芋）等，按成熟期的早晚又可分为早熟种和中晚熟种，还可依据其可食部分分为叶用芋和茎用芋。在茎用芋中依据母芋和子芋的发达程度及子芋的着生习性分为魁芋、多子芋、多头芋3种。魁芋喜温，而多头芋和多子芋对温度要求不高，能适应较低温度。芋头由于淀粉含量高能保持休眠状态而较耐贮藏。芋头在贮藏过程中如果温度低于8℃，即会出现冷害，表现为内部组织褐变，表皮被微生物侵染而导致腐烂；如果温度低于0℃，会产生冻害；如果温度高于25℃也会出现腐烂、脱水现象。芋头喜干不喜湿，贮藏适宜的环境条件是：温度10℃～15℃，相对湿度80%～85%。用于贮藏的芋头，应在晴天采收，采收前要保持土壤干松，并在采前几天先割去地上部分的叶柄，待伤口愈合后方可采收。采收时要先挖去一侧的泥土再抓紧茎叶将芋头拉出，避免产生机械伤。采收后要除去病、烂个体，去除茎叶，转移至阴凉干燥处预冷。

二、芋头泥麦堆贮藏法

在背风、向阳、地势高处选址，先在堆基上铺一层沙，再铺一层干麦秸，于其堆中心处插一束秸秆用作通风道，然后围绕秸秆四周摆放芋头，一层层往上垒，摆成馒头状。摆好后往其表面撒一层泥土，再铺一层麦秸，然后铺一层稻草，最后用掺有碎麦秸的泥土由下向上均匀抹平，待泥土干后再抹第二层，仔细涂抹确保无裂缝。入贮初期注意观察堆内温度，不应超过15℃，随着外界温度的降低，要用秸秆堵上通风道结合增加覆土的厚度进行保暖，待来年气温回升后再减少覆盖物。

三、芋头的窖藏

在背阴、地势高、排水良好的地方选址挖地窖用来贮藏芋头。地窖1～1.5米宽、1米深、长2～3米，在入窖前可将稻草或茅草焚烧1次起到杀菌作用，然后先在窖底垫一层干稻草或者麦秸，再将预冷好的芋头放入窖内，堆高不超过30厘米，摆成馒头状，顶上盖10厘米左右厚的麦秸或稻草，再盖约50厘米厚的泥土，拍打紧实。贮藏期间随着外界温度的降低要适当增加覆盖物的厚度。

四、芋头的沟藏

一般在地势较高、地下水位低处选址，挖一条深1米、宽1米的沟，长度视贮藏数量而定。先在沟底铺一层湿润、干净的细沙，厚约3厘米，挑选干净、表面干燥无腐烂的芋头预冷后轻轻放入沟中，然后在沟内按一层芋头一层细沙依次堆放，最上层再盖一层厚度约10厘米的沙子，芋头与沙子的总厚度约为0.5米。另外为了保温，还要在沟顶横放秸秆或竹竿，再盖上草毡。在沟的上方还要设置防雨设施，以防雨水漏入沟内引起芋头的腐烂。贮藏后期应注意增加草毡厚度，以防止温度过低。贮藏期间，还应每隔15天检查、翻动一次，及时清除腐烂个体。为了便于通风，可以在菜体中间插入一根竹筒，作为通风装置。

第二十一节　魔芋的贮藏保鲜方法

一、魔芋的贮藏特性

魔芋，又称妖芋，亦称蒟蒻、蒻头、蛇头草、麻芋等。魔芋是一种多年生草本植物，属天南星科魔芋属。地下块茎为扁球形，可供食用。魔芋一般在秋季收获，9月底以后，球茎逐渐成熟并开始进入休眠期，地上叶片也停止生长。当叶片枯黄至完全倒伏时，就是魔芋采收的最佳时机。此时选择一个晴天，用铲子先将魔芋一侧的泥土挖出，再小心翼翼地将球茎周围的泥土挖松，逐步向球茎靠拢挖掘，这样能确保不会造成球茎的机械损伤，利于贮藏。采收后需将魔芋置于常温下阴凉处预贮3～4天，待表皮干燥后再贮藏。魔芋的最佳贮藏条件为：温度8℃～10℃，相对湿度70%～80%。温度过高或过低都会加速魔芋的呼吸作用和水分蒸发，导致球茎失水干瘪。贮藏期间还要避免沾水，以免造成组织软化腐烂。

二、魔芋的简易贮藏

魔芋的贮藏，在气温较低时主要是做好保温措施，并保持干燥环境。最简单的方法，可以在室内干燥处现铺一层干燥的沙土，或者谷壳，然后摆放一层魔芋，再撒一层干燥沙土再摆放一层魔芋，如此摆放3～4层，堆成馒头状，最上面用干燥秸秆或稻草进行覆盖保温。另外也可以用箩筐盛装魔芋，预先在最下面垫一层干谷壳，再按照一层魔芋一层谷壳的摆放方法，摆放3～4层魔芋，最上边撒一层谷壳，最后将箩筐悬挂于烟囱附近保温。注意要留一定距离，以免魔芋被灼伤或造成魔芋大量失水。如果在室外贮藏，要选择地势高、干燥、土壤疏松、排水良好、背风向阳的地方，先在地面垫一层干燥玉米秆或高粱秆，再摆一层魔芋撒一层干燥疏松泥土，如此堆放几层后用薄膜封严保温，堆成馒头状，并于堆周挖一条排水沟，便于降水顺利排放。贮藏期间要适时增减覆盖物，而且晴天时要适当敞开薄膜通气，雨天要仔细检查确保无裂缝。

三、魔芋地窖贮藏

在地表坚硬、干燥的山坡挖建一个地窖用于贮藏魔芋，地窖的容积大小依贮存量而定，一般为贮存量的2倍。在魔芋入贮前，用甲醛和高锰酸钾混合熏蒸或者焚烧稻草加硫黄并闭窖门对地窖进行消毒。熏蒸1天后，打开门窗通风换气3天，人才可进入地窖操作。预先在窖底铺一层6厘米厚的干净河沙或净土，再铺上一层稻草或麦秆，将魔芋轻轻转移放入地窖中进行贮藏，贮藏前要剔除有机械伤和出现病害的个体，以免在贮藏期间污染其他个体而造成大面积腐烂。窖温控制在0℃～2℃为宜。贮藏初期，应加强夜间通风，天气转冷时要注意防冻，密闭通风口，窖门口要挂上草毡草，防止冷空气进入。确实需要通风时，要选择晴天的中午短时通风，并及时关上风口。立春以后，窖外温度升高，窖温也上升，通风时间应选在凌晨或傍晚。白天要关上通风口，防止外界热气进入窖内。此法贮存时间可达到 3 个月以上。

第二十二节　黄瓜的贮藏保鲜方法

一、黄瓜的贮藏特性与采收

　　黄瓜食用部分是脆嫩果实，含水量很高，采收后在常温下存放几天就开始衰老，表皮由绿色逐渐变成黄色，瓜的头部因种子继续发育而逐渐膨大，尾部组织萎缩变糠，瓜形变成下大上小的棒槌状，果肉质地绵软，酸度增高，食用品质显著下降。新鲜黄瓜质地脆嫩，易受机械损伤，刺瓜类型果实的瓜刺易碰落，形成伤口流出汁液，从而感染病菌，引起腐烂。贮藏时要做好以下几方面工作：

　　一是合理选择耐贮藏的瓜用于贮藏。贮藏用的黄瓜最好是采收植株中部生长的瓜。不要采收靠近地面的瓜来贮藏，因为连地瓜与泥土接触，带有许多病菌，容易腐烂；也不要采收植株顶部的瓜来贮藏，因为这种瓜是植株衰老枯竭时的后期瓜，瓜的内含物不足，在外形上也表现不规则，外观质量差，贮藏寿命短。二要合理采收。用于贮藏的黄瓜应做到适时早收，要求在瓜身鲜绿、种子尚未膨大时进行，并选择直条、充实、七成熟的绿色瓜条供贮藏用。过嫩的瓜含水多，固形物少，不耐贮藏；黄色衰老的瓜商品价值差，也不宜贮藏。需要贮运时间长的商品瓜应在清晨采收，以确保瓜的质量。三要做好采后处理与包装。黄瓜采后要对果实进行严格挑选，去除有机械伤痕、有病斑和老化的瓜，将合格的瓜整齐地放在消毒过的干燥筐中，装筐不要太满，以免压伤果实。如果贮藏带刺多的瓜，要用软纸包好放在筐中，以免瓜刺相互扎伤，感病腐烂。为了防止黄瓜脱水，贮藏时可采用聚乙烯薄膜袋折口作为内包装，袋内放入占瓜重约1/30的乙烯吸收剂，或在堆码好的包装箱底与四壁用塑料薄膜铺盖。四要做好防病工作。黄瓜贮藏中的病害主要有炭疽病、细菌性软腐病、腐霉病和根霉病等。贮存期在 1 个月以上的，可在入贮前用防腐剂（如浓度在 0.012 克/千克以下的羟基苯甲酸酯及其钠盐）浸果处理 1 分钟（处理后沥干水分）以延长保鲜期。使用防腐剂的种类及浓度，必须符合 GB 2760《食品安全国家标准　食品添加剂使用标准》的规定，绝不能随意滥用。五要控制贮藏、运输条件。①温度：黄瓜的适宜贮藏温度范围很窄，最适温度为 10℃～13℃，10℃下会受冷害，15℃以上种子长大、瓜色变黄，腐烂加快。因此，冷库贮藏是较理想的贮藏方式。②湿度：黄瓜很易失水变软萎蔫，要求相对湿度保持在95%左右，可采用塑料薄膜包装，防止失水。③气体：黄瓜对乙烯极为敏感，贮藏和运输时须注意避免与容易产生乙烯的蔬菜（如番茄、香蕉等）混放，贮藏中用乙烯吸收剂脱除乙烯对延缓黄瓜衰老有明显效果。黄瓜可用气调贮藏，适宜的气体组成是氧气和二氧化碳均为2%～5%。

二、黄瓜冷藏保鲜法

用于贮藏的黄瓜一般在果实七成熟时采收。此时果实两端大小基本均匀。随着黄瓜的成熟度增加，果实两端逐渐变得大小不一，花端膨大明显，果柄端明显缩小，果实颜色逐渐变黄。成熟度过高的黄瓜不耐贮运。采收宜选择晴天傍晚气温较低之时进行，不宜在有雨水和露水时采收。有雨水和露水时采收的果实不耐贮藏。黄瓜须带把采收，采收时，要做到轻拿轻放，以防止产生机械伤害而染病腐烂。采后要立即清洗干净，并沥干表面水分，再用食品包装用保鲜袋按重量要求分装。然后置于10℃～12℃条件下贮藏、运输、销售。冷藏的保藏期为30天左右。贮藏过久的黄瓜底部膨大明显，顶部缩小，水分减少，酸度增加，果肉软绵化，脆度变小，颜色加深，营养价值降低。

三、黄瓜硅窗塑料帐气调贮藏

选择瓜条匀直、七成成熟、皮色深绿的黄瓜，逐条装入经过洗净、沥干的塑料筐中，送入通风库或冷藏库中码垛。码垛前，先在地上铺一块稍大于垛底的塑料薄膜作帐底，以砖块或木板为垫，垫起50厘米左右高，垫板间隙中放入少量吸收了高锰酸钾溶液的砖块，以吸收黄瓜释放出的乙烯，从而降低乙烯气体浓度，达到延长贮藏期的目的。将装有黄瓜的塑料筐堆码成垛。筐间留有适当间隙以便通风散热。垛码好后，在筐的上面覆盖塑料薄膜，以防帐顶结露滴入筐中。同时要用柔软的塑料膜包裹垛的四角，以减少硅窗气调帐的磨损，延长使用寿命，降低贮藏成本。然后，罩上事先按堆码规格制作的硅窗气调帐，并将气调帐四壁下沿边缘与事先铺上的底帐薄膜卷在一起，用土埋好，使其成为一个密封的贮藏系统。要注意的是，必须选择适宜的硅橡胶种类，并确定适合的硅窗面积大小。硅橡胶可选择 SC-4 硅橡胶织物膜，在常温下每贮 50 千克黄瓜，需硅窗面积 0.045～0.05 平方米。常温下的贮藏期短，为延长贮藏期，可在冷藏库中进行硅窗塑料帐气调贮藏，温度调节在

10℃～13℃为宜。

四、黄瓜硅窗袋气调贮藏

选择瓜条匀直、七成成熟、皮色深绿的黄瓜，轻轻装入硅窗塑料袋内，每袋装 10～15 千克，扎封袋口，放在通风库里或土菜窖中。贮藏时，可逐袋单层摆在贮藏架上，也可放在筐里码垛贮藏。贮藏时，不要遮盖硅窗，以发挥硅窗的透气作用。常温下，每袋可装 10～15 千克，硅窗面积为 0.01～0.05 平方米。如发现氧气浓度不足 2%，或二氧化碳浓度高于 5%～6%，以及结露过多，湿度过大时，还要通过松袋的办法调节气体成分，并擦干袋内的水珠。但松袋动作要快，避免黄瓜在空气中暴露时间过长而影响贮藏效果。贮藏时，要尽可能将温度调节到贮藏适温 10℃～13℃。硅窗袋结合冷藏的效果更好，但冷藏时要注意黄瓜的冷藏适温为 10℃～13℃，相对湿度为 90%～95%。贮藏温度高于 15℃时，果实呼吸作用强，消耗过大，老化过快；温度低于 10℃易发生冷害，冷害严重时出现水渍状溃烂。

五、黄瓜贮藏和冷藏运输国家标准

为了指导经营者搞好黄瓜贮藏，国家质检总局发布了《黄瓜贮藏和冷藏运输》标准（GB/T 18518）。该标准规定了专供鲜销或加工用黄瓜的贮藏及远距离运输的条件，适用于黄瓜贮藏和冷藏运输。现将该标准的有关内容摘录如下：

1. 收获及贮藏条件

（1）收获。采摘（从植株割下或剪下）黄瓜宜轻拿轻放。尤其在果梗周围宜避免机械损伤。

（2）贮藏特性。鲜销或加工用黄瓜，宜符合相应产品标准规定的质量要求，在相应的生长期内收获。为适合预期的用途，黄瓜宜有如下品种特征：完整无损；无任何可见杂质；外观新鲜；硬实且表面无水珠；无异常气味或口味；黄瓜籽柔嫩而未发育。黄瓜不皱缩、萎蔫，不得呈现过熟的淡黄色或黄色。为运输而在温室促成早熟条件下栽培的供鲜销用黄瓜的质量要求见 UN-ECE 标准 23。

（3）分级。黄瓜分为以下三级（参见 UN-ECE 标准 23）。①特级：质量优良，具有品种的所有特性，发育充分；形态挺直（黄瓜每长 10 厘米，最大弧高 10 毫米）；具有品种的典型色泽；无缺陷；轻微变形，但不包括黄瓜籽成熟引起的变形；色泽改变的轻微缺陷，尤其是在黄瓜生长过程中，接触地面的浅色部分；由摩擦、搬运或低温引起的果皮轻微瑕疵，该瑕疵已经愈合，且不影响保存质量。②一级。质量良好；发育正常；形态正常，挺直（黄瓜每长 10 厘米，最大弧高 10 毫米），允许存在下列不足：轻微变形，但不包括黄瓜籽成熟引起的变形；色泽改变的轻微缺陷，尤其是在黄瓜生长过程中，接触地面的浅色部分；由摩擦、搬运或低温引起的果皮轻微瑕疵，该瑕疵已经愈合，且不影响保存质量。③二级。特级、一级以外的黄瓜，但需符合一级规定的最低要求，并可存在以下不足：除黄瓜籽过熟引起变形以外的其他变形；色泽缺陷最高达黄瓜表面积的三分之一（温室内生长的黄瓜，不允许在关键部位有大量的色泽改变）；已愈合的裂纹；对保存质量和外观没有严重影响的摩擦、搬运引起的轻微损伤；挺直和稍有弯曲的黄瓜可以存在除黄瓜籽过熟引起变形以外的其他变形；如果色泽略有缺陷，而不存在其他变形，则弯曲的黄瓜是允许的。早熟条件下栽培长成的极小（长度 3～6 厘米）的腌渍用和凉拌菜用的黄瓜，宜用木板条箱或多孔纤维板箱包装。凉拌菜用黄瓜要求在木板条箱内或多孔纤维板箱内分层包装，每箱质量（重量）不宜超过 10～15 千克。推荐用薄膜或玻璃纸单独包装或涂蜡。

2. 最佳的贮藏和运输条件

对影响贮藏的物理参数的测定，见 ISO 2169《水果和蔬菜冷藏中的物理条件定义和测量》。

（1）温度。黄瓜贮藏和运输的最佳温度在 7℃～10℃之间。由于低温易发生冷害，只允许暂时将温度降低到 7℃以下。温度高于 10℃时，黄瓜 10 天之内就会变黄，而 15℃时变黄更快，贮藏温度视黄瓜的成熟程度而定。黄瓜一旦变黄，则不再适于贮藏和运输。黄瓜收获后宜尽快包装，并放入冷库使之冷却至 7℃～10℃，直到发运。

（2）相对湿度。最佳的相对湿度为 90%～95%。空气相对湿度低，将加快黄瓜的萎蔫和质量损失。用于直接食用的黄瓜，可用薄膜或玻璃纸单独包装或涂蜡，有利于保持相对湿度。

（3）其他条件。在贮藏和运输期间，宜保证空气的循环流通，以保持恒定温度和相对湿度。乙烯会加快黄瓜变黄，易产生乙烯的水果、蔬菜（如苹果、梨、桃、香蕉、番茄、甜瓜和柑橘）不宜与黄瓜放在同一贮藏室或同一运输车辆中。

（4）贮藏和运输的期限。黄瓜极易腐烂，因此黄瓜的贮藏和运输时间宜尽可能短。在温度为7℃～10℃和相对湿度为90％～95％的最佳条件下，保质期为10天左右。在温室促成早熟条件下栽培的黄瓜，若用聚乙烯薄膜单独包装，能在12℃～13℃的温度下贮藏2周。在温度低于7℃下贮藏或运输的黄瓜，宜在2～4天内用掉；已出现冷害（表面浅的凹点，接着由微生物引起腐烂）的黄瓜，则在出库后或到货时立即用掉。

（5）贮藏。用木板条箱或多孔的纤维板箱包装的黄瓜，可根据包装容器的承重能力放进预冷的冷库内码垛。

2. 运输

（1）运输的方法。黄瓜在运输过程中，宜保持冷藏状态。为此，运输中可采用加冰制冷或机械制冷铁路货车或冷藏卡车等。

（2）运输车辆及装载要求。黄瓜运输不应使用装载过对健康有害的物料（如化肥、农药或其他化学物质）的车辆。并宜保持良好的技术条件，如风扇正常工作、加冰制冷的铁路货车宜排水畅通。为确保铁路货车或卡车内空气流通，其地板上宜放置搁物架。装载之前，运输车辆内的温度宜采用加冰制冷或机械制冷方法冷却到规定的温度。装了黄瓜的木板条箱或多孔纤维板箱，宜纵向排列堆放（面向前方），只有填充垛与垛之间的箱子才可横向放置，以防在运输途中移动。同时，运输车辆的剩余间隙也宜用空的木板条箱和板条箱塞满。装载后，加冰制冷的铁路货车的存冰柜内宜重新加满冰。如果由于气候温暖或远距离运输时，加冰制冷车在运输期间，冰发生融化，宜在中转站再次加冰，以确保到达目的地时存冰柜内冰不少于其容量的1/3。

3. 运达操作

黄瓜在卸货之后是继续冷藏还是立即使用，取决于贮藏和运输条件，若黄瓜在12℃～14℃间的温度条件下贮藏或运输，则可贮藏到规定的期限。

六、瓜类蔬菜采后处理技术规程（北京）

为了指导经营者搞好根菜类蔬菜采后处理，北京市质量技术监督局发布了《蔬菜采后处理技术规程 第五部分：瓜类》（DB11/T 867.5），规定了瓜类蔬菜采后处理各环节的技术要求。现将该标准的有关内容摘录如下：

1. 采收与分级

（1）采收。应选择气温较低时采收，避免雨水和露水。应从果实基部剪下，不留果柄，拭去果皮上的污物。应轻拿轻放，防止机械损伤。

（2）基本要求。每一包装、批次为同一品种。应具有该品种蔬菜具有的形状和色泽。无腐烂、无病虫害、冻害和其他伤害。

（3）等级规格。应将符合基本要求的瓜类蔬菜分为一级、二级和三级。不同种植户应按等级规格要求进行采收和分级。瓜类蔬菜的规格应符合表 7-24 的规定。不同种类瓜类蔬菜的等级规格见本法附录 7-9。

表 7-24　　　　　　　　瓜菜类等级

一级	二级	三级
形状整齐，色泽良好 新鲜、洁净 无冷害，无机械伤 个体大小差异不超过均值的 5%	形状较整齐，色泽较好 较新鲜、洁净 无冷害，无机械伤 个体大小差异不超过均值的 10%	形状尚整齐，色泽尚好 尚新鲜、洁净 无冷害，有轻微机械伤 个体大小差异不超过均值的 20%

2. 产地包装

产地包装宜采用塑料周转箱或纸箱。塑料周转箱应符合 GB/T 5737《食品塑料代替周转箱》的规定，纸箱应符合 GB/T 6543《运输包装用单瓦楞纸箱和双瓦楞纸箱》的规定。采收前将包装箱备放在地头，并在箱体上标注生产者信息。采收后，将同一等级的瓜类蔬菜放置在同一塑料周转箱内。在气候干燥季节，塑料周转箱的底部和两个长面，要衬上塑料薄膜，防止失水。

3. 产地短期存放

产地存放时间不宜超过 4 小时。如不能及时运走，宜在温度 12℃～14℃，相对湿度 90% 以上的条件下存放。

4. 运输

（1）普通车运输要注意防晒、保湿和通风，夏季应注意降温，冬天应注意防冻。从采收到集散中心，不超过 6 小时。

（2）夏天宜采用冷藏车运输，冷藏车温度控制在 12℃～14℃。外界最高气温低于 20℃时，可采用保温车运输。

（3）装卸时，应轻拿轻放，防止机械伤。

5. 预冷

（1）冷库预冷。预冷库温度为 10℃～12℃，相对湿度为 90% 以上。应将菜箱顺着冷风的流向堆码成排，箱与箱之间应留出 5 厘米宽的缝隙，每排间隔 20 厘米。菜箱与墙体之间应留出 30 厘米的风道。菜箱的堆码高度不得超过冷库吊顶风机底边的高度。预冷应使菜体达到 15℃左右。

（2）压差预冷。预冷库温度为 10℃～12℃，相对湿度为 90％以上。每预冷批次应为同一种蔬菜。预冷前，应将菜箱整齐堆放在压差预冷设备通风道两侧，菜箱要对齐，风道两侧菜箱要码平。如预冷的菜量小，可于通风道两侧各码一排；如预冷的菜量大，可于通风道两侧各码两排。堆码高度以低于覆盖物高度为准。应根据不同压差预冷设备的大小，确定每次的预冷量。菜箱码好后，应将通风设备上的覆盖物打开，平铺盖在菜体上，侧面覆盖物要贴近菜箱垂直放下，防止覆盖物漏风。预冷时，打开压差预冷风机，菜体达到 15℃左右时，便可关闭预冷风机。

6. 配送包装方式

配送小包装可采用托盘加透明薄膜或塑料袋包装。也可用胶带捆扎或整齐码放。每个包装应标注或者附加标识标明品名、产地、生产者或者销售者名称、生产日期。

7. 销售

常温销售时，柜台上应少摆放蔬菜，随时从冷库中取出补充。低温销售应控制温度在 10℃左右。不能及时出库的叶菜，应放置在温度 12℃～14℃，相对湿度 90％以上的冷库中贮存。

附录 7－9　不同种类瓜类蔬菜的等级规格
（资料性附录）

黄瓜等级、规格

	一级	二级	三级
等级	①形状整齐，色泽良好。新鲜，洁净。无机械伤 ②瓜条直，允许粗细直径差/细径≤1/5 ③允许弯宽≤瓜长的1/15 ④个体大小差异不超过均值的5％	①形状较整齐，色泽较好。较新鲜，洁净。无机械伤 ②瓜条直，允许粗细直径差/细径≤1/4 ③允许弯宽≤瓜长的1/10 ④个体大小差异不超过均值的10％	①色泽尚好。较新鲜，洁净。有轻微机械伤 ②瓜条直，允许粗细直径差/细径≤1/3 ③允许弯宽≤瓜长的1/8 ④个体大小差异不超过均值的20％
规格	同品种分大、中、小三个规格		

苦瓜等级、规格

	一级	二级	三级
等级	①形状整齐，色泽良好，新鲜，洁净。无机械伤 ②质地脆嫩 ③个体大小差异不超过均值的5%	①形状较整齐，色泽较好。较新鲜，洁净。无机械伤 ②质地较脆嫩 ③个体大小差异不超过均值的10%	①色泽尚好。较新鲜，洁净。有轻微机械伤 ②质地较脆嫩 ③个体大小差异不超过均值的20%
规格	同品种分大、中、小三个规格		

西葫芦等级、规格

	一级	二级	三级
等级	①形状整齐，色泽良好。质地嫩 ②新鲜，无皱缩 ③表皮光滑、洁净，无机械伤 ④个体大小差异不超过均值的5%	①形状较整齐，色泽较好。质地较嫩 ②较新鲜 ③表皮较光滑、洁净，有轻微机械伤 ④个体大小差异不超过均值的10%	①色泽尚好，质地较嫩 ②有轻微皱缩 ③表皮较光滑、洁净，有轻微机械伤 ④个体大小差异不超过均值的20%
规格	同品种分大、中、小三个规格		

南瓜等级、规格

	一级	二级	三级
等级	①形状较整齐，色泽良好 ②表皮洁净，无机械伤 ③个体大小差异不超过均值的5%	①形状较整齐，色泽较好 ②表皮洁净，有轻微机械伤 ③个体大小差异不超过均值的10%	①表皮洁净，有轻微机械伤 ②个体大小差异不超过均值的20%
规格	同品种分大、中、小三个规格		

第二十三节　苦瓜的贮藏保鲜方法

一、苦瓜的贮藏特性

苦瓜一般以嫩绿色的果实供食，因此一般贮藏嫩瓜。采收一般在果实充分长大，但颜色仍为青绿色，果皮瘤状突起膨大，果实顶端开始发亮时采收，以保证食用品质。过晚采收，苦瓜内腔壁硬化，种子皮已变红色，食用品质下降，贮藏期缩短，并容易在贮藏中开裂。一般认为，苦瓜最适贮藏温度为 13℃～15℃，在此温度下一般可贮藏 10～15 天。低于 10℃会发生冷害，高于 15℃呼吸作用加强，贮藏期缩短。短期贮藏可采用 9℃～12℃。苦瓜气调贮藏适宜的相对湿度为 85％～95％，氧气浓度以 2％～3％、二氧化碳浓度 5％以下为宜。

二、苦瓜冷藏保鲜方法

苦瓜一般食用青色的瓜。此时的瓜脆度好，耐贮藏。红熟的苦瓜质地变软，籽瓤变红，食用价值降低。用于贮藏的苦瓜一般在果实充分长大，颜色仍然为青色时采收。过熟的不耐贮运。采收宜选择晴天无露水、气温较低之时进行。要带把剪下，不要拉扯采收，以免伤害果实，影响贮藏效果。采收时，注意轻拿轻放，防止产生机械伤害。采后可在 13℃～15℃的温度下预冷数小时，然后用 0.03～0.05 毫米厚的塑料袋折口包装。置于 13℃～15℃的冷库或冰箱中贮藏。运输、销售环节中，应继续采用低温，以延长货架期。苦瓜的冷藏期一般为 15 天左右。随着冷藏时间延长，籽瓤和果皮逐渐变红，质地变软，食用价值降低。

三、苦瓜气调贮藏保鲜

苦瓜气调冷藏可在气调冷藏库中进行，贮藏期间将温度调节在 13℃～15℃之间，氧气浓度控制在 2％～3％，二氧化碳浓度控制在 5％以下。气调贮藏也可在冷藏库中利用塑料薄膜帐封闭贮藏，或者用塑料薄膜袋封闭贮藏，以调节气体成分。采用这类贮藏时，同样须将温度调节到 13℃～15℃之间。

四、苦瓜包装、运输与贮存技术

我国农业部发布了《苦瓜》标准（NY/T 963）。该标准规定了苦瓜的要求、标志、包装、运输及贮存要求，适合于鲜食苦瓜。现将该标准的有关内容摘录如下：

1. 要求

（1）等级。①基本要求。根据对每个级别的规定和允许误差，苦瓜应符合下列要求：同一品种或相似品种；清洁，几乎不含任何可见的杂物；外观新鲜，表面有光泽，不脱水，无皱缩，质地脆嫩；完好，不包括腐烂和变质的产品；无异常的外来水分；无异味；无腐烂；无病虫害造成的损伤，无害虫；无裂果；无冷害和冻害。②等级划分。在符合基本要求的前提下，苦瓜按其外观分为特级、一级和二级。等级划分应符合表 7 - 25 的规定。③允许误差。特级允许有 5％的产品按质量计不符合该等级的要求，但应符合一级的要求。一级允许有 8％的产品按质量计不符合该等级的要求，但应符合二级的要求。二级允许有 10％的产品按质量计不符合该等级的要求，但应符合基本的要求。

表 7 - 25　　　　　　　　　　苦瓜等级划分

项目	等级		
	特级	一级	二级
成熟度	瘤状突起饱满，果肉无软化现象		果实颜色开始变浅，部分果实顶部开始变黄
果色	具有本品种特有的颜色	基本具有本品种特有的颜色	
果形	具有本品种特有的形状特征	部分果实轻微变形	部分果实轻微不规则
机械损伤	无	损伤不明显	损伤不严重

（2）规格。①规格划分。果实按长度分为大果、中果和小果三种规格。苦瓜的规格见表 7 - 26。②允许误差。特级不符合规格要求的个数不超过 5％。一级不符合规格要求的个数不超过 8％。二级不符合规格要求的个数不超过 10％。

（3）卫生指标。卫生指标应符合 GB 2762《食品安全国家标准　食品中污染物限量》及 GB 2763《食品安全国家标准 食品中农药最大残留限量》的规定。

表 7 - 26　　　　　　　　　　苦瓜规格

规格	大果	中果	小果
长度（厘米）	＞40	20～40	＜20

2. 标志

包装上应标明产品名称、产地、商标、产品的标准编号、生产单位名称、详细地址、等级、规格、净含量和包装日期等。标志上的字迹应清晰、规范、准确。

3. 包装

同规格苦瓜的包装容器应大小一致，整洁、干燥、牢固、透气、美观、无污染、无异味，内部无凸起物，外部无钉刺，无虫蛀、腐朽和霉变现象。产品应按等级、规格分别包装。每批苦瓜的包装规格和单位净含量应一致。

4. 运输

苦瓜收获后，应就地整修、分级，及时包装、运输。运输时应做到轻装轻卸，防止剧烈颠簸，严防机械损伤。运输工具应清洁、卫生、无污染。运输时，应防热、防冻、防冷、防雨淋。短期运输过程中，宜保持温度在9℃～12℃。运输过程中，空气相对湿度宜为90%～95%。应采取相应的通风措施。

5. 贮存　临时贮存应在阴凉、通风、清洁、卫生的条件下。严防暴晒、雨淋、高温、冷冻、病虫害及有毒物质的污染。堆码时应轻卸、轻装，严防挤压碰伤。如空气过于干燥，应加盖聚乙烯薄膜，防止果实萎蔫。冷藏时，应按等级、规格分别贮存。堆码时小心谨慎，严防果实损伤。堆码方式应保证气流能均匀地通过垛堆。贮藏库中温度宜保持在9℃～12℃，空气相对湿度宜为90%～95%。贮藏库应有通风换气装置，确保温度和相对湿度的稳定和均匀。应定期检查，发现皱缩和病虫害的果实，应及时清除。

第二十四节　南瓜的贮藏保鲜方法

一、南瓜的贮藏特性

南瓜属于葫芦科南瓜属的一年生蔓性植物，起源于热带。南瓜分为中国南瓜（俗称倭瓜、番瓜、饭瓜）、印度南瓜（俗称笋瓜、搅瓜）和美洲南瓜（俗称西葫芦）。中国南瓜品种很多，如黄鼠狼南瓜、磨盘南瓜、枕头南瓜，多数品种是耐贮的。南瓜既可在幼嫩时鲜食，又可在老熟时食用。幼嫩南瓜不耐贮藏，因此，幼嫩的南瓜一般直接用于烹食而不用于贮藏。用于贮藏的南瓜一般为老熟的南瓜，应在果皮坚硬，呈现金黄色泽，果面白色蜡粉较厚时采收。采收时要保留一段果把，以免去掉果把时伤及果皮而引起腐烂。采收时还要轻拿轻放，避免机械损伤，特别要禁止滚动、抛掷、重压，以免瓤腔受伤，导致腐烂。采收后宜在24℃～27℃下预贮2周，使果皮硬化，以利于贮藏。南瓜适宜的贮藏温度为

7℃～15℃，低于5℃易受冷害；NY/T 747－2012《绿色食品 南瓜》建议南瓜贮藏适宜温度为3℃～4℃。南瓜适宜贮藏的相对湿度较低，以70％～80％为宜。衰老的南瓜重量减轻，果肉腐烂、发臭，温度适宜时种子发芽。老熟南瓜在以上条件下，只要管理得当，便可贮藏5～6个月。

二、南瓜室内堆藏保鲜

用于贮藏的南瓜应在秋末采收。应选择新鲜、无机械伤害的老熟南瓜，在空旷、干燥、洁净、通风的室内堆藏。堆码前，先在室内地面铺一层干燥的稻草或麦秆，再在其上面放瓜。瓜的摆放姿势一般应与瓜在田间生长时的状态相同。堆码高度以5～6个瓜为好，不能堆码过高以压伤果实；还可将南瓜装箱贮藏，但装箱不要装得太满，以免码箱时压伤果实。贮藏前期，外界气温较高，要在晴天的晚上打开窗户通风换气，以降低室内温度；白天应关闭门窗，防止温度升高。室内空气要新鲜、洁净、干燥。外界气温较低时，要注意防寒。采收后两周内，将温度控制在24℃～27℃，促使果皮硬化，以后最好将室内温度保持在7℃～15℃。贮藏温度不能低于5℃，长时间低于5℃易发生冷害。贮藏期间，应注意检查贮藏效果。一旦发现腐烂苗头，要及时结束贮藏。此法一般可将南瓜贮藏到春节前后。

三、南瓜室内架藏保鲜

架藏是在室内或仓库内用木、竹搭成分层的贮藏架，在架上铺上干燥的稻草或麦秆，再将老熟的南瓜堆放在架上，也可将南瓜装箱后一层层摆放在架上。贮藏期间，选择晴天的晚上，每月进行一次通风换气。这种方法的透风散热效果好，仓位容量大，观察、检查方便，适合较大量的贮藏。

四、南瓜家庭简易贮藏法

北方农村习惯采用悬挂贮藏法，将老熟南瓜带把采收，用绳子绑起来，挂在屋檐下进行存放，随吃随取，但要根据南瓜对贮藏温度的要求，避免严寒的不良影响。南方农村一般是将老熟南瓜平放在干燥、通风、阴凉的室内，随吃随取。

五、南瓜窖藏保鲜法

窖藏要求选择生长期间不直接着地的老熟南瓜，在霜冻前采收。将南瓜贮藏在湿度较低的地窖、窑窖或棚窖内，并保持温暖、干燥的条件。贮藏时，先在地面铺上一层干净的稻草或麦秆，再在秸秆上堆码2～3层南瓜，或将南瓜摆在菜架上。南瓜贮藏适温为7℃～15℃，相对湿度为70％～75％。采用人工开启窖口的方式调节温湿度。此法贮藏期可达100～150天。

第二十五节　西葫芦的贮藏保鲜方法

一、西葫芦的贮藏特性

西葫芦，别名茭瓜、白瓜、番瓜、角瓜、笋瓜，为葫芦科南瓜属的一个栽培种。原产印度，在中国南北各地普遍有栽培。主蔓上第二个瓜相对比较耐贮，适宜窖藏，根瓜不宜入贮，不宜选择生长期间直接着地的瓜，并要防止阳光暴晒。采收时谨防机械损伤，特别要禁止滚动、抛掷，否则内瓤震动受伤易导致腐烂。西葫芦适宜的贮藏温度为7℃～15℃，低于5℃易受冷害。

二、西葫芦的窖藏法

西葫芦可以贮藏在湿度较低的地窖、窑窖或棚窖内。西葫芦采收后，宜在24℃～27℃条件下放置2周，使瓜皮硬化，此为后熟过程。可以将西葫芦直接堆码，以3层～4层为宜，堆码过高容易使下部瓜果负荷过重而容易出现伤痕而腐烂。亦可将西葫芦先装入塑料筐，注意离筐顶要有一定距离。然后将塑料筐堆码，此法贮藏量较大。

三、西葫芦的室内堆藏法

选择一干燥、阴凉、通风的房间，清除杂物并打扫干净后在地面上先铺好干燥麦草，选择成熟适度、无机械损伤和腐烂的西葫芦按瓜蒂向外、瓜顶向内的方法依次码成圆堆形，每堆15～25个瓜，以5～6层为宜。也可以先将西葫芦装筐，不要装得太满，再将筐依次堆码，以免压伤果实，以3～4层为宜。堆码时应留出通风道，保证能顺利通风。贮藏前期外界气温较高，要在晴天的晚上开窗通风换气，以降低室内温度。白天关闭遮阳，防止温度上升过高。贮藏后期气温低时关闭门窗防寒，温度保持在0℃以上。另外在贮藏期间要注意检查有无腐烂瓜，一旦发现应立即挑出，以免造成大面积的腐烂。

四、西葫芦的架藏法

由于西葫芦适宜的贮藏温度为7℃~15℃，因此不需要冷库贮藏，可以在夏末初秋天气，选择一阴凉通风干燥的地方贮藏即可。所谓架藏，首先需要在空屋内用竹、木或钢筋做成分层的贮藏架，然后在架底先垫上干燥草袋或麦秆。此时将经后熟的瓜逐一轻轻摆放在架子上，或用塑料筐装好西葫芦后层层摆放在贮藏架上，摆放前要仔细观察有无机械伤，并且注意轻拿轻放。此法是对堆藏进行改进的一种贮藏方法，由于不会堆码过高，而且有隔板分层，透风散热效果比堆藏要好很多，且储藏容量大，便于贮藏期间定期检查，因此贮藏期间损耗率较低，保鲜效果较好。贮藏时管理办法同堆藏法。

五、西葫芦的等级规格

农业部发布了标准《西葫芦等级规格》（NY/T 1837）。该标准规定了西葫芦的等级规格的要求、抽样方法、包装、标志，适用于鲜食西葫芦。现将该标准部分内容摘录如下：

1. 等级

（1）基本要求。西葫芦应符合下列条件：同一品种或相似品种；清洁、无杂质；外观形状完好，无柄，基部削平；鲜嫩，色泽正常；无裂口、无腐烂、无变质、无异味；无病虫害导致的严重损伤；无冷冻导致的严重损伤。

（2）等级划分。在符合基本要求的前提下，西葫芦分为特级、一级和二级，各等级应符合表7-27的规定。

（3）允许误差。允许误差按数量计，特级允许5%的产品不符合该等级的要求，但应符合一级的要求；一级允许10%的产品不符合该等级的要求，但应符合二级的要求；二级允许10%的产品不符合该等级的要求，但应符合基本要求。

表7-27 西葫芦等级

等级	要 求
特级	果实大小整齐，均匀，外观一致；瓜肉鲜嫩，种子未完全形成，瓜肉中未出现木质脉经，修整良好；光泽度强；无机械损伤、病虫损伤、冻伤及畸形瓜

续表

等级	要　　　求
一级	果实大小基本整齐，均匀，外观基本一致；瓜肉鲜嫩，种子未完全形成，瓜肉中未出现木质脉经，修整良好；有光泽；无机械损伤、病虫损伤、冻伤及畸形瓜
二级	果实大小基本整齐，均匀，外观相似；瓜肉较鲜嫩，种子完全形成，瓜肉中出现少量木质脉经，修整一般；光泽度较弱；允许有少量机械损伤、病虫损伤、冻伤及畸形瓜

2. 规格

（1）规格划分。按单果质量大小确定西葫芦规格，规格划分见表 7－28。

表 7－28　　　　　　　　　　西葫芦规格

规　　　格	大（L）	中（M）	小（S）
单果质量（kg）	＞0.6	0.3～0.6	＜0.3
同一包装中最大和最小的质量差异	≤0.2	≤0.15	≤0.1

（2）允许误差范围。允许误差范围按数量计，允许有 10％的产品不符合相应规格要求。

3. 包装

（1）包装要求。同一包装内西葫芦的等级和规格应一致，包装内的可视部分产品应具有整个包装产品的代表性。

（2）包装方式。采用塑料袋或塑料筐或纸箱包装。塑料袋包装应垂直摆放，筐装或纸箱包装应水平摆放。

（3）包装材料。包装塑料袋应符合 GB 9687《食品包装用聚乙烯成型品卫生标准》的规定，包装纸箱应符合 GB/T 6543《运输包装用单瓦楞纸箱和双瓦楞纸箱》的规定。

（4）净含量及允许负偏差。应符合国家质量监督检验检疫总局令（2005）第 75 号的规定。

（5）限度范围。每批受检样品质量和大小不符合等级或规格要求的允许误差按所检单位的平均值计算，其值不应超过规定限度，且任何所检单位的允许误差值不应超过规定的 2 倍。

4. 标志

包装上应有明显标志，内容包括：产品名称、等级、规格、产品执行标准编号、生产者及详细地址、净含量和采收、包装日期。若需冷藏保存，应注明保藏方式。标注内容要求字迹清晰、完整、准确且不易褪色。

第二十六节　丝瓜的贮藏保鲜方法

一、丝瓜的采收要求与贮藏特性

丝瓜以嫩果供食用。当果实充分长大，呈现该品种商品瓜特有的颜色和形状，用手触摸有柔软感，果皮未硬化前采收。丝瓜自开花到商品瓜成熟一般需要 2 周左右。前期果实可适当早采。采收宜于早晨或傍晚进行，可用剪刀带瓜柄剪下，并注意轻拿轻放，防止挤压。丝瓜原产印度，喜温暖湿润，不耐低温。普通丝瓜（无棱丝瓜）适宜贮运温度为 8℃~10℃，在此条件下可贮藏 10~14 天，7℃以下易出现冷害。有棱丝瓜冷藏适温为 3℃~5℃，在此温度下可贮藏 4~6 周，低于 3℃贮藏会出现冷害。丝瓜贮藏运输适宜相对湿度为 85%~95%。丝瓜贮运期间易发生的问题主要有失水、老化（果肉减少，纤维增多，汁液减少）、营养损失、口感粗糙，贮藏病害主要为瓜类疫病。

二、丝瓜的低温贮运保鲜法

选择无机械伤害、成熟适度的丝瓜用于贮藏运输。贮藏前，应按品种、大小规格分别包装。无棱丝瓜适宜贮运温度为 8℃~10℃，在此条件下可贮藏 10~14 天。有棱丝瓜冷藏适温为 3℃~5℃，在此温度下可贮藏 4~6 周。丝瓜贮藏运输适宜相对湿度为 85%~95%。堆码时，应保证气流均匀通畅，避免挤压。低温贮藏和运输前应进行预冷处理。运输过程中应注意防冻、防雨淋、防晒，并确保通风散热。

三、丝瓜的清水漂浮保鲜法

选择成熟适度、无机械伤害的丝瓜。将干净的容器（陶缸、水桶等）放置在家中的阴凉场所，向容器中加入冷凉的清水，再将丝瓜逐条放入水面，使丝瓜漂浮在水面上，每天换一次水。此法适合于家庭贮藏丝瓜，贮藏期可达 5~7 天。但要注意的是，不要将丝瓜完全压入水中，否则会加剧无氧呼吸，引起腐烂变质。

四、丝瓜的质量标准与贮运条件

为了指导农户做好丝瓜的生产和贮运，农业部发布了标准《丝瓜》

（NY/T 776）。该标准规定了丝瓜的要求、试验方法、标志、包装、运输和贮存，适用于丝瓜的生产、收购和流通。现将该标准摘录如下：

1. 要求

感官指标，要求见表 7-29。

2. 标志

包装上应注明产品名称、产品的标准编号、商标、生产单位名称、详细地址、等级、规格、净含量和包装日期等，标志上的字迹应清晰、完整、准确。

3. 包装

包装容器(筐、箱、袋)要求清洁、干燥、牢固、透气，无异味、内壁无尖突物、外部无尖刺，无虫蛀、腐烂、霉变现象。用泡沫网或纸实行单果包装，不同等级分别包装。每批报检的丝瓜单位净含量应一致。包装检验应逐件称量抽取的样品，每件净含量一致，不应低于包装外标志的净含量。

4. 运输

装运时要轻装轻卸，严防机械损伤，运输工具要清洁、卫生、无污染。运输时防日晒、雨淋，注意通风。

表 7-29 　　　　　　　　　　　丝瓜感官指标

项　目		等　级		
		一级	二级	三级
品质	长度差异（厘米）	≤3	≤6	≤10
	横径差异（厘米）	≤1.0	≤1.5	≤2.0
	畸形果率（%）	无	≤2	≤5
	品种	同一品种		相似品种
	果面	无外来物		
	果实	完整、鲜嫩		
	异味	无		
	冻害	无		
	病虫害	无		
	腐烂	无		
	机械伤	无		
限度（%）		每批样品总不合格率≤3	每批样品总不合格率≤6	每批样品总不合格率≤10

注：长度差异、横径差异、畸形果率为主要缺陷

5. 贮存

短期存放要在阴凉、通风、清洁、卫生的库房内，防日晒雨淋、有毒有害物质和病虫害的危害。

第二十七节　冬瓜的贮藏保鲜方法

一、冬瓜的采收要求与贮藏特性

冬瓜含水量较高，嫩瓜及过分成熟的瓜都不宜贮藏。用于贮藏的冬瓜要选择皮厚、肉厚、质地致密、皮色青亮，表面布满蜡质的品种。以九成熟采收为宜。采收前 7～10 天，应停止灌水。采收时应留 3～5 厘米的瓜柄，在天气凉爽时用剪刀剪摘，最好选择晴天的早晨进行采摘。搬运过程中应轻拿轻放，严防擦伤、碰伤、压伤，有机械伤害的果实不耐贮藏运输。冬瓜喜温耐热，属冷敏性蔬菜，不耐低温贮藏，低于 10℃ 会发生冷害，贮藏适宜温度为 10℃～15℃，相对湿度为 70％～75％，贮藏期间要求通风良好。冬瓜在贮藏过程中经常出现的问题，一是内部腐烂，外部流水，这是由于采收搬运过程中振荡引起瓜瓤损伤，组织损坏的结果，因此一定要做到轻拿轻放；二是瓜皮痘斑，这是由于冬瓜在田间感染了炭疽病，因此要加强田间管理；三是瓜身局部霉变，霉变主要发生在瓜与周围接触的部位，主要是由于接触部位通风不良，热量排不出去，引起真菌繁殖，因此要注意加强通风，并适当翻动。

二、冬瓜的窖藏保鲜

冬瓜可用井窖、窑窖和棚窖贮藏。贮藏窖的形式可参照马铃薯贮藏窖，窖的大小可根据所贮冬瓜的数量决定。在冬瓜入库前 2～3 天，应对贮藏窖进行消毒灭菌处理。一般可用 1％ 的高锰酸钾水溶液喷洒贮藏窖，然后密闭 3 天，再将冬瓜入窖贮藏。入窖时，应挑选整齐、无破损的冬瓜，堆码或架藏于窖内。堆码前，应先在窖底或贮藏架上垫上干草或草帘，然后在上面摆放冬瓜，一般不超过 3 层，以免压伤损坏。架贮冬瓜通风较好，贮藏效果比堆贮的好。在摆放过程中，应根据冬瓜在田间生长时的姿势进行摆放。贮藏期间，特别是冬瓜刚入库时，应加强通风换气，以降低贮藏温度。通风换气要求在晴天的晚上进行。贮藏期间，尽可能地将窖温调节到 10℃～15℃，相对湿度 70％～75％，并保持通风良好。在此条件下，冬瓜一般可贮藏 3～4 个月或更长时间。

三、冬瓜常温简易堆藏保鲜法

选择干燥、清洁的库房，先在库房地上垫上一层厚约 2 厘米的清洁干净的稻草或麦秆，然后将冬瓜按照在田间生长的姿势码放堆在草上。也可 3～5 个瓜堆码成一堆，30℃以下的常温环境中，该法可将冬瓜贮存 4 个月左右。贮藏期内，需根据气温变化情况来调节贮藏温度，尽可能地将室内温度调节到适合贮藏的 10℃～15℃。并经常检查贮藏情况，发现烂瓜及时清理。

第二十八节　黄秋葵的贮藏保鲜方法

一、黄秋葵的贮藏特性

黄秋葵以嫩果供食，其适合贮藏的温度为 0℃～5℃。在 0℃～5℃的冷库中，可贮藏 5～7 天。在室温下仅能贮藏 2～3 天。黄秋葵在高温下，水分蒸发快，果面易革质老化。采收应在清晨进行，采收时剪平果柄，并将嫩果装入保鲜袋或塑料盒中，再小心放入纸箱或木箱内，并迅速送入 0℃～5℃冷库预冷待运。预冷时间不要超过 24 小时。黄秋葵适合贮藏在 90％～95％的湿度环境中。

二、黄秋葵的冷藏冷运

冷藏、冷运时要做到以下几点：一是要适时采收。黄秋葵以嫩果供食，花谢后 3～4 天可采收嫩果，一般嫩果长到 10～20 厘米、12～25 天即可采收上市。采收过早产量低，采收过迟纤维多不能食用。收获盛期，一般每天或隔天采收一次；收获中后期，一般 3～4 天采收一次。黄秋葵茎、叶、果实上都有刚毛或刺，采收时应戴上手套。二是要合理包装。用于包装的容器如塑料箱、纸箱、编织袋等应符合国家食品卫生要求，无毒无害。包装应按产品的大小规格设计，同一规格应大小一致。包装材料应整洁、干燥、牢固、透气、美观、无污染、无异味，内壁无尖突物，无虫蛀、腐烂、霉变等，纸箱无受潮、离层现象。一般规格为 45 厘米×35 厘米×25 厘米，成品纸箱耐压强度为 400 千克/米² 以上。三是要正确装箱。应按产品的品种、规格分别包装，同一件包装内的产品需摆放整齐、紧密。每批产品所用的包装、单位质量应一致，每件包装净含量一般不超过 10 千克，误差不超过 2%。四是要科学贮运。贮存应按品种、规格不同分别贮存。冷藏温度为 0℃～5℃。库内堆码应保证气流流通，温度均匀，不得与有毒有害物质混放。运输前应进行预冷。运输过程中应通风散热、注意防冻、防雨淋、防晒。在 0℃～5℃ 条件下，黄秋葵可保藏 5～7 天。

第二十九节　番茄的贮藏保鲜方法

一、番茄的贮藏特性

番茄果实由幼嫩到成熟可分为绿熟期、微熟期（转色期至顶红期）、半熟期（半红期）、坚熟期、软熟期几个阶段。绿熟期至顶红期的番茄，已充分长成，物质积累已经完成，抗病性和耐贮性较强，可在贮藏中完成后熟，获得接近在植株上的品质。用于贮藏的番茄，应在此期采收，并且在贮藏中要尽可能使果实留在这个生理阶段（称为"压青"），以延长贮藏期。不同成熟度的番茄适宜的贮藏温度不同，红熟果实因为其成熟度高，宜在 0℃～2℃ 下贮藏，但贮藏期极短。绿熟果实的成熟度低，呼吸作用旺盛，适于在 10℃～13℃ 贮藏，低于 8℃ 易受冷害。受冷害的果实呈水浸状软烂或开裂、果面出现褐色小圆斑，不能正常后熟，易染病腐烂。番茄适宜贮藏的相对湿度为 85%～90%。

二、番茄气调贮藏方法

番茄可用气调贮藏来延缓后熟过程，延长贮藏保鲜期。目前此法在生产实践中应用较为广泛，贮藏效果好，保鲜时间较长。气调贮藏一般可以采用塑料薄膜帐，具体做法为：在番茄入贮前，可按 10 克/米³ 的硫黄用量熏蒸库房，或用 1%～2% 甲醛喷洒库房，密闭 24～48 小时，再通风排尽残药。库房消毒完成后先在地面上铺一层厚度为 0.2 毫米的塑料薄膜，其上放置几块枕木，枕木间可以撒放适量消石灰，然后将番茄装入筐中堆码在枕木上。最后用厚度为 0.2 毫米的塑料薄膜帐罩住四周，底部与地面上的薄膜一并卷起，确保形成了密封环境。再在大帐四周打几个气孔，便于贮藏期间气体成分的抽查。气调贮藏有低氧气调贮藏法和高二氧化碳气调贮藏法。低氧气调贮藏法是往塑料帐内充氮气，以快速降氧到 2%～5%，并迅速密封气口。贮藏期间，番茄呼吸作用继续进行，氧气含量继续降低，当氧气浓度低于 2％时，应及时补充新鲜空气。高二氧化碳气调贮藏法是往塑料帐内充入二氧化碳气体，使帐内的二氧化碳浓度快速升高到 6％～8％，氧气浓度快速降低到 9％～10％。当二氧化碳浓度高于 9％，或氧气浓度低于 8％时，要及时补充新鲜空气，以防止过高浓度的二氧化碳或过低浓度的氧气对番茄果实的伤害。

三、番茄冷藏保鲜法

番茄适于冷藏，冷藏时应做好以下几方面工作：一要合理采收。要选择无严重发病的菜田，在晴天的早晨，凉爽干燥的气候条件下，选择健壮植株上的番茄，待露水干后采收。采摘时要轻拿轻放，避免雨淋、暴晒、重压、翻倒，防止产生机械伤害。二要选择耐贮藏品种及果实。贮藏用番茄要求果实成熟适度（绿熟果、顶红果及成熟果）、形态饱满、色泽正常、表面整洁、不带果柄、无病害、无损伤。应剔除畸形果、裂果、腐烂果、日伤果、过熟果、未熟果和极小果。三要做好贮藏前准备。在番茄入库前一周，可按 10 克/米³ 的硫黄用量熏蒸库房，或用 1％～2％甲醛喷洒库房，也可用臭氧处理库房，浓度为 40 毫克/米³。进行熏蒸灭菌时，可将各种容器、货架等一并放在库内，密闭 24～48 小时，再通风排尽残药。熏蒸时要切实保证人身安全。所有包装箱和货架等要用 0.5％的漂白粉或 2％～5％硫酸铜液浸渍、晒干后备用。四要合理包装。盛番茄的容器（箱、筐）必须清洁、干燥、牢固、透气、美观；无异味；无内、外侧尖突物；无虫蛀、腐朽霉变现象。纸箱无受潮、离层现象。包装容器内番茄的高度不要超过 25 厘米，单位包装重量以 15～20 千克为宜。五要适当预冷。同等级、同批次、同成熟度的果实，须放在一起预冷。预冷工序一般在预冷间与挑选同时进行。将番茄挑选后放入适宜的包装容器内预冷，待品温与库温相同时进行贮藏。六要根据不同成熟度果实选择适宜的贮藏条件。番茄的最适贮藏温度取决于其成熟度和计划贮藏的天数。一般绿熟期或变色期的番茄贮藏温度为 12℃～13℃，红熟前期至红熟中期的番茄贮藏温度为 9℃～11℃，红熟后期的番茄贮藏温度为 0℃～2℃。番茄贮藏适宜的空气相对湿度为 85％～90％。为了保持稳定的贮藏温度和相对湿度，须安装通风装置，使贮藏库内的空气流通，并能适时更换新鲜空气。七要做好贮藏期间和贮藏末期的管理工作。在贮藏期间必须进行定期检查，出库之前应根据其成熟度和商品类型进行分类和等级划分。在上述温度和相对湿度条件下的贮藏寿命随番茄品种、成熟度不同而变化，一般可达到7～21天。

四、茄果类蔬菜采后处理技术规程（北京）

为了指导经营者搞好茄果类蔬菜采后处理，北京市质量技术监督局发布了《蔬菜采后处理技术规程　第四部分：茄果类》（DB11/T 867.4），规定了茄果类蔬菜采后处理各环节的技术要求。现将该标准的有关内容摘录如下：

1. 采收与分级

（1）采收。应选择气温较低时采收，避免雨水和露水。采收时从果柄基部剪下，并拭去果皮上的污物。应轻拿轻放，防止机械损伤。

（2）基本要求。每一包装、批次为同一品种。成熟度适宜，具有该品种的形状和色泽。无腐烂、无病虫害、无低温伤害和其他伤害。

（3）等级规格。应将符合基本要求的茄果类蔬菜分为一级、二级和三级。不同种植户应按等级规格要求进行采收和分级。茄果类蔬菜的规格应符合表7-30的规定。

表7-30　　　　　　　　　　　　茄果类等级

一级	二级	三级
形状整齐，色泽良好，表皮光滑	形状整齐，色泽较好，表皮较光滑	色泽尚好，表皮较光滑
鲜亮、洁净，无机械伤	洁净，有轻微机械伤	洁净，有轻微机械伤
个体大小差异不超过均值的5%	个体大小差异不超过均值的10%	个体大小差异不超过均值的20%

2. 产地包装

产地包装宜采用塑料周转箱或纸箱。塑料周转箱应符合 GB/T 5737《食品塑料代替周转箱》的规定，纸箱应符合 GB/T 6543《运输包装用单瓦楞纸箱和双瓦楞纸箱》的规定。采收前将包装箱备放在地头，并在箱体上标注生产者信息。采收后，将同一等级的茄果类蔬菜放置在同一塑料周转箱内。在气候干燥季节，塑料周转箱的底部和两个长面，要衬上塑料薄膜，防止失水。

3. 产地短期存放

产地存放时间不宜超过4小时。如不能及时运走，宜在温度10℃，相对湿度80%以上的条件下存放。

4. 运输

（1）普通车运输要注意防晒、保湿和通风，夏季应注意降温，冬天应注意防冻。从采收到集散中心，不超过 6 小时。

（2）夏天宜采用冷藏车运输，冷藏车温度控制在 10℃。外界最高气温低于 20℃时，可采用保温车运输。

（3）装卸时，应轻拿轻放，防止机械伤。

5. 预冷

（1）冷库预冷。预冷库温度为 9℃～10℃，相对湿度为 80％以上。应将菜箱顺着冷风的流向堆码成排，箱与箱之间应留出 5 厘米宽的缝隙，每排间隔 20 厘米。菜箱与墙体之间应留出 30 厘米的风道。菜箱的堆码高度不得超过冷库吊顶风机底边的高度。预冷应使菜体达到 12℃左右。

（2）压差预冷。预冷库温度为 9℃～10℃，相对湿度为 80％以上。每预冷批次应为同一种蔬菜。预冷前，应将菜箱整齐堆放在压差预冷设备通风道两侧，菜箱要对齐，风道两侧菜箱要码平。如预冷的菜量小，可于通风道两侧各码一排；如预冷的菜量大，可于通风道两侧各码两排。堆码高度以低于覆盖物高度为准。应根据不同压差预冷设备的大小，确定每次的预冷量。菜箱码好后，应将通风设备上的覆盖物打开，平铺盖在菜体上，侧面覆盖物要贴近菜箱垂直放下，防止覆盖物漏风。预冷时，打开压差预冷风机，菜体达到 12℃左右时，便可关闭预冷风机。

6. 配送包装方式

配送小包装可采用托盘加透明薄膜或塑料袋包装。也可用胶带捆扎或整齐码放。每个包装应标注或者附加标识标明品名、产地、生产者或者销售者名称、生产日期。

7. 销售

常温销售时，柜台上应少摆放蔬菜，随时从冷库中取出补充。低温销售应控制温度在 9℃～10℃。不能及时出库的叶菜，应放置在温度 9℃～10℃，相对湿度 80％以上的冷库中贮存。

五、番茄的等级规格

为了规范番茄的等级规格，农业部发布了标准《番茄等级规格》（NY/T 940）。该标准规定了番茄的等级、规格、包装和标志，适用于番茄，不适用于加工用番茄。现将该标准的主要内容摘录如下：

1. 等级

（1）基本要求。根据对每个等级的规定和允许误差，鲜食番茄应符合下列基本条件：相同品种或外观相似品种；完好、无腐烂、无变质；外观新鲜、清洁、无异物；无畸形果、裂果、空洞果；无虫及病虫导致的损伤；无冻害；无异味。

（2）等级划分。在符合基本要求的前提下，产品分为特级、一级和二级，番茄等级应符合表7-31的规定，樱桃番茄应符合表7-32的规定。

（3）允许误差范围。按数量计，特级允许5％的产品不符合该等级的要求，但应符合一级的要求；一级允许10％的产品不符合该等级的要求，但应符合二级的要求；二级允许10％的产品不符合该等级的要求，但应符合基本要求。

2. 规格

以番茄横径为划分规格的指标，分为大（L）、中（M）、小（S）和樱桃番茄。

（1）规格划分。番茄的规格应符合表7-33的规定。

表 7-31　　　　　　　　　　　　番茄的等级

等级	要　求
特级	外观一致，果形圆润无筋棱（具棱品种除外）；成熟适度、一致；色泽均匀，表皮光洁，果腔充实，果实坚实，富有弹性；无损伤、无裂口、无疤痕
一级	外观基本一致，果形基本圆润，稍有变形；成熟适度、一致；色泽均匀，表皮光洁，果腔充实，果实坚实，富有弹性；无损伤、无裂口、无疤痕
二级	外观基本一致，果形基本圆润，稍有变形；稍欠成熟或稍过熟，色泽较均匀；果腔基本充实，果实较坚实，弹性稍差；有轻微损伤，无裂口，果皮有轻微的疤痕，但果实商品性未受影响

表 7-32　　　　　　　　　　　　樱桃番茄的等级

等级	要　求
特级	外观一致；成熟适度、一致；表皮光洁，果萼鲜绿，无损伤；果实坚实，富有弹性
一级	外观基本一致；成熟适度、较一致；表皮光洁，果萼较鲜绿，无损伤；果实较坚实、富有弹性
二级	外观基本一致，稍有变形；稍欠成熟或稍过熟；表皮光洁，果萼轻微萎蔫，无损伤；果实弹性稍差

表 7-33　　　　　　　　　　　　番茄规格

规格	大（L）	中（M）	小（S）	樱桃番茄
直径（厘米）	＞7	5～7	＜5	2～3

（2）允许误差范围。按数量计，特级允许有 5％的产品不符合该规格规定要求，一级和二级允许有 10％的产品不符合该规格规定要求。

3. 包装

（1）基本要求。同一包装箱内，应为同一等级、同一规格的产品。包装内的可视部分产品应具有整批包装番茄的代表性。

（2）包装材质。采用纸箱包装，包装材质执行应符合 GB/T 6543 的规定。纸箱无受潮离层、无污染、损坏、变形现象，纸箱上留有透气孔。

（3）包装方式。产品整齐摆放，果蒂朝下。视体积大小，码放 2～3层，层与层之间加以衬板。

（4）净含量及允许负偏差。每一包装单位净含量应符合表 7-34 的要求。

（5）限度范围。每批受检样品质量和大小不符合等级、规格要求的允许误差按所检单位的平均值计算，其值不应超过规定限度，且任何所检单位的允许误差值不应超过规定的 2 倍。

表 7-34 　　　　　　　净含量及其允许负偏差

每个包装单位净含量	允许负偏差
≤10 千克	≤5％
10～15 千克	≤3％

4. 标志

包装箱上应有明显标志，内容包括产品名称、等级、规格、产品执行标准编号、生产单位及详细地址、净含量和采收日期、包装日期。若需冷藏保存，应注明保藏方式。标注内容要求字迹清晰、规范、准确。

第三十节　茄子的贮藏保鲜方法

一、茄子的贮藏特性

茄子原产印度和东南亚，是热带地区喜温植物，耐热不耐寒，对低温很敏感，在 7 ℃以下贮藏会出现冷害。茄子贮藏中的主要问题是果柄脱落、种子硬化、果肉干耗与果实腐烂。用于贮藏的茄子应在果实充分长大、果皮着色、表皮光亮平滑、种子尚未发育完全（刚开始转成黑色）时采收。一般在八成熟时采收。如采收过晚，茄子过熟老化，食用价值降低。采收时最好用剪刀带果柄剪下，贮藏时保留大萼片和一小段果柄。

茄子贮藏的适宜温度为 10℃～13℃，相对湿度 85％～92％。茄子对二氧化碳比较敏感，气调贮藏时宜采用低氧气、低二氧化碳指标，以降低呼吸作用强度和体内乙烯合成，对防止果梗脱落和保鲜有一定效果。茄子一般贮藏期为 30～40 天。

二、茄子的冷藏保鲜方法

选择八成熟的茄子，在晴天的傍晚采收。采后迅速运输到预冷场所，及时进行整理，并按照标准及时分级、预冷、包装。每批次茄子规格应一致。装运前，应预冷到 9℃～12℃。预冷后用聚乙烯塑料袋分装。运输时要做到轻装轻卸，严防机械损伤。运输工具应清洁、卫生，无污染。贮藏、运输过程中应保持温度 10℃～14℃，湿度 90％～95％。并注意定期通风换气，以排除室内果实呼吸作用释放的气体。

三、茄子的窖藏保鲜

应选择地势高燥、排水良好的地方挖沟作贮藏窖。一般沟深 1 米、宽 1.0～1.5 米，长度视茄子的数量而定。宜选择八成熟、无机械伤、无虫伤、无病害、中等大小的果实用于贮藏。果实应先在阴凉处预贮，待品温和窖温下降后入沟贮藏。入沟时，应将果柄朝下，逐层码放。第二层茄子的果柄要插入第一层果实的空隙中，以防刺伤果实。如此码放 5～8 层，在最上面加盖一层干净的稻草或麦秆，以后随气温下降逐层覆土。为防茄子在沟内生热，在堆码茄子时，可每隔 3～4 米竖一根用竹丝织成的通风筒和测温筒，用于调节沟内的温度，将温度尽可能调节到 10℃～20℃。沟内温度过低时，应加厚土层，关闭通风筒和测温筒；沟内温度过高时，应打开通风筒和测温筒，以通风换气。采用这种方法一般可使茄子贮藏保鲜 40～60 天。在贮藏期间要勤检查，发现病果或腐烂果，要及时剔除。

四、茄子塑料帐贮藏保鲜

将按以上要求选好的茄子放入 25℃以下的库房里，装箱、堆码成垛，用聚乙烯薄膜帐罩上、密封，将帐内氧含量控制在 2％～5％，二氧化碳含量控制在 5％左右。此法贮藏茄子 40 天左右，可保持原有的品质和鲜度。

五、茄果类蔬菜贮藏保鲜技术规程

为了指导经营者搞好茄果类蔬菜的贮藏保鲜，农业部发布了《茄果类蔬菜贮藏保鲜技术规程》（NY/T 1203）。该规程规定了茄果类蔬菜贮藏保鲜的采收和质量要求、贮藏前库房准备、预冷、包装、入库、堆码、贮藏、运输及出库等技术要求，适用于辣椒、甜椒、茄子、番茄和樱桃番茄新鲜茄果类蔬菜的非制冷贮藏和机械冷藏。现将该规范的主要内容摘录如下，供广大读者参考。

1. 采收和质量要求

（1）采收要求。采收前 3～7 天不宜灌水，遇雨天应推迟采收时间；采摘时间宜在当天气温较低、无露水时进行；采收宜选择植株中、上部着生的果实；采摘时不要扭伤果柄，宜用剪刀连果柄一起剪下，贮藏时保留萼片和一段果柄。

（2）质量要求。产品卫生指标应符合相应的标准规定。贮藏所用果实应新鲜、完好、无泥土、无病虫害、无冻伤及其他损伤，具有该品种固有的色泽；果柄新鲜、无明显机械损伤。采收成熟度的选择：辣椒和甜椒应选择已充分膨大、颜色深绿、果面光亮、果肉坚挺的青果，果柄和萼片均为绿色。茄子应在果实发育足够大，果皮已着色均匀、光亮平滑、韧而不老时采收。番茄应根据贮藏期长短及运输距离远近而定，用于中长期贮藏及远距离运输的时实应在绿熟期至变色期采收，用于短期贮运的果实可选择在红熟前期至红熟中期采收；樱桃番茄宜在果皮已基本转色、果实未软化时采收。

2. 贮藏前库房准备

（1）库房消毒。产品入库前，要对库房和用具进行清洁与消毒。

（2）库房降温。产品入库前，应将库房温度预先降至或略低于产品贮藏要求的温度。

3. 预冷和包装

（1）预冷。采后要及时预冷，无机械制冷设施的可利用外界气温较低时通风预冷；有机械制冷设施的可放入恒温冷库或预冷库进行预冷。要求在采后 24 小时左右将产品温度预冷至贮藏温度。由于番茄的自然后熟速度很快，果实采后应在 12 小时内迅速将产品温度预冷至贮藏温度。

（2）包装。茄果类蔬菜包装可采用竹、塑料筐、板条箱或瓦楞纸箱等容器包装。用竹筐、塑料筐或板条箱等透风性容器包装时，箱体内筐上下及四周应衬包装纸，装箱（筐）后应避免箱（筐）内果实裸露可见，主要用于通风库、阴凉房、土窖和地下室等的短期贮藏或短途运输；瓦楞纸箱包装方法是将果实充分预冷后，装入内衬塑料薄膜保鲜袋的瓦楞纸箱中，在表层果实上放一层包装纸或吸水纸，袋口平折或松扎，主要用于机械冷库的中长期贮藏或长途运输。包装材料应符合国家相关安全卫生标准要求，产品的包装与标志应符合 SB/T 10158《新鲜蔬菜包装通用技术条件》和 GB 7718《食品安全国家标准　预包装食品标签通则》的有关规定。

4. 入库和堆码

（1）入库。非制冷贮藏应在早晚温度较低时将包装产品分期分批入库，入库量每次不宜超过库容量的 30%，等温度稳定后再入第二批；机械冷藏应在产品降至贮藏温度时入库。不同种类和不同贮藏温度要求的茄果类蔬菜不宜放在同一库中贮藏。非制冷贮藏可选用散堆或码垛等堆放方式；机械冷藏可选用码垛堆放或货架堆放等方式。

（2）堆码。堆码的方式应符合库体设计要求，以有利于空气流通，保持库内温湿度均衡及管理方便为宜，堆积不要过于紧密。

5. 贮藏

（1）贮藏条件。茄果类蔬菜适宜的贮藏温度和相对湿度见表 7－35。短期贮运时，使用瓦楞纸箱加塑料薄膜保鲜袋包装的辣椒可采用 4℃～5℃的低温贮运，甜椒可采用 5℃～6℃的低温贮运；樱桃番茄和红熟后期番茄可采用 1℃～3℃的低温贮运。

（2）贮藏管理。①温度和湿度管理。整个贮藏期间要保持库温和库内相对湿度的稳定，特别是辣椒和甜椒贮藏过程中要尽量防止果实表面结露。要定时检测库内温度和相对湿度，温湿度检测方法应按照 GB/T 9829《水果和蔬菜　冷库中物理条件　定义和测量》的规定执行。在环境空气湿度低于贮藏要求的相对湿度时，应人工加湿，加湿方法可采用库内喷水雾或地面洒水，或在堆垛的表面盖一层湿毛巾被保湿，或罩上塑料薄膜帐等。当环境空气湿度高于贮藏要求的相对湿度时，可应用各种吸湿剂或使用除湿机降湿。②通风换气。贮藏期间，应安装通风装置，并适时适度更换新鲜空气，通常一周内至少应对库房通风换气一次。对非制冷贮藏，当产品温度偏高时，可利用夜间或早上外界气温较低时进行通风换气；当产品温度偏低时，可利用中午外界气温较高时进行通风换气。对机械冷藏，尽量选择外界气温与贮藏温度比较接近的时间换气。③质量检查。贮藏期间应定期抽样，检查果实有无病害、冷害、转色、失水和腐烂等情况发生，发现问题及时处理。

（3）贮藏期限。商业上短期贮藏期一般为 7～15 天，中长期贮藏期一般为 20～35 天。

表 7 - 35　　　　　　茄果类蔬菜适宜贮藏温度和湿度条件

名称	贮藏温度（℃）	贮藏湿度（℃）
辣椒	7～9	90～95
甜椒	9～11	90～95
茄子	10～13	85～90
番茄	10～13	80～90
樱桃番茄	2～4	85～95

6. 出库

贮后出库的产品要求果实新鲜，具有本品种的色泽、风味，品味正常。出库后的产品应缓慢升温，以防果实结露劣变；应轻搬、轻放、轻拿，避免果实损伤。

7. 运输

应根据贮运期间产品的保持需要选择适宜的运输工具与方法。运输过程中的温度、相对湿度和通风换气等要求与贮藏条件基本一致。装卸时，应轻搬轻放，严防机械损伤，不得使用有损包装件的工具；同时装卸过程中要注意防淋防晒、防热防寒，必要时应采取相应的防护措施。

六、茄子的等级规格

为了规范茄子的等级规格，农业部发布了标准《茄子等级规格》（NY/T 1894）。该标准规定了茄子的等级、规格、包装、标志和图片的要求，适用于鲜食茄子。现将该标准的主要内容摘录如下：

1. 等级

（1）基本要求。茄子应符合下列基本条件：同一品种或果实特征相似品种；已充分膨大的鲜嫩果实，无籽或种子已少量形成，但不坚硬；外观新鲜；无任何异常气味或味道；无病斑、无腐烂；无虫害及其所造成的损伤。

（2）等级划分。在符合基本要求的前提下，茄子分为特级、一级和二级，等级应符合表 7 - 36 的规定。

（3）等级允许误差范围。按其质量计，特级允许 5％的产品不符合该等级的要求，但应符合一级的要求；一级允许 5％的产品不符合该等级的要求，但应符合二级的要求；二级允许 10％的产品不符合该等级的要求，但应符合基本要求。

表 7-36 茄子等级划分

等级	要求
特级	外观一致，整齐度高，果柄、花萼和果实呈该品种固有的颜色，色泽鲜亮，不萎蔫；种子未完全形成；无冷害、冻害、灼伤及机械损伤
一级	外观基本一致，果柄、花萼和果实呈该品种固有的颜色，色泽较鲜亮，不萎蔫；种子已形成，但不坚硬；无明显的冷害、冻害、灼伤及机械损伤
二级	外观相似，果柄、花萼和果实呈该品种固有的色泽，允许稍有异色，不萎蔫；种子已形成，但不坚硬；果实表面允许稍有冷害、冻害、灼伤及机械损伤

2. 规格

（1）规格划分。根据果实的形状分为长茄、圆茄和卵圆茄；根据果实的整体大小分为大（L）、中（M）和小（S）三个规格，具体要求应符合表 7-37 的规定。

（2）规格允许误差。按数量或质量计，特级允许有 5% 的产品不符合该规格规定要求，一级允许有 10% 的产品不符合该规格规定要求，二级允许有 10% 的产品不符合该规格规定要求。

表 7-37 茄子规格划分

	大（L）	中（M）	小（S）
长茄（果长），厘米	>30	20~30	<20
圆茄（横径），厘米	>15	11~15	<11
卵圆茄（果长），厘米	>18	13~18	<13

注1：长度指果柄到果尖之间的距离，横径指垂直于纵轴方向测量获得的茄子的最大距离

2：在测量圆茄的横径时，不能通过 15 厘米孔径为大（L），可以通过 15 厘米孔径但不能通过 11 厘米孔径的为中（M），可以通过 11 厘米的为小（S）

3. 包装

（1）基本要求。同一包装内产品的采收日期、产地、品种、等级、规格应一致；应按相同顺序摆放整齐、紧密；包装内产品的可视部分应具有整个包装产品的代表性。

（2）包装方式。产品整齐摆放，宜使用瓦楞纸箱或聚苯乙烯泡沫箱进行包装，且包装材料应清洁干燥、牢固、透气、无污染、无异味、无虫蛀，且符合 GB/T 5033、GB/T 6543 或 GB 9689 的要求。

（3）单位包装中净含量的要求及允许负偏差。根据茄子规格和使用

包装材料的不同，允许设计不同规格的包装容器，但每包装单位的净含量应小于 20 千克。每包装单位净含量允许负偏差按国家质量监督检验检疫总局令（2005）第 75 号的规定。

（4）限度范围。产品抽检按 GB 8855 的规定执行。每批受检样品允许存在等级、规格方面的不符合项。不符合项百分率按所检单位样品的平均值计算，其值不应超过规定的偏差限度，且任何所检单位的不符合项百分率不应超过规定值的 2 倍。

4. 标志

包装容器外观应明显标志的内容包括产品名称、等级、规格、产品执行标准编号、生产和供应商及详细地址、产地、净含量和采收、包装日期和贮存要求。标注内容要求字迹清晰、牢固、完整、准确。包装容器外部应注明防晒、防雨、防摔和避免长时间滞留标识，标志应符合 GB 191 的要求。

第三十一节　辣椒的贮藏保鲜方法

一、辣椒的贮藏特性

辣椒一般以鲜嫩果实青椒供贮藏。不同品种青椒的贮藏适温不同，一般为 9℃～12℃，低于 8℃会出现冷害。受冷害的果实出现水渍状斑块，严重时斑块扩大，抗病力降低，在高湿度条件下易感染黑腐病，并迅速蔓延，在室温下发展更快，并迅速溃烂。遭受冷害的青椒，在低温下症状表现不明显，一旦移出冷库便快速发展。青椒贮藏的主要任务是要抑制果实变红、失重萎蔫、遭受冷害和腐烂变质等。贮藏温度高于 13℃，青椒会逐渐变红、衰老和腐烂。青椒适宜贮藏的相对湿度为 85%～95%，低于 70% 果实易干耗，发生萎蔫；高于 90%，真菌繁殖快，果实易腐烂。青椒冷藏期可达到 30 天以上。通过贮藏环境气体成分的调节，可延长青椒的贮藏期。青椒贮藏适宜的氧气浓度为 2%～7%，二氧化碳浓度为 1%～2%。二氧化碳浓度长时间高于 2%，可能会引起青椒二氧化碳中毒，造成青椒萼片和果实腐烂。红椒也可用于贮藏运输，但贮藏期限比青椒短，冷藏温度可比青椒低 2℃～3℃。

二、青椒的冷藏保鲜

青椒以果实充分长大，达到商品成熟的色泽时采收。从开花到采收，一般需要 20 天左右。果实宜在晴天早晨采收，以防止果实体温偏高。采收所用工具应清洁卫生、无污染。青椒应带柄采收，以确保果肉不收伤害。青椒采收后应迅速预冷到 8℃～10℃，以降低果实田间热，延长果实保鲜期。预冷后立即放入聚乙烯塑料袋中，轻轻扎紧袋口，再置于带有通气孔的贮藏箱中，送入冷藏库，分层摆放在贮藏架上。入库时，要根据不同品种、不同入库时间分类入库保管，以便随时调运，且不会发生混杂现象。冷藏温度一般为 8℃～10℃。在此温度下，青椒一般可贮藏 30 天以上。

三、青椒的缸藏法

先将缸内用 1‰漂白粉水溶液浸泡 1 小时，再用清水洗涤干净、晾干、摊凉，然后把选好的青椒轻轻摆放在缸内。摆放时将果柄向上，一直摆到近缸口处，上面用塑料薄膜封口，然后将缸放在室内阴凉处贮藏。贮藏期间，每隔 7～10 天揭开封口透气一次，每次以 10～15 分钟为宜。若气温低于 5℃，可在缸口和缸周加盖草毡以防寒。只要管理得当，青椒可贮藏 20～30 天。

四、青椒的沟藏法

应选择地势较高，地下水位低的地方，挖深 1 米、宽 1 米的沟，长度视贮藏数量而定。将待贮青椒运至沟旁，先在沟底铺一层湿润、干净的细沙，厚约 3 厘米，然后在沟内按一层青椒一层细沙依次堆放，最上层再盖一层厚度约 10 厘米的沙子。青椒与沙子的总厚度约为 0.5 米。在沟顶横放秸秆或竹竿，再盖上草毡。在沟的上方设置防雨设施，以防雨水漏入沟内引起青椒腐烂。贮藏期间，应加强温湿度管理，尽可能使沟内温度维持在 8℃～10℃，湿度维持在 80％～85％。贮藏前期应注意通风换气以防止温度过高。贮藏后期应注意增加草毡厚度，以防止温度过低。青椒在 5℃ 以下易出现低温伤害（冷害），低温伤害的果实出现水渍状斑块，食用价值降低。贮藏期间，应每隔 15 天检查、翻动一次，及时清除腐烂果实，将不宜继续贮藏但仍有食用价值的青椒上市以减少损失。

五、青椒的窖藏

通常用地下或半地下井窖贮藏青椒。如果是老窖，应先进行消毒处理。方法是用 1％～2％的甲醛喷洒窖内；也可用臭氧处理窖内，用量为40 毫克/米³ 处理后密闭 24～48 小时，再通风换气以排尽残药。消毒处理时，人要离开菜窖，以确保人身安全。新窖可不进行消毒处理。然后将青椒装入干净的筐内，送入窖内堆码成垛，垛与垛之间留有适当间隙。每垛外面再罩上一个塑料薄膜帐，以保证湿度。贮藏期间，每隔 7～10 天检查一次，及时清除腐烂果实。

六、青椒的常温气调贮藏

选择耐贮的品种，在果实颜色由浅绿色全部变为蓝绿色时带柄采收。采收后，将青椒果实用 0.01 克/千克的稳定态二氧化氯溶液浸泡 1 分钟，晾干后装入 0.10 毫米厚的聚乙烯塑料袋，用绳子扎紧袋口，放入蔬菜贮藏箱，置于室内常温下贮藏。采用快速充氮降氧法，即人工抽出袋内部分氧气，充入氮气使袋内氧气浓度控制在 5%～7%，二氧化碳浓度（袋内用消石灰吸收）控制在 5% 以下。贮藏期间，经常进行袋内气体组成的监测，始终控制袋内气体成分在所要求的范围内。用此法贮藏青椒两个月，好果率可达 90% 以上。

七、红椒的冷藏保鲜

红椒一般在果实颜色九成变红时采收。采收后选择完好的红椒，迅速送入预冷间预冷，使果实温度达到 6℃～8℃，然后将红椒装入聚乙烯塑料袋中，轻轻扎紧袋口，在 6℃～8℃ 温度下贮藏。此法可将红椒贮藏 30～50 天。家中少量红椒贮藏，也可将红椒晾干表面水分后装入保鲜袋中，再放入冰箱中冷藏。如果贮藏期间红椒果实有水渍状斑块出现，表明贮藏温度过低，果实出现了冷害。出现轻微冷害的红椒虽可食用，但不宜继续贮藏。

八、青椒标准化贮藏技术（四川）

为了指导经营者搞好青椒贮藏，四川省质量技术监督局发布了《鲜食辣椒采后处理技术规程》标准（DB51/T 1372）。该标准规定了鲜食辣椒果实的采收、采后处理、包装、标志、贮藏方法、运输等技术要求，适用于四川圆锥形鲜食辣椒的采后处理。现将该标准的主要内容摘录如下，供广大经营者参考。

1. 采收

（1）采收期确定。采收期根据品种特性、用途、销售远近等情况确定。产地鲜销的成熟度要求达到该品种（品系）的固有色泽、风味、香气，质地脆嫩。运往外地的应比产地鲜销的适当提前采收。出口外销的应根据进口国和地区的要求确定。采后贮藏的成熟度要求充分膨大、果肉厚而坚挺、果面有光泽，果面颜色以浅绿转变成深绿色，果柄和萼片均为绿色时采收。

（2）采收时间。在天气晴朗、气温较低的早晨或傍晚采摘。

（3）采收方法。选择植株中、上部着生的果实，用平头锋利的剪刀带果柄一起剪下；用手摘椒时一定要注意先剪齐指甲，戴上手套，小心托住果实，均匀用力，左右摇动使其脱落，保留萼片和一段果柄。整个采收过程注意轻拿轻放，尽量减少转筐（箱）、倒筐（箱）次数。一般每一容器（箱、筐）盛装量不超过 10 千克为宜。

2. 采后处理

（1）挑选。人工初选，剔除病、虫、伤、烂和畸形果。

（2）贮前处理。用清水洗去表面污物，有条件的可用 35℃～50℃热水或热空气处理 10 分钟；或 0.5％不含氯的钙溶液浸泡 10 分钟。

（3）分级。将符合要求的产品按不同品种、等级、大小分别包装。等级规格标准按照 NY/T 944《辣椒等级规格》执行。

（4）包装。装入瓦楞纸箱或泡沫箱中，同一箱内产品的等级、规格一致，每箱重量不超过 20 千克为宜，将箱口封牢；包装袋或包装箱上应标明品名、等级规格、净重、产地。

（5）预冷。包装后应及时预冷，24 小时内将产品温度预冷至贮藏温度。要求预冷库温度 10℃±1℃，相对湿度 80％以上。预冷时将菜箱顺着冷库冷风流向码放成排，箱与箱之间留出 5 厘米缝隙，每排间隔 20 厘米，菜箱不能紧靠墙壁，应留出 30 厘米的风道。

3. 贮藏

（1）库房与容器消毒。参照 NY/T 1203《茄果类蔬菜贮藏保鲜技术规程》执行。

（2）包装件堆放要求。包装件应分批码垛堆放；每垛应挂牌分类，标明品种、入库日期、数量、质量、检查记录；要求箱体堆码整齐，并留有通风道；贮藏时不宜与有毒、有异味的物品混放。

（3）贮藏方法。可选用以下贮藏方法：①普通冷藏法：8℃±1℃是青椒贮藏的安全温度，避免 3℃以下低温长期贮藏；相对湿度控制在 90％～95％为宜。贮期管理按照 NY/T 1203《茄果类蔬菜贮藏保鲜技术规程》执行。②冷藏结合塑料小包装自发气调法：温度为 8℃±1℃，相对湿度为 90％～95％，孔径为 1 毫米，孔密度为每 60 平方厘米 30 个的聚乙烯薄膜袋包装后贮藏。③气调贮藏法：温度为 8℃±1℃，相对湿度为 90％～95％，气体指标为 2％～7％ 氧气，1％～2％ 二氧化碳，按 GB/T 23244《水果和蔬菜　气调贮藏技术规范》执行。

4. 包装

包装材料应符合国家相关安全卫生标准要求，按 SB/T 10158《新鲜蔬菜包装通用技术条件》规定执行。出库包装主要使用瓦楞纸箱或泡沫箱，包装的规格大小根据运输、销售的需要而定，直接运往超市的优等果要求小而精美，贮藏和远距离运重量一般不超过 20 千克。同一包装内产品的等级、规格应一致。瓦楞纸箱要求按 GB/T 6543《运输包装用单瓦楞纸箱和双瓦楞纸箱》规定执行。贮藏后作为配送的鲜食辣椒可用托盘加透明薄膜包装，一盒包 8～10 个果。

5. 标志

包装标志符合 NY/T 1655《蔬菜包装标识通用准则》的有关规定。标识的内容准确、清晰、显著，所有文字使用规范的中文。包装物上或附加标志物应标明品名、产地、生产者、产地编码、生产日期、认证标志、产品质量等级和规格、贮存条件和方法等。标志文字：内销果中文标志，外销果中外文标志，外文语种依出口国家或地区而定。

6. 运输

运输工具清洁、干燥、无毒、无污染、无异物，要求有通风、防晒和防雨雪渗入的设施。装运及堆码轻卸轻放，通风堆码，不允许混装。长途运输需要采用冷链系统，运输温度以 10℃～12℃较为经济，最高不超过 13℃，运输时间超过 10 天后或贮藏后再运的青椒，运输温度应保持在 8℃。如有条件，运输工具最好采用冷藏车。出口的运输条件应按所出口国家或地区的要求执行。

九、辣椒的等级规格

为了规范辣椒的等级规格，农业部发布了标准《辣椒等级规格》（NY/T 944）。该标准规定了辣椒的等级、规格、包装和标志，适用于鲜食羊（牛）角形、圆锥形、灯笼形辣椒，不适用于加工用辣椒。现将该标准的主要内容摘录如下：

1. 等级

（1）基本要求。根据对每个等级的规定和允许误差，辣椒应符合下列基本条件：新鲜；果面清洁，无杂质；无虫及病虫所造成的损伤；无异味。

（2）等级划分。在符合基本要求的前提下，辣椒分为特级、一级和二级，等级应符合表 7-38 的规定。

（3）允许误差范围。按其质量计，特级允许 10％的产品不符合该等级的要求，但应符合一级的要求；一级允许 12％的产品不符合该等级的要求，但应符合二级的要求；二级允许 15％的产品不符合该等级的要求，但应符合基本要求。

表 7-38　　　　　　　　　　　辣椒等级

等级	要　　求
特级	外观一致，果实呈现该品种固有的颜色，色泽一致；质地脆嫩；果柄切口水平、整齐（仅适用于灯笼形）；无冷害、冻害、灼伤及机械损伤，无腐烂
一级	外观基本一致，果梗、萼片和果实呈该品种固有的颜色，色泽基本一致；基本无绵软感；果柄切口水平、整齐（仅适用于灯笼形）；无明显的冷害、冻害、灼伤及机械损伤
二级	外观基本一致，果梗、萼片和果实呈该品种固有的色泽，允许稍有异色；果柄劈裂的果实数不应超过 2％；果实表面允许有轻微的干裂缝及稍有冷害、冻害、灼伤及机械损伤

2. 规格

（1）规格划分。本标准根据果实的不同形状分别以长度和横径来划分辣椒的规格，分大、中、小三个规格，规格的划分应符合表 7-39 的要求。

（2）规格允许误差范围。①大（L）。按质量计，特级允许有 5％的果实长度不符合该规格规定要求，一级允许有 7％的果实长度不符合该规格规定要求，二级允许有 10％的果实长度不符合该规格规定要求。②中（M）。按质量计，特级允许有 3％的果实长度不符合该规格规定要求，一级允许有 5％的果实长度不符合该规格规定要求，二级允许有 7％的果实长度不符合该规格规定要求。③小（S）。按质量计，特级允许有 5％的果实长度不符合该规格规定要求，一级允许有 7％的果实长度不符合该规格规定要求，二级允许有 10％的果实长度不符合该规格规定要求。

表 7-39　　　　　　　　　　　辣椒规格划分

形　　状	规　　格		
	大（L）	中（M）	小（S）
羊角形、牛角形、圆锥形长度（厘米）	＞15	10～15	＜10
灯笼形横径（厘米）	＞7	5～7	＜5

3. 包装

（1）包装要求。同一包装箱内，应为同一等级和同一规格的产品，包装内的产品的可视部分应具有整个包装产品的代表性。

（2）包装方式。产品整齐摆放，视体积大小，码放 2～3 层（灯笼形）或 4～5 层（羊角形、牛角形、圆锥形）。

（3）包装材质。采用纸箱包装，瓦楞纸箱应符合 GB/T 6543 的规定，纸箱无受潮离层、无污染、损坏、变形现象，纸箱上留有透气孔。

（4）单位包装中净含量的要求及最大允许负偏差。每一包装单位净含量应符合表 7-40 的要求。

（5）限度范围。每批受检样品不符合等级、规格要求的允许误差按所检单位的平均值计算，其值不应超过规定限度，且任何所检单位的允许误差值不应超过规定的 2 倍。

表 7-40　　　　　　　　净含量及其允许负偏差

每个包装单位净含量	允许负偏差
≤10 千克	≤5%
10～15 千克	≤3%

4. 标志

包装箱上应有明显标志，内容包括产品名称、等级、规格、产品执行标准编号、生产单位及详细地址、产地、净含量和采收、包装日期。若需冷藏保存，应注明保藏方式。标注内容要求字迹清晰、规范、准确。

第三十二节　豆类蔬菜的贮藏保鲜方法

一、豆类蔬菜标准化贮藏保鲜技术规程

为了指导生产和经营者搞好豆类蔬菜的贮藏保鲜，农业部发布了《豆类蔬菜贮藏保鲜技术规程》（NY/T 1202）。该规程规定了豆类蔬菜贮藏保鲜的采收和质量要求、贮藏前库房准备、预冷、包装、入库、堆码、贮藏、运输及出库等技术要求，适应于菜豆、豇豆、豌豆和毛豆等新鲜豆类蔬菜的贮藏。现将该标准的主要内容摘录如下：

1. 采收和质量要求

（1）采收要求。采摘宜在当天气温较低时进行；采摘时宜选择植株生长发育部位正常的豆类；在采收和运输中要尽量减少豆荚损伤，尤其

是豆荚尖端。

（2）质量要求。产品卫生指标应符合 GB 2762《食品安全国家标准　食品中污染物限量》及 GB 2763《食品安全国家标准　食品中农药最大残留限量》的规定。豆荚应外形完好、新鲜、无褐斑、无病虫害及其他损伤。采收成熟度除考虑品种外，还应根据市场需要和产品用途综合考虑。

2. 贮藏前库房准备

（1）库房消毒。产品入库前，要对库房和用具进行清洁和消毒。

（2）库房降温。产品入库前，应将库房温度预先降至或略低于产品贮藏要求的温度。

3. 预冷和包装

（1）预冷。豆类蔬菜采收后应立即、快速预冷，应在采后 12 小时内将产品温度预冷到贮藏适宜温度。可采用预冷库强制通风预冷，也可采用清洁、无污染的冰水预冷。

（2）包装。可采用塑料筐、板条箱、瓦楞纸箱等容器包装。用塑料筐、板条箱等透风性容器直接包装的，在贮藏冷库码垛后，再外罩塑料薄膜帐；用瓦楞纸箱包装的，应在豆荚充分预冷后，装入内衬塑料薄膜保鲜袋的瓦楞纸箱中，在表层豆荚上放一层包装纸或吸水纸，再平折或松扎袋口。采用隔热保温包装贮运的豆类蔬菜则在预冷后直接用泡沫箱包装。包装材料应符合国家相关安全卫生标准要求；产品的包装与标志应符合 SB/T 10158《新鲜蔬菜包装与标识》和 GB 7718《食品安全国家标准　预包装食品标签通则》的有关规定。

4. 入库与堆码

豆类蔬菜经过预冷和包装后应及时入库冷藏；堆码方式可根据实际情况合理安排，货垛排列、走向及间距应尽量与库内空气环流方向一致，以保持库内温湿度的均衡。

5. 贮藏

（1）贮藏条件。几种主要豆类蔬菜的贮藏温度和相对湿度见表 7 - 41。

表 7 - 41　　　豆类蔬菜适宜贮藏温度和相对湿度

中文名称	贮藏温度（℃）	贮藏环境相对湿度（%）
菜豆	6～8	90～95
豇豆（豆角）	7～9	85～90
豌豆	1～3	85～90
毛豆	0～2	90～95

（2）贮藏管理。①温度和湿度管理。要定时检查库内温度和相对湿度，温湿度检验方法按照 GB/T 9829《水果和蔬菜　冷库中物理条件定义和测量》的规定执行。整个贮藏期间要保持库内温度和相对湿度的稳定。②通风换气。贮藏期间，为防止库房或包装袋内二氧化碳积累过多对产品造成伤害，应适时湿度更换新鲜空气。一周内至少应对库房通风换气一次，尽量选择外界气温与贮藏温度比较接近的时间换气。③质量检查。贮藏期间，要定期抽样，检查产品有无褐斑、腐烂等情况的发生，发现问题及时处理。

（3）贮藏期限。贮藏期限随种类品种、采摘条件和贮藏方法不同而不同。在上述温度和湿度条件下，贮藏期限一般为 10～30 天。

6. 出库

贮藏后出库的豆荚，要求色泽、风味正常，未纤维化（食荚豆类）和老化，基本无褐斑和腐烂。

7. 运输

应根据贮藏期间产品的保质需要选择适宜的运输工具及方法。运输过程中宜保持冷藏状态，长途运输应选择配有机械冷藏设施的运输工具，无机械冷藏设备的长途运输宜在产品预冷后采用保温包装，并配备保温设施。运输过程中的温度、湿度和通气要求与冷藏的要求基本一致。装卸时，应轻搬轻放，严防机械损伤，不得使用有损包装的工具。同时，装卸过程中应注意防淋、防晒、防热、防寒，必要时应采取相应的防护措施。

二、豆类蔬菜采后处理技术规程（北京）

为了指导经营者搞好豆类蔬菜的采后处理，北京市质量技术监督局发布了《蔬菜采后处理技术规程　第六部分：豆类》（DB11/T 867.6），规定了豆类蔬菜采后处理各环节的技术要求。现将该标准的有关内容摘录如下：

1. 采收与分级

（1）采收。应选择气温较低时采收，避免雨水和露水。应选择最佳商品成熟度采收。应轻拿轻放，防止机械损伤。

（2）基本要求。每一包装、批次为同一品种。应具有该品种的形状和色泽。无腐烂、无病虫害、无低温伤害和其他伤害。

（3）等级规格。应将符合基本要求的豆类蔬菜分为一级、二级和三级。不同种植户应按等级规格要求进行采收和分级。豆类蔬菜的规格应符合表 7 - 42 的规定。不同种类豆类蔬菜的等级规格见附录 7 - 10。

表 7 - 42　　　　　　　　　　　豆类等级

一　　级	二　　级	三　　级
成熟度适宜 新鲜、挺直，清洁、无杂物 无畸形，无机械伤 个体大小差异不超过均值的 5%	成熟度较适宜 较新鲜、清洁、无杂物 无畸形、无机械伤 个体大小差异不超过均值的 10%	成熟度尚适宜 较新鲜、清洁、无杂物 无畸形，有轻微机械伤 个体大小差异不超过均值的 20%

2. 产地包装

产地包装宜采用塑料周转箱或纸箱。塑料周转箱应符合 GB/T 5737《食品塑料代替周转箱》的规定，纸箱应符合 GB/T 6543《运输包装用单瓦楞纸箱和双瓦楞纸箱》的规定。采收前将包装箱备放在地头，并在箱体上标注生产者信息。采收后，将同一等级的茄豆类蔬菜放置在同一塑料周转箱内。在气候干燥季节，塑料周转箱的底部和两个长面，要衬上塑料薄膜，防止失水。

3. 产地短期存放

产地存放时间不宜超过 4 小时。如不能及时运走，宜在温度 9℃～10℃，相对湿度 90% 以上的条件下存放。

4. 运输

（1）普通车运输要注意防晒、保湿和通风，夏季应注意降温，冬天应注意防冻。从采收到集散中心，不超过 6 小时。

（2）夏天宜采用冷藏车运输，冷藏车温度控制在 10℃。外界最高气温低于 15℃ 时，可采用保温车运输。

5. 预冷

（1）冷库预冷。预冷库温度为 9℃～10℃，相对湿度为 90% 以上。应将菜箱顺着冷风的流向堆码成排，箱与箱之间应留出 5 厘米宽的缝隙，每排间隔 20 厘米。菜箱与墙体之间应留出 30 厘米的风道。菜箱的堆码高度不得超过冷库吊顶风机底边的高度。预冷应使菜体达到 12℃ 左右。

（2）压差预冷。预冷库温度为 9℃～10℃，相对湿度为 90% 以上。每预冷批次应为同一种蔬菜。预冷前，应将菜箱整齐堆放在压差预冷设备通风道两侧，菜箱要对齐，风道两侧菜箱要码平。如预冷的菜量小，可于通风道两侧各码一排；如预冷的菜量大，可于通风道两侧各码两排。堆码高度以低于覆盖物高度为准。应根据不同压差预冷设备的大小，确定每次的预冷量。菜箱码好后，应将通风设备上的覆盖物打开，平铺盖在菜体上，侧面覆盖物要贴近菜箱垂直放下，防止覆盖物漏风。预冷时，打开压差预冷风机，菜体达到12℃左右时，便可关闭预冷风机。

6. 配送包装方式

配送小包装可采用托盘加透明薄膜或塑料袋包装。也可用胶带捆扎或整齐码放。每个包装应标注或者附加标识标明品名、产地、生产者或者销售者名称、生产日期。

7. 销售

常温销售时，柜台上应少摆放蔬菜，随时从冷库中取出补充。低温销售应控制温度在9℃～10℃。不能及时出库的叶菜，应放置在温度10℃，相对湿度90％以上的冷库中贮存。

附录 7 - 10　不同种类豆类蔬菜的等级规格
（资料性附录）

菜豆等级规格

等级	一　级	二　级	三　级
等级	①豆荚鲜嫩，易折断 ②色泽良好，新鲜、挺直 ③无锈斑，无机械伤 ④个体大小差异不超过均值的5％	①豆荚较鲜嫩 ②色泽较好，较新鲜 ③无锈斑，有轻微机械伤 ④个体大小差异不超过均值10％	①豆荚较鲜嫩 ②色泽尚好，较新鲜 ③有轻微锈斑，有轻微机械伤 ④个体大小差异不超过均值的20％
规格	同品种分大中小三个规格		

豇豆等级规格

等级	一　级	二　级	三　级
等级	①豆荚发育饱满，荚内种子不显露 ②色泽良好，新鲜 ③无锈斑，无机械伤 ④个体大小差异不超过均值的5％	①豆荚发育饱满，荚内种子略显露 ②色泽较好，较新鲜 ③无锈斑，有轻微机械伤 ④个体大小差异不超过均值的10％	①豆荚发育饱满，荚内种子显露 ②色泽尚好，较新鲜 ③有轻微锈斑，有轻微机械伤 ④个体大小差异不超过均值的20％
规格	同品种分大中小三个规格		

三、豇豆贮藏特性

豇豆，又名豆角、姜豆、带豆，以幼嫩豆荚供食。豇豆分为长豇豆和饭豇两种，属豆科植物。豇豆属豆科一年生植物，茎有矮性、半蔓性和蔓性三种。豇豆以肉质肥厚的嫩豆荚供食用。豇豆依据其表皮色泽分为青荚、白荚和红（紫）荚三种。其中青荚种豆荚细长、肉质较厚且脆嫩，较能耐受低温。白荚种呈浅绿或绿白色，荚果较肥大，肉质较薄，种子易显露，耐热，不耐低温。红荚种荚果呈紫红色，短而粗，肉质中等，易老化。豇豆在贮藏过程中容易失水老化而皱缩，出现锈斑进而腐烂。皱缩现象是豆荚内的籽粒逐渐膨大，营养被消耗掉，豆荚中间变黄和纤维化，食用品质明显下降。锈斑是指豆荚表面出现的凹陷褐斑，容易进一步引起腐烂。豇豆在 5℃ 以下的环境里容易发生冷害而造成豆荚表面呈水浸状，出现锈斑，豆粒褐变，进而出现豆荚腐烂现象。豇豆的最佳贮藏温度为 6℃～8℃，相对湿度为 85％～90％。用于贮运的豇豆应采收中等豆荚，以中晚熟蔓生的架豆品种为佳，在开花后第 11～第 13 天采收较佳。因为此时的豇豆生长饱满，籽粒不明显，纤维度不高，水分含量适宜，而且宜采摘植株中部豆荚入贮。贮藏用豇豆应选择生长健康、大小均匀一致、尚未完全成熟的嫩荚，剔除不符合标准的虫荚、病荚、断荚、过嫩、过老荚。采收后将豇豆置于通风、阴凉处摊晾，以降低荚温。然后在适宜条件下贮藏。豇豆贮藏适宜温度为 7℃～9℃，湿度 90％～95％，含氧量 3％～5％，二氧化碳含量 5％～15％。

四、豇豆气调贮藏保鲜法

选择耐贮藏的品种，采收幼嫩豆荚，采后迅速送入 7℃～9℃ 预冷间。预冷后将豆角装入经过清洗、晾干的塑料筐中，筐内豆角最高层距筐口8～10 厘米，以利气体流通。在冷库地面垫上两层红砖，在砖块上铺上一层塑料膜。将塑料筐堆码在地面的塑料膜上，码成垛，垛的大小视帐的规格而定。码筐时，筐与筐之间不要靠得太紧，应留有适当间隙，在最上层塑料筐的上方盖上干燥的稻草，以吸收顶层的水珠。帐的长度一般为 1.2～1.8 米，宽度 1.5～2.0 米，高度 2 米左右。在帐面镶嵌大小适当的硅橡胶膜（即硅窗）作为调气口，以调节帐内气体组成和湿度。硅窗面积大小应根据豆角的贮藏数量及以前的试验结果来确定。贮藏过程中应控制温度在 7℃～12℃ 范围内。使用该方法可将豆角贮藏 20～30 天。

贮藏期间，应每隔 4 天检查一次，当豆角的商品率降到 95％左右时，应及时结束贮藏。

五、豇豆冷藏保鲜法

作为贮藏或运销的豇豆，以采收生长饱满、籽粒未显露的中等嫩度豆荚为宜。太嫩的豆荚含水量高，干物质不充实，易失水；过老的豆荚，纤维化程度高，品质低劣，不能贮藏。采收时尽量不要损伤留下的花序及幼小豆荚。采摘后将过小的、种子膨大的和有破损的挑出，然后装筐（箱）。装筐（箱）时，将豇豆一把把地平放，中间留一定空隙，不要塞得过紧，然后搬入冷库内码垛，罩上塑料薄膜帐。也可用聚乙烯薄膜袋小包装，进行自发气调贮藏。豇豆贮藏温度要求保持 7℃～8℃，相对湿度 80％～90％。需贮运 2 周以上的要用冷库贮藏或冷藏车运输；贮运 1 周以内的可在箱外四周及车顶放置足够的碎冰，使产品保持在较低温度下。

六、豇豆的地窖贮藏法

豇豆采收并经过预处理后可以装入垫有塑料薄膜的塑料筐或者竹筐内，盛装量约八成满，塑料薄膜要在入料之后四周收拢并包裹住豇豆。另外还需在塑料薄膜四周均匀打出 20～30 个直径 5 毫米左右的小孔，便于更好地释放二氧化碳及散热。将框放入窖内菜架上，入贮初期要夜间通风降温，白天关闭。贮藏期间还要注意适时通风散热。

七、豇豆的质量标准与贮运条件

为了规范豇豆的生产、运输和贮藏，农业部发布了标准《豇豆》（NY/T 965），本标准规定了豇豆的要求、试验方法、检验规则、标志、包装、运输和贮存，适用于鲜食豇豆。现将该标准的相关内容摘录如下：

1. 等级

（1）基本要求。根据对每个级别的规定和允许误差，豇豆应符合下列要求：清洁，不含任何可见杂物；外观新鲜，荚果硬实，不脱水，无皱缩，质地脆嫩；荚果具有本品种特有的颜色；完好，不包括腐烂或变质的产品；无异常的外来水分；无异味；无腐烂；无冷害或冻害。

（2）等级划分。在符合基本要求的前提下，豇豆按其外观分为特级、一级和二级，各等级应符合表 7－43 的规定。

（3）允许误差。特级允许 5％的产品按质量计不符合该等级的要求，但应符合一级的要求；一级允许 8％的产品按质量计不符合该等级的要求，但应符合二级的要求；二级允许 10％的产品按质量计不符合该等级的要求，但应符合基本要求。

2. 规格

（1）规格划分。果实按荚果长度分为长荚果、中荚果和短荚果三种规格。豇豆的规格见表 7-44。

表 7-43　　　　　　　　　　　豇豆等级

项目	等级		
	特　　级	一　　级	二　　级
品种	同一品种		同一品种或相似品种
成熟度	豆荚发育饱满，荚内种子不显露或略有显露，手感充实	豆荚发育饱满，荚内种子略有显露，手感充实	豆荚内种子明显显露
荚果形状	具有本品种特有的形状特征，形状一致	形状基本一致	形状基本一致
病虫害	无	不明显	不严重

表 7-44　　　　　　　　　　　豇豆的规格

规格	长荚果	中荚果	短荚果
长度（厘米）	＞70	40～70	＜40

（2）允许误差范围。特级不符合规格要求的按长度计不超过 5％；一级不符合规格要求的按长度计不超过 8％；二级不符合规格要求的按长度计不超过 10％。

3. 标志

每一包装上应标明产品名称、产地、商标、产品的标准编号、生产单位名称、详细地址、等级、规格、净含量和包装日期等。标志上的字迹应清晰、完整、准确。

4. 包装

盛装同规格豇豆的容器（箱、筐等）应大小一致，整洁、干燥、牢固、透气、无污染、无异味。纸箱无受潮、离层现象。塑料箱应符合GB/T 8868《蔬菜塑料周转箱》的要求；产品应按等级、规格分别包装；每批豇豆，其包装规格、单位净含量应一致。

5. 运输

豇豆收获后应就地整修、分级，及时包装、运输。运输时做到轻装、轻卸，严防机械损伤；防热、防冻、防冷、防雨淋。运输工具应清洁、卫生。短途运输中温度宜保持在 4℃～8℃。

6. 贮存

临时贮藏应在阴凉、通风、清洁、卫生的条件下，严防暴晒、雨淋、高温、冷冻、病虫害及有毒物质的污染。堆码时应轻卸、轻装，严防挤压碰撞冷藏时应按品种、等级、规格分别贮存。堆码方式应保证气流能均匀地通过垛堆。贮存库中温度应保持在 4℃～8℃，空气相对湿度保持在 80%～90%。贮存库应有通风换气装置，确保温度和相对湿度的稳定与均匀。

八、刀豆的贮藏保鲜法

刀豆为豆科刀豆属一年生缠绕性草本，豆类蔬菜。以鲜嫩豆荚供食用。刀豆包括洋刀豆和大刀豆两种。洋刀豆又称矮生刀豆、直立刀豆或立刀豆，豆荚呈绿色，籽粒为白色。长江以南地区 7 月至 8 月开始采收，直至年底；北方地区秋季采收上市，但籽粒不易成熟。大刀豆又称高刀豆、蔓生刀豆、皂荚豆，豆荚呈绿色，质地脆嫩。大刀豆主要分布在我国南方，7 月至 10 月采收上市。嫩豆荚一般可于开花后 20 天左右采收，此时豆荚充分长大、豆粒未膨大、荚皮尚未纤维化、未变硬。刀豆不耐贮藏，其适宜贮藏温度在 8℃～10℃、相对湿度 85%～90%，温度低于 5℃～7℃易受冷害。遭受冷害的刀豆呈现水渍状斑块。要选择豆荚鲜嫩、种子未膨大、无虫害、无机械伤害的果实用于贮藏。贮藏、运输过程中，常以塑料筐包装。运输期间应该避雨、防热、防冻、忌压。刀豆在 8℃～10℃、相对湿度 85%～90%的条件下可保藏 5～7 天，在常温条件可放置 1～2 天。常温放置时环境要干燥、通风、阴凉，堆积厚度不能超过 10 厘米。贮藏时间过长，刀豆老化，表现为种子膨大突出、果肉纤维化、组织硬化、颜色变黄，逐渐丧失食用价值。因此，刀豆一般不用于长期贮藏，而常用于腌制或干制。

九、扁豆的贮藏保鲜法

扁豆不耐贮藏，不宜用于长期贮藏。短期贮藏时，应选择新鲜幼嫩、种子未膨大、无虫害、无病害、无机械伤害的豆荚。扁豆贮藏期间易出现黄色斑块，纤维化加重，种子膨大。扁豆最适贮藏温度为 8℃～10℃，相对湿度为 90%～95%。在此条件下可贮藏 5～7 天，贮藏 6～10 天后，豆荚表面开始产生斑点，种子膨大，食用价值逐渐降低。贮藏温度低于6℃～7℃，一周后会出现冷害。遭受冷害的扁豆，外观表现不明显，但烹饪食用时，有未煮熟的异味，这种味道随贮藏天数增加而变浓。扁豆在常温条件下只能放置1天时间。

十、鲜食大豆的冻藏保鲜法

用于加工的大豆，一般在其充分成熟后采收、干燥、贮藏。但鲜食大豆一般采用冻藏法保藏。冻藏法保藏大豆有带豆荚冻藏和去豆荚冻藏两种方法。带豆荚冻藏，是选择种子充分长大但未硬化的大豆豆荚采收，采后迅速送入0℃左右的预冷间冷却，然后送入−18℃～−5℃的温度下冻藏。销售时，分批从冻藏库中剥出，缓慢解冻后销售。该方法适用于贮藏量较大时采用。去豆荚冻藏法，是将大豆种子从豆荚中剥出，装入保鲜袋后，直接冻藏于冰箱的冻藏柜中，温度为−18℃～−5℃，该法适用于家庭少量贮藏。

十一、菜豆的贮藏保鲜法

菜豆，又称芸豆，俗称四季豆，为豆科菜豆属蔬菜一年生植物。在我国种植面积很广，多食用嫩荚，味道鲜美，市场需求量大，因此极具贮藏保鲜价值。一般来说，应选择肉荚饱满、纤维少、种子细小、无锈斑或锈斑轻的菜豆用于贮藏，而且要选择适宜秋茬栽培的品种。菜豆的采收应在早霜来临之前进行，并且及时将病荚、虫荚、老荚和有机械损伤的豆荚剔去。菜豆在贮藏期间较易出现表皮锈斑，还有因老化而出现豆荚暗淡、纤维化程度增高、豆荚脱水等现象。菜豆较难贮藏，贮藏期间易发生表皮褐斑（俗称"锈斑"）、豆荚老化（外皮变黄，纤维化程度增高）、种子膨大、豆荚失水萎蔫等。菜豆贮藏适宜的温度为8℃～10℃。低于8℃时，豆荚在0℃～1℃下超过2天，2℃～4℃下超过4天，4℃～7℃下超过12天，就会发生严重冷害。受了冷害的菜豆在高温下1～2天，表面就会产生凹陷和锈斑。因此，菜豆在贮藏中要避免较长时间地放置在8℃以下的低温中。贮藏温度高于10℃时，温度越高，豆荚越容易老化和腐烂。菜豆呼吸强度较高，密闭贮藏时容易发热老化、腐烂，并造成二氧化碳伤害，二氧化碳浓度超过2%会引起菜豆二氧化碳中毒。应确保菜堆或菜筐内部的通风散热。菜堆或菜筐中必须设有通气孔，还可在筐内或塑料袋内放入适量的消石灰，以吸收二氧化碳，避免二氧化碳伤害。

菜豆贮藏适宜的相对湿度为 95％左右。

十二、菜豆的窖藏法

　　菜豆的窖藏是利用土窖或通风窖来贮藏菜豆。菜豆采收并经过预处理后可以装入垫有塑料薄膜的塑料筐或者竹筐内，盛装量约八成满，并且预先竖放 2～3 个直径 5 厘米左右的竹筒，且竹筒要高于菜豆上部 3 厘米，用于气体交换。塑料薄膜要在入料之后四周收拢并包裹住菜豆。另外还需在塑料薄膜四周均匀打出 20～30 个直径 5 毫米左右的小孔，便于更好地释放二氧化碳。将框放入窖内菜架上，入贮初期要夜间通风降温，白天关闭。贮藏期间还要注意观察内部温度和二氧化碳浓度。可以预先放置一个温度计在竹筒内，一旦发现温度高于 10℃，应及时打开薄膜散热。

十三、菜豆的冷库贮藏法

　　在早霜来临之前进行采收，收获后及时将病荚、虫荚、老荚和有机械损伤的豆荚剔去，整理完毕后摆放整齐，再用 0.05 毫米的塑料薄膜袋包裹，每袋约装 5 千克，并在袋内放入用纸包裹的消石灰 0.5～1 千克后封口。封口后将菜豆整齐堆码在冷库内的菜架上，并保持适当的间隙。注意堆码以 3～5 层为宜，太厚容易由于挤压而产生机械损伤。入贮后冷库温度应控制在 8℃～10℃，并且定期观察、记录库内温度变化情况。此法可以贮藏保鲜 1 个月左右。

十四、菜豆的沙土贮藏法

　　选取一处干净、通风良好的场所作为贮藏菜豆的菜窖。入贮前预先在菜窖地面上均匀地铺一层略微湿润的黄沙，厚度约为 5 厘米，然后将菜豆均匀整齐地摆放在黄沙上，摆放厚度约为 5 厘米。再铺上一层约 5 厘米厚的黄沙，如此一层沙子一层菜豆，摆满 3 层菜豆，最后在上面覆盖约 5 厘米的沙子。沙子要有一定的湿度，但不能过湿，且每隔 10 天要倒堆一次。另外为了保湿，还可以将草毡之类的物品覆盖其上。此法可以贮藏 1～2 个月。贮藏期间要定期观察菜豆的贮藏情况，若出现老化、失水、腐烂等不良现象应立即采取措施。

十五、菜豆的等级规格

　　为了规范菜豆的等级规格，农业部发布了标准《菜豆等级规格》

（NY/T 1062）。该标准规定了菜豆的等级、规格、包装和标志，适用于鲜食菜豆。现将该标准的主要内容摘录如下：

1. 等级

（1）基本要求。根据对每个等级的规定和允许误差，菜豆应符合下列条件：同一品种或相似品种；完好，无腐烂、变质；清洁，不含任何可见杂物；外观新鲜；无异常的外来水分；无异味；无虫及病虫害导致的损伤。

（2）等级划分。在符合基本要求的前提下，菜豆分为特级、一级和二级，各等级应符合表7-45的规定。

表 7-45　　　　　　　　　　　菜豆等级

等级	要　　求
特级	豆荚鲜嫩、无筋、易折断；长短均匀，色泽新鲜，较直；成熟适度，无机械伤、果柄缺失及锈斑等表面缺陷
一级	豆荚比较鲜嫩、基本无筋；长短基本均匀，色泽比较新鲜，允许有轻微的弯曲；成熟适度，无果柄缺失；允许有轻微的机械伤、锈斑等表面缺陷
二级	豆荚比较鲜嫩、允许有少许筋；允许有轻度机械伤，有果柄缺失及锈斑等表面缺陷，但不影响外观及贮藏性

（3）允许误差范围。等级的允许误差范围按其质量计，特级允许5%的产品不符合该等级的要求，但应符合一级的要求；一级允许10%的产品不符合该等级的要求，但应符合二级的要求；二级允许10%的产品不符合该等级的要求，但应符合基本要求。

2. 规格

（1）规格划分。以菜豆的长度作为划分规格的指标，分为大（L）、中（M）、小（S）三个规格，具体要求应符合表7-46的规定。

表 7-46　　　　　　　　　　　菜豆规格

规格	小（S）	中（M）	大（L）
长度（厘米）	<15	15~20	>20

（2）允许误差范围。规定的允许误差范围按质量计，特级允许有5%的产品不符合该规格要求，一级、二级允许有10%的产品不符合该规格要求。

3. 包装

（1）基本要求。包装内的产品可视部分应具有整个包装产品的代表性；同一件包装内的产品应按同一顺序摆放整齐、紧密；每一个包装内的菜豆应是在同一个地方生产的，同一等级、同一规格的产品。

（2）包装容器。用于产品包装的容器，清洁干燥、牢固、透气、无污染、无异味、无虫蛀，如果是纸箱则应符合 GB/T 6543《运输包装用单瓦楞纸箱和双瓦楞纸箱》的规定，不应有受潮霉变、离层现象。

（3）包装规格。包装类型推荐使用纸箱、网眼袋、聚苯乙烯泡沫箱。如果是纸箱，则参照 GB/T 4892《硬质直六体运输包装尺寸系列》，推荐使用表 7 - 47 的尺寸（内部尺寸）；如果是塑料网眼袋，则应该采用小网眼袋，且应符合 QB/T 3810《塑料网眼袋》规定的要求。如果是聚苯乙烯泡沫箱则应符合 GB 9689《食品包装用聚苯乙烯成型品卫生标准》规定的要求。

表 7 - 47　　　　　　　　　　纸箱尺寸

尺寸	长（毫米）	宽（毫米）	高（毫米）
1	400	265	250
2	500	240	220

（4）净含量及允许负偏差。每一包装单位净含量推荐为 10 千克。每个包装单位净含量允许负偏差不超过 5%。

（5）限度范围。每批受检样品，不合格项百分率按其所检单位（如每箱、每袋）的平均值计算，其值不应超过等级规定限度。如同一批次某件样品不合格项百分率超过规定的限度时，则任何包装不合格百分率的上限不应超过该等级规格规定的 2 倍。

4. 标志

包装上应有明显标志，内容包括：产品名称、等级、规格、产品执行标准编号、生产者及详细地址、产地、净含量和采收、包装日期。若需冷藏保存，应注明其保存方式。标注内容要求字迹清晰、完整、规范。

十六、菜豆的标准化贮运法

为了指导经营者搞好菜豆的贮运工作，我国发布了商业行业标准《菜豆》（SB/T 10025）。该标准规定了菜豆的商品质量、检验规则与方法、包装与标志及运输与贮藏，适用于鲜食嫩荚菜豆，不适用粒用和加工用菜豆。现将该标准相关内容摘录如下：

1. 运输条件

（1）温度。在装运之前应将菜豆进行预冷，如豆荚温度超过 18℃～20℃，须快速冷却到 10℃，不可到运输车内慢速冷却，否则将会加速豆荚腐烂，运输温度须保持 11℃±1℃。

（2）相对湿度。处于运输过程的菜豆，空气相对湿度须为 80%～90%。

（3）通风。采取相应的通风措施，及时排出豆荚呼吸所释放的不良气体。

2. 贮藏条件

临时贮藏须在阴凉、通风、清洁、卫生的条件下进行，严防暴晒、雨淋、高温、冷冻、萎蔫、病虫害及有毒物质的污染。堆码时须轻卸、轻装，严防挤压碰撞。冷藏时须按品种、等级分别贮存，堆码时小心谨慎，须防豆荚损伤，堆码方式须保证气流能均匀地通过垛堆。

（1）贮藏温度。须保持 11℃±1℃ 的低温。

（2）相对湿度。贮藏库中空气的相对湿度须为 90%～95%。

（3）管理。确保温度和相对湿度的稳定与均匀，定期通风，按时检查，发现腐烂、皱缩或病虫害的豆荚须及时剔除。

十七、豌豆的贮藏特性

豌豆是春播一年生或秋播越年生攀缘性草本植物，因其茎秆攀缘性而得名，又名麦豌豆、雪豆、毕豆、寒豆、冷豆、麦豆等，属长日性冷季豆类，属于豆科蝶形花亚科豌豆属。与荷兰豆相似，豌豆的采收时期正值高温季节，所以豌豆在采后要立即采取预冷措施，避免高温导致产品品质发生变化。带荚豌豆在贮藏期间由于豆荚中的糖分极易转化为淀粉，从而导致产品失去原有的风味。豌豆在高温条件下也容易黄化、失水萎蔫、老化和纤维化，甚至腐烂，导致食用品质明显下降。因此要创造低温条件抑制糖分的转化和荚皮的腐烂。

十八、豌豆的贮藏条件与采收

带荚豌豆的适宜贮藏条件为：温度 0℃～1℃，相对湿度 95% 左右，气体成分为氧气浓度 3%～5%，二氧化碳浓度 3%～5%。豌豆在开花后 10～12 天荚果开始成熟，当豆粒稍微突出，荚皮颜色呈绿白色，荚皮脆嫩时即可采收。由于此时正值高温季节，因此需要对采收后的豆荚进行快速预冷，可以采用 0℃～2℃ 的冰水预冷，也可以进行强制通风预冷。如果要进行 3～4 周的贮运，需要将经快速预冷的带荚豌豆装入 0.2 毫米厚的塑料薄膜袋中，再装入包装箱内，包装箱四周需放置冰袋或碎冰，并且定时更换。

十九、荷兰豆的贮藏特性

荷兰豆是豆科豌豆属一年生或两年生攀缘草本植物，是豌豆中的一个变种，又称软荚豌豆、大荚豌豆，还有小寒豆、淮豆、麻豆、青小豆、留豆、金豆、回回豆、麦豌豆、麦豆、毕豆、国豆等多种名字，以鲜嫩的豆荚供食用。荷兰豆属半耐寒性蔬菜，喜冷凉湿润条件。荷兰豆在贮藏期间容易失水萎蔫并且黄化、老化，豆粒膨大、纤维增多、豆荚硬化，外观品质和食用品质大大下降。供贮藏的荷兰豆应选择福州软荚、莲阳双花、中山青、东莞单花等耐贮藏的品种。栽培期间要保证水分充足，否则豆荚纤维增多，品质不佳。一般来说，荷兰豆在开花后10～12天荚果开始成熟，当豆粒稍微突出、荚皮颜色呈绿白色，此时即可采收。因荷兰豆的采收期正值高温季节，采后若处理不当极易变质，主要机理是豆粒中糖分迅速转化为淀粉，风味发生变化。因此需要对采收后的豆荚进行快速预冷，可以采用0℃～2℃的冰水预冷，也可以进行强制通风预冷。荷兰豆的适宜贮藏条件为温度0℃～3℃，相对湿度90％～95％，气体成分为氧气浓度5％，二氧化碳浓度2％～5％。

二十、荷兰豆的窖藏法

荷兰豆采收并经过快速预冷后可以装入垫有塑料薄膜的塑料筐或者竹筐内，盛装量约八成满，总重量为2～5千克，并且预先竖放2～3个直径5厘米左右的竹筒，且竹筒要高于荷兰豆上部3厘米，用于气体交换。入料之后将塑料薄膜四周收拢并包裹住荷兰豆。然后在塑料薄膜四周均匀打出20～30个直径5毫米左右的小孔，便于更好地释放二氧化碳。此后将框放入窖内菜架上，入贮初期要夜间通风降温，白天关闭。贮藏期间还要注意观察内部温度和二氧化碳浓度。可以预先放置一个温度计在竹筒内，严密观察温度变化，并且及时进行调控。

二十一、荷兰豆的冷库贮藏法

由于荷兰豆属半耐寒性蔬菜，喜冷凉湿润条件，所以通常采用冷库来贮藏，贮藏荷兰豆的冷库应将温度控制在0℃左右。收获后的荷兰豆需要先经过严格挑选，将有病虫害和机械伤的剔除，然后经过快速预冷方能入贮。入贮前将荷兰豆用调气透湿袋包装，每袋约装2.5千克，并在袋内放入用纸包裹的消石灰0.5～1千克后封口。贮藏期间要观察冷库的温度和采样内部温度，并且对气体成分进行检查，一旦发现二氧化碳浓度高于5%，要及时打开消石灰包装纸吸附二氧化碳。此法可以贮藏保鲜1个月左右。

二十二、荷兰豆的等级规格

为了规范荷兰豆的等级规格，农业部发布了《荷兰豆等级规格》(NY/T 1063)。该标准规定了荷兰豆的等级、规格、包装和标志，适用于荷兰豆，不包括非食荚豌豆、食荚甜豌豆。现将该标准的主要内容摘录如下：

1. 等级

(1) 基本要求。根据对每个等级的规定和允许误差，荷兰豆应符合下列基本条件：同一品种或相似品种；成熟度符合食用要求；外观新鲜、翠绿、有光泽，不失水，无皱缩；无畸形豆荚；清洁，不含杂物；无腐烂、变质；无冷害、冻害；无虫及病虫害导致的损伤；无明显的机械损伤；无异味；无异常的外来水分。

(2) 等级划分。在符合基本要求的前提下，荷兰豆分为特级、一级和二级，等级应符合表7-48的规定。

表 7-48　　　　　　　　荷兰豆等级

等级	要　　求
特级	豆荚大小、长短和色泽一致；豆荚无筋；无豆粒或极小；豆荚无缺陷
一级	豆荚大小、长短和色泽较均匀；豆荚基本无筋；豆粒刚刚形成，且很小。允许有轻微的外形、颜色和表面缺陷以及机械伤
二级	豆荚大小、长短和色泽稍有差异；豆荚有筋；有豆粒，但应较小；允许稍有外形、颜色和表面缺陷和机械伤，以及轻微萎蔫

(3) 允许误差范围。等级的允许误差范围按其质量计，特级允许5%的产品不符合该等级的要求，但应符合一级的要求；一级允许8%的产品不符合该等级的要求，但应符合二级的要求；二级允许10%的产品不符合该等级的要求，但应符合基本要求。

2. 规格

(1) 规格划分。以豆荚的长度作为划分规格的指标，规格划分见表7-49。

表 7－49　　　　　　　　　　荷兰豆规格

规格	小（S）	中（M）	大（L）
豆荚长度（厘米）	<8	8～12	>12

（2）允许误差范围。规定的允许误差范围按质量计，特级允许有 5％ 的产品不符合该规格规定要求，一级允许有 8％ 的产品不符合该规格规定要求，二级允许有 10％ 的产品不符合该规格规定要求。

3. 包装

（1）基本要求。整批包装荷兰豆应是同一地区生产、同一品种、同一等级和规格的荷兰豆产品。包装内的可视部分产品应具有整批包装荷兰豆的代表性。

（2）包装体积。包装体积根据所装荷兰豆规格的大小应一致。推荐的瓦楞纸箱尺寸为 50 厘米×30 厘米×30 厘米。

（3）包装材质。包装材料应是新的、清洁、不能对荷兰豆造成污染，对人体无害，并具有足够的强度，克避免对荷兰豆造成任何内在的或外在的损害。纸箱应符合 GB/T 6543 的要求。

（4）净含量及允许负偏差。每一包装单位净含量推荐为 5～8 千克，允许负偏差不超过 5％。

（5）限度范围。每批受检样品质量和大小不符合等级、规格要求的允许误差按所检单位的平均值计算，其值不应超过规定限度，且任何所检单位的允许误差值不应超过规定的 2 倍。

4. 标志

包装箱上应有明显标志，内容包括：产品名称、等级、规格、产品执行标准编号、生产者及详细地址、产地、净含量和采收、包装日期。若需冷藏保存，应注明保藏方式。标注内容要求字迹清晰、完整、规范。

二十三、荷兰豆的质量标准与贮运条件（辽宁）

为了指导生产者搞好荷兰豆的生产工作，辽宁省质量技术监督局发布了标准《农产品质量安全　荷兰豆生产技术规程》（DB21/T 1373）。该标准规定了无公害荷兰豆生产要求的产地环境、生产技术和采后技术管理。本标准适用于保护地及露地的有土无公害荷兰豆生产。现将该标准有关贮运的主要内容摘录如下，供广大读者参考。

1. 采收

（1）采收前检验。采收前 1～2 天进行农药残留检测，合格后及时采收。

（2）采收方法。多数品种开花后 8～10 天为嫩荚收获适期。采后冷藏的应提早 1～2 天采收，以豆荚清秀可看见果实但不鼓凸而呈扁平状。挑出带病虫和折断的豆荚。

2. 采收后技术管理

规格划分：具体规格划分见表 7 - 50。

表 7 - 50　　　　　　　　荷兰豆规格划分

规格	每箱净含量（千克）	百荚重量（千克）	荚长度（厘米）
M	10	0.4～0.5	10～13
L	10	0.5～0.6	13～16
2L	10	0.6 以上	16～19

3. 包装

（1）包装容器。包装材料应选择整洁、干燥、牢固、无污染、无异味、内壁无尖突物、无虫蛀、无霉变的包装容器；纸箱无受潮离层现象，一般规格为 45.6 厘米×35.5 厘米×25.0 厘米，成品纸箱耐压强度为 400 千克/米^2 以上。

（2）标注。纸箱外标明无公害农产品标志、产品品种名称、品名、产地、生产者、规格、毛重、净含量、采收日期等。

4. 贮藏

荷兰豆经过预冷后进入冷库贮藏，然后用塑料薄膜罩好。贮藏期间库温保持 0℃，湿度 85％～90％。初入库时每隔 2 天检查一次温度、湿度及气体成分。气调库贮藏时，使气体含量为：氧气 5％～10％，二氧化碳浓度 5％。并及时抖动塑料薄膜通风换气。以后每隔 5 天检查一次，保持嫩绿色，不失水或少失水。

二十四、绿色食品荷兰豆的质量标准与贮运条件（安徽）

为了指导生产者搞好绿色食品荷兰豆的生产工作，安徽省质量技术监督局发布了标准《绿色食品（A 级）荷兰豆生产技术规程》（DB34/T 920.3）。该标准规定了绿色食品（A 级）荷兰豆的产地环境、生产技术、病虫害防治、采收、包装、运输和贮存及建立生产档案等。本标准适用于安徽省绿色食品（A 级）荷兰豆的露地生产。现将该标准有关贮运的主要内容摘录如下，供广大读者参考。

1. 采收

采收嫩豆荚者，一般于开花后 10～12 天，豆荚充分肥大且柔嫩，豆粒尚未发达时采摘。采收青豆粒者，一般于开花后 15～18 天、豆粒肥大饱满、荚色由深绿变淡绿、荚面露出网状纤维时采摘。每隔 1～2 天采收 1 次，多次连续采收。产品质量应符合 NY/T 748 的要求。

2. 包装、运输和贮存

（1）包装。包装箱（筐等）应牢固、内外壁平整、干燥、清洁、无污染。塑料箱应符合 GB/T 8868《蔬菜塑料周转箱》的要求。每批荷兰豆的包装规格、单位、净含量应一致。包装上的标志和标签应标明产品名称、生产者、产地、净含量和采收日期等，字迹应清晰、完整、准确。

（2）运输。荷兰豆收获后及时包装、运输。运输时要轻装、轻卸，严防机械损伤。运输工具要清洁卫生、无污染、无杂物。短途运输要严防日晒、雨淋。

（3）贮存。临时贮存应保证有阴凉、通风、清洁、卫生的条件。防止日晒、雨淋、冻害以及有毒、有害物质的污染，堆码整齐。短期贮存应按品种、规格分别堆码，要保证有足够的散热间距，温度 1.5℃～2℃、相对湿度以 90%～95% 为宜。

3. 建立生产技术档案

应详细记录产地环境条件、生产技术、病虫害防治及采收、包装、运输、贮藏等各环节所采取的具体措施。

第三十三节　茭白的贮藏保鲜方法

一、茭白的等级与贮运要求

茭白是禾本科菰属植物菰被菰黑粉菌寄生后，其地上营养茎膨大形成的变态肉质茎。农业部发布了《茭白》标准（NY/T 835）。该标准规定了茭白初级产品（简称产品）的术语和定义、指标要求、检验方法、检验规则和包装、运输与贮存的方法，适用于茭白的生产与流通。现将该标准的有关内容摘录如下。

1. 等级指标

茭白的等级指标应符合表 7-51 规定。

表 7 - 51　　　　　　　　　　　　　　茭白的等级指标

等级	指　　标	限　　度
一级	（1）同一品种纯度不低于 97％ （2）平均单个净茭质量：秋茭不低于 90 克，夏茭不低于 70 克 （3）整齐度不低于 90％ （4）壳茭整修符合要求 （5）新鲜、清洁，无机械伤害，无病虫害 （6）净茭表皮光洁，呈白色 （7）净茭横切面无肉眼可观察到的黑色小点	（1）至（3）项应符合规定 （4）至（7）项指标不合格率之和不超过 5％，且其中任一单项指标不合格率不超过 2％
二级	（1）同一品种纯度不低于 95％ （2）平均单个净茭质量：秋茭不低于 80 克，夏茭不低于 60 克 （3）整齐度不低于 90％ （4）壳茭整修符合要求 （5）新鲜、清洁，无机械伤害，无病虫害 （6）净茭表皮光洁，呈白色，黄白色或淡绿色 （7）净茭横切面上，肉眼可观察到的黑点数不超过 10 个	（1）至（3）项应符合规定 （4）至（7）项指标不合格率之和不超过 8％，且其中任一单项指标不合格率不超过 3％
三项	（1）同一品种纯度不低于 93％ （2）平均单个净茭质量：秋茭不低于 70 克，夏茭不低于 50 克 （3）整齐度不低于 90％ （4）壳茭整修符合要求 （5）新鲜、清洁，无机械伤害，无病虫害 （6）净茭表皮光洁，呈黄白色或淡绿色 （7）净茭横切面上，肉眼可观察到的黑点数不超过 15 个	（1）至（3）项符合规定 （4）至（7）项指标不合格率之和不超过 10％，且其中任一单项指标不合格率不超过 3％

注：产品等级依照就低不就高的原则确定

2. 卫生指标

卫生指标应符合 GB 2762《食品安全国家标准　食品中污染物限量》和 GB 2763《食品安全国家标准　食品中农药最大残留限量》的规定。

3. 包装

（1）包装材料。要求清洁、卫生、不会对产品造成污染，建议采用

GB/T 8868《蔬菜塑料周转箱》规定的蔬菜塑料周转箱。

（2）包装要求。不同批次，不同等级、不同整修的产品不能一同包装，同一包装内产品应排放整齐。无公害食品或绿色食品茭白包装应标注无公害食品标志或绿色食品标志。每一包装上均应有标签，每件包装内产品质量应不低于标签上标称质量。标签上应标明产品名称、品种、产地、生产单位、净含量、等级、采收日期、执行标准代号等。

4. 运输

运输过程中应防冻、防晒、通风散热并适度保湿。

5. 贮存

贮存用茭白应为整修好的壳茭，按产品批次、等级分别贮存。贮存时建议采用聚乙烯气调塑料袋包装，每袋 5 千克。贮存温度宜为 0℃±1℃，空气相对湿度宜为 85%～95%。

二、茭白贮运保鲜技术规范（宁波市）

为了规范茭白的贮运保鲜，宁波市发布了标准《茭白贮运保鲜技术规范》（DB3302/T 098）。该标准规定了茭白贮运技术措施，如库房消毒、原料采收、采后分级、预冷、包装、入库、堆码、贮间控制、出库、运输等，适用于茭白的贮运保鲜。现将该标准的有关内容摘录如下：

1. 库房准备

（1）库房消毒。茭白入库前应对库房彻底清扫和消毒。消毒采用CT-库房消毒烟剂，将袋内两小包药剂充分混匀，按 5 克/米³ 的用量，0.5～1 千克为一堆在主通道中均匀堆放，由库内向库门方向逐堆点燃并熄灭明火，迅速撤离现场，关闭库门 4～6 小时后，打开库门通风。

（2）库房预冷。茭白入库前 7 天进行空库运行，冷库温度与茭白贮藏温度一致。

2. 茭白采收

（1）采收时间。夏茭和梅茭应选在早晨 6～8 时，秋茭最晚不超过 10 时采收。

（2）采收成熟度。需冷藏的茭白要适时采收，以成熟茭白为标准采收。采收太早，茭白太嫩，水分过高，品质较差，产量也低；采收太迟，茭白过熟，易老发青，品质下降，而且易发霉腐烂，不耐贮藏，影响商品价值。

（3）采收方法。需冷藏的茭白应采收壳茭，在薹管 1～2 厘米处，用锋利的不锈钢刀将其割断，留叶鞘 30～40 厘米，除去茭白草。

3. 分级

（1）质量要求。茭白质量按 NY/T 835（茭白）要求执行。

（2）分级标准。严格挑选，剔除青茭、灰茭、老茭、虫茭和病茭等，对于小茭白应分级包装，使茭白整齐度较好。分级应在环境温度较低的地方进行。

4. 茭白预冷

茭白采收后 6～8 小时以内运送到 0℃～2℃的预冷库预冷 24～36 小时，使茭白中心温度接近贮藏温度。

5. 包装与标志

（1）包装材料。包装材料应符合 GB/T 9687《食品包装用聚乙烯成型品卫生标准》规定。内包装采用茭白专用保鲜袋，厚度为 0.03～0.05 毫米，大小为 100 厘米×60 厘米；外包装采用纸板箱，长×宽×高为 38 厘米×32 厘米×48 厘米。

（2）包装方法。将分级、预冷后的茭白轻轻地、整齐地交叉横放入茭白专用保鲜袋内，不可竖放、不可硬塞、不可挤压，每袋装 15～20 千克，扎紧袋口。

（3）产品标志。入库茭白每批记录采收时间、入库时间、重量、品种、来源地等信息。出库时做好出库登记。

6. 入库与堆码

（1）入库。茭白按照等级归类入库贮藏，不同批次、不同品种、不同产区的茭白应分开堆码贮放。

（2）堆码。贮藏架应分 3～4 层，总高度一般不超过库高的 2/3，贮藏架与架之间留 50～60 厘米过道，以便管理人员检查和观察。包装袋或箱存放行距为 25 厘米，包装袋与冷库壁距离 10～12 厘米，包装袋与进风口下端距离不小于 5 厘米。

7. 贮藏管理

（1）温度控制。不同品种茭白最适贮藏温度略有不同，夏茭贮藏温度为 −0.5℃～0.5℃；秋茭贮藏温度为 −1℃～0℃；梅茭贮藏温度为 −0.5℃～0.5℃。贮藏期间应防止库内温度的急剧变化，波动幅度不超过±1℃，对靠近蒸发器及冷风出口处的茭白应采取保护措施，表面用覆盖物遮盖，以免发生冻害。库房温度要定时测量，其数值以不同测温点的平均值来表示。

（2）湿度控制。库内最适相对湿度应保持在 85％～95％。湿度测点的选择与测温点相同。

（3）氧气和二氧化碳浓度控制。为延长贮藏保鲜时间，库内及保鲜袋内应保持适当的二氧化碳浓度和氧气浓度。二氧化碳浓度过高易发生伤害，氧气浓度过高则会加速新陈代谢，缩短保鲜时间。若二氧化碳、氧气浓度过高可采取开袋及通风措施。

（4）通风换气。茭白在贮藏期间会释放出许多气体，如乙烯、二氧化碳等，当这些气体积累到一定浓度后，就会使茭白受到伤害。当库内二氧化碳的浓度高于 15％或有浓厚的茭白味时，应及时通风换气，通风应在库内外温度接近时进行。

第三十四节　芦笋贮藏保鲜方法

一、芦笋的等级规格

为了规范芦笋的等级，农业部发布了《芦笋等级规格》标准（NY/T 1585）。该标准规定了芦笋等级和规格的要求、包装、标志等，适用于鲜销的芦笋。现将该标准的有关等级和规格的内容摘录如下：

1. 等级要求

（1）基本要求。芦笋应符合下列基本要求。具有本品种特征、色泽一致，无畸形。芦笋充分成长，其成长度达到鲜销、正常运输和装卸的要求。外观新鲜、清洁、完整、基部切口平整。笋体无空心、掉皮、破裂或断裂，允许有小的裂缝，但应在质量允许误差范围内。无杂质、害虫，无异味，无不正常的外来水分。无病虫害引起的明显损伤，无冷害、冻害和其他较严重的损伤。无腐烂、发霉和变质现象。

（2）等级划分。在符合基本要求的前提下，芦笋分为特级、一级和二级。各等级具体要求应符合表 7-52 的规定。

（3）等级允许误差。等级的允许误差，按数量计应符合：①特级允许有 5％的产品不符合本级的要求，但应符合一级的要求。②一级允许有 10％的产品不符合本级的要求，但应符合二级的要求。③二级允许有 10％的产品不符合本级的要求，但应符合基本要求。

表 7－52 芦笋等级

等级	指标	要求	
		白芦笋	绿芦笋
特级	色泽	笋体洁白，允许笋尖带有轻微浅粉红色	笋体鲜绿，允许带有浅紫色
	外形	形态好，且挺直不弯曲，无锈斑，无损伤，笋头鳞片抱合紧密，无散头	
	木质化	笋体鲜嫩，允许基部表皮有轻微木质化，但不超过笋体长度的 5％	
一级	色泽	笋体乳白，允许笋头带有浅绿色或黄绿色	笋体鲜绿，允许带有浅紫色，允许基部带有轻微乳白色或浅黄色
	外形	形态良好且较直，允许轻微弯曲和轻度锈斑，无损伤，笋头鳞片抱合紧密，无散头	形态良好且较直，允许轻微弯曲和轻度锈斑，无损伤，笋头略有伸长，鳞片抱合较紧密，允许轻微开散，但开散率不超过 5％
	木质化	笋体较鲜嫩，允许基部表皮有木质化，但不超过笋体长度的 10％	
二级	色泽	笋体乳白或黄白色，允许笋尖带有绿色或黄绿色	笋体绿色或略带黄绿色，允许带有浅紫色，允许基部少量乳白色或浅黄色
	外形	形态尚可，允许明显弯曲、轻度锈斑和轻微损伤，笋头鳞片尚紧，无散头	形态尚可，允许明显弯曲、轻度锈斑和轻微损伤，笋头伸长明显，笋头鳞片尚紧，允许少量开伞，但开伞率不超过 10％
	木质化	笋体基本鲜嫩，允许基部表皮有木质化，但不超过笋体长度的 15％	

2. 规格要求

（1）规格划分。芦笋可按长度或直径大小进行规格划分。①按长度划分。以芦笋长度为划分规格的指标，分为长、中、短三个规格。具体要求应符合表 7-53 的规定。②按直径划分。芦笋按基部最大直径为划分规格的指标，分为粗、中、细三个规格。具体要求应符合表 7-54 的规定。

（2）规格误差范围。对各等级芦笋，按数量计，允许有 10% 的产品不符合该规格的要求，其误差范围：长度为 1 厘米，直径为 2 毫米。

表 7-53　　按长度划分的芦笋规格

规格（厘米）		长	中	短
芦笋长度	白芦笋	17～22	>12	>10
	绿芦笋	20～30	>15	>10
同一包装中最长和最短芦笋的差异		≤2		≤1

表 7-54　　按直径划分的芦笋规格

规格（毫米）	粗	中	细
基部直径	>17	>10	>3
同一包装中最大和最小直径的差异	≤6	≤5	≤4

二、芦笋贮藏指南

为了指导经营者搞好芦笋贮藏，国家质检总局和标准化委员会联合发布了《芦笋　贮藏指南》标准（GB/T 16870）。该标准规定了芦笋保存的条件及达到条件的办法，适用于贮藏后的芦笋直接消费、生产加工。

1. 采收

芦笋应按相关产品标准质量要求，适时采收。

2. 适用于贮藏的质量特性

用于贮藏的芦笋应新鲜、洁净、完好、坚实、光滑、无伤痕和可见的病虫害。笋尖或顶部应闭合。白芦笋嫩茎应呈均匀白色。因品种不同，芦笋的顶部或者尖端，有时甚至嫩茎都可能是白色，浅黄色或者淡紫色。绿色芦笋的嫩茎应为均匀的绿色。

3. 入库

芦笋应无泥土和杂质，必要时可清洗。采收之后应尽快入库。在主要技术条件允许的范围内，入库前宜进行预冷，使芦笋从田间温度冷却到 7℃。这是低温贮藏的一个过渡温度。使用冷水或冰水可以达到有效的预冷；但是芦笋在水中浸泡时间不应超过 1 小时。贮藏前，应把没有捆扎的芦笋码放在包装箱里（例如，12 千克嫩茎应放在 15 千克容量的包装箱里）。

4. 适宜的贮藏条件

（1）温度。贮藏条件不适宜，芦笋容易受到伤害，应重视冷库的温度和贮藏时间。芦笋最适宜的贮藏温度为 1℃～2℃，建议最低温度是 1℃，因为温度的波动可能达到 0.5℃，并且实践经验表明，嫩芽在低于 0.5℃贮藏时可能受损。如果预期的贮藏时间是 10 天或者更短，芦笋在 0.5℃的温度下可以成功保存。但是，在这个温度下，贮藏期不应超过 10 天，因为有可能受损。

（2）相对湿度。相对湿度应保持在 90%～95%。

（3）空气流通。包装箱及其堆码方式应便于空气流通，以保证温度和相对湿度的稳定和均匀。

5. 贮藏期

芦笋贮藏的时间越短越好。依据品种、质量和温度，贮藏期应为 10～20 天（包括冷藏运输时间和销售所需时间）。

第三十五节　食用菌的贮藏保鲜方法

一、食用菌的贮藏特性

食用菌的营养价值很高，还含有丰富的功能性成分，具有一定的保健作用，但其含水量高，组织脆嫩，采摘后在室温下极易腐烂变质，影响了正常销售和加工。食用菌在采后贮藏过程中，还进行着旺盛的呼吸作用，而呼吸作用消耗了大量的营养物质，使之质量减轻、风味变淡，抗病性降低。呼吸作用还可释放出呼吸热，使贮藏场所温度升高，影响食用菌的贮藏寿命。呼吸作用越强，贮藏期就越短。在一定温度范围内，贮藏温度升高，呼吸速度加快；贮藏温度降低，呼吸速度减慢。因此，应当尽可能地保持适当低温环境，以控制呼吸作用，延长贮藏期。但是，贮藏温度并非越低越好，过低的贮藏温度容易引起食用菌的代谢反常，导致冻害的发生。通常，食用菌的贮藏适宜温度为 5℃左右。空气中氧气浓度降低或者二氧化碳浓度增大都会抑制呼吸作用。但是，氧气浓度过低或者二氧化碳浓度过高时，则会导致食用菌的无氧呼吸增强，乙醇、乙醛等有害物质在菌体中积累过多，产生生理失调，使菌体变质变味。食用菌在贮藏过程中还存在严重的水分蒸发作用。新鲜食用菌含水量常高达 85%～90%，保持食用菌固有的水分，就能保持其良好的鲜度和风味。但是，采收后的菌体会很快失水。贮藏环境中的相对湿度越高，水分蒸发越快，菇体失水就越快。低温环境可降低菇体的呼吸强度，同时可减慢失水速度。失水过多，会引起菇体收缩、起皱，菌盖翻卷、开裂，木质化程度高，质地变硬，风味变淡，褐变程度增加，商品质量显著降低。食用菌在贮藏过程中还会发生褐变。褐变不仅影响食用菌产品的外观，而且影响其风味和营养价值，使其商品价值降低。贮藏期间，食用菌还可能遭受微生物侵染及害虫为害。如褐腐病菌会感染蘑菇子实体，在菌盖上产生不规则斑块，在菌柄上形成褐色变色区域；平菇病毒会造成菇体肿胀、菌柄变扁和弯曲，以及瘤状突起等多种畸形症；菇蚊、菇蝇等蛀食性害虫会钻入菌盖和菌柄的菌肉中继续为害菇体，使鲜菇遭受损失。食用菌在贮藏期间还会随着贮藏时间的延长而老化开伞，降低食用价值。贮藏保鲜的主要任务就是要设法降低食用菌的水分散失，抑制呼吸作用，减轻褐变发生，防止病虫危害和延缓老化开伞等。而要做到这些，就需要采用各种贮藏方法，创造适合贮藏的环境条件，延长食用菌的贮藏期，保持良好的食用品质。

二、食用菌的简易贮藏保鲜法

将未开伞的食用菌采收、整理后立即放入干净的塑料箱、竹篮或木桶等容器中，用多层湿纱布或单层塑料薄膜覆盖，放置在清洁阴凉处。影响新鲜食用菌贮藏期长短的主要因素是环境温度和湿度。新鲜食用菌在3℃～5℃，80%相对湿度左右条件下，可贮藏 7 天左右；若温度增加，湿度也应适当增加。在一般室温情况下也可贮藏 2 天左右。但应注意，简易贮藏时，食用菌不能堆积过厚，否则会因温度升高过快而腐烂变质。少量食用菌，可将其用竹篮装上，悬挂于水井中，以获得低温环境，可保藏5～7 天。还可将食用菌用干净的冷水浸泡保藏，每天换水 1～2 次。

三、食用菌的冷藏保鲜法

冷藏一般是指 0℃以上低温的贮藏方式。低温冷藏可以抑制食用菌的呼吸作用，减少水分损失，减轻褐变，控制病虫害，延长贮藏期。但冷藏的温度不是越低越好，而且不同种类食用菌对低温的要求也不同，每种食用菌对低温的适应性都有一个最低限度，超过这个限度会引起代谢异常，出现冷害，降低抗逆性。一般而言，在合适的低温范围内，贮藏温度越低，贮藏时间就越长。有研究认为，草菇的最适贮藏低温为0℃～2℃，在此温度下可贮藏14天；但在4℃～6℃下贮藏会很快液化；在10℃～15℃下只能贮2～3天；在30℃只能贮存一天。再如，双孢蘑菇的适宜贮藏温度为0℃～5℃，在0℃下可贮藏35天，在5℃下可贮藏28天，但在15℃时只能贮藏12天，而且有严重的失水和褐变。香菇在4℃下可贮藏5～10天。金针菇在2℃～4℃下可贮藏4～5天。银耳在2℃～6℃下可贮藏10天。草菇的适宜贮藏温度为10℃～15℃。冷藏可以在冷藏库、冷藏柜或冰箱中进行。贮藏前应将食用菌用聚乙烯塑料薄膜包装。贮藏量很小时，也可将用聚乙烯塑料袋包装的食用菌放入泡沫箱中密封贮藏，再在袋外放置冰袋降温。冷藏时要经常检查，并调节好贮藏温度和湿度，根据贮藏效果决定贮藏期限。

四、新鲜食用菌的简易冻藏法

冻藏是指温度低于0℃的保藏方法。将新鲜蘑菇采收后剪去菌柄，在清水中洗净后，放入0.5％柠檬酸溶液中漂洗10分钟，捞出后沥去水分，装入食品包装用聚乙烯塑料袋内，扎好袋口，置于−3℃下，可贮藏5～10天。将新鲜香菇剪去菇蒂，装入聚乙烯塑料袋中，扎好口，在−18℃以下可贮藏30天以上。将新鲜平菇清洗干净后在沸水中或蒸汽中处理3～5分钟，然后放入1％柠檬酸溶液中迅速冷却，用聚乙烯塑料袋装好，在−18℃以下可贮藏30天以上。

五、食用菌的气调贮藏保鲜法

气调贮藏就是通过调节贮藏环境中的气体组分，提高二氧化碳浓度，降低氧气浓度来延长贮藏期的一种贮藏方式。不同种类的食用菌对环境中气体成分的要求不同。例如，香菇要求环境中氧气浓度为1％～2％，二氧化碳浓度为40％，氮气浓度为58％～59％。在此气体条件下，可在20℃下保藏8天。双孢蘑菇要求氧气浓度为1％～4％，二氧化碳浓度为10％～15％；或者氧气浓度为0.1％，二氧化碳浓度为5％；或氧气浓度为10％～20％，二氧化碳浓度为50％。平菇在低温下可耐25％的二氧化碳。可以根据不同食用菌对气体组分的不同要求，调节贮藏环境中的气体成分，同时控制适当的低温，来贮藏新鲜食用菌。

六、食用菌的辐射处理保鲜法

食用菌的辐射处理就是用 ^{60} Co 的 γ-射线来照射食用菌，以延长其贮藏期。辐照处理可以抑制食用菌的呼吸作用，减少其营养消耗。如用 2.5～10 戈瑞剂量处理新鲜菇体，可明显抑制食用菌的呼吸作用。辐照处理可以抑制食用菌开伞，以延缓食用菌的衰老。如用 ^{60} Co γ-射线辐射松菇，剂量为 5.0～20 戈瑞时，可减少菌盖开伞率。辐照还可延缓食用菌的变色过程。如用 10～30 戈瑞处理蘑菇后，延缓了菇体变色过程。辐照处理还可杀死害虫，抑制腐败性微生物和病原微生物活动。如用 10 戈瑞剂量辐射可抑制疣孢霉等杂菌生长。通常辐射贮藏在 5～60 戈瑞剂量区间内，但商业上用 20 戈瑞比较合适。辐射处理的具体方法是：将成熟而未开伞的食用菌采摘后，装入多孔聚乙烯塑料袋内，按剂量进行照射，然后于 15℃±1℃ 温度的条件下贮藏。贮藏 2 周内，可保持 90％ 的子实体不开伞，而对照 3 天即开伞，同时在硬度、色泽等方面也保持了其商品价值。研究指出，辐射食品中无有毒有害物质的残留，可以安全食用。我国政府已批准辐照技术应用于食品保藏处理。

七、食用菌的薄膜包装贮藏保鲜法

薄膜包装可减少食用菌的水分蒸发，抑制失重、失鲜；可提高二氧化碳浓度，降低氧气浓度，实现自发气调贮藏，延长贮藏期；还可保护产品免受机械损伤，延缓褐变进程。用于食用菌薄膜包装的薄膜有低密度聚乙烯、聚丙烯和醋酸乙烯树脂等。醋酸乙烯树脂是一种已被用于蔬菜包装的新型薄膜，其透气性和透湿性均优于低密度聚乙烯，包装后，袋内不会出现水滴，也不易发生二氧化碳中毒，是较为理想的包装用膜。直接鲜销时，可采用小袋包装，每袋装 200～300 克；贮藏或运输时，则可采用大袋包装，每袋 5～10 千克。薄膜厚度以 0.01～0.03 毫米厚为宜，大袋包装可以选用稍微厚点的材料，以增加薄膜的强度。如能将包装好的食用菌贮藏在适宜的低温条件下，则可延长贮藏期，提高贮藏效果。

八、双孢蘑菇、金针菇贮运技术规范

为了指导生产和经营者搞好双孢蘑菇和金针菇的贮藏保鲜，农业部发布了《双孢蘑菇、金针菇贮运技术规范》（NY/T 1934）。该标准规定了双孢蘑菇和金针菇的采收和质量要求、预冷、包装、入库、贮藏、出库、运输技术要求，适用于双孢蘑菇和金针菇鲜菇的贮运；其他食用菌的鲜菇贮运可参照本标准。现将该标准的主要内容摘录如下：

1. 采收和质量要求

（1）采收。①采收时间。子实体已充分生长，但菌盖边缘内卷未开伞时采收。②采收方法。双孢蘑菇：采摘时应戴洁净手套、使用洁净的刀具进行采摘，菇柄应保留 0.5～1 厘米，轻采轻放，减少机械损伤。金针菇：采摘时应戴洁净手套，一手压住瓶或袋，一手握住菇丛，整丛拔起，剪除根须、去除杂质。采收后的双孢蘑菇和金针菇宜放入洁净干燥、不易损伤的包装容器内，避免雨淋、日晒。

（2）质量要求。①双孢蘑菇：用于入库贮藏的双孢蘑菇质量指标应符合表 7-55 的规定。②金针菇：用于入库贮藏的金针菇质量指标应符合表 7-56 的规定。

（3）卫生指标。卫生指标应符合 GB 7096《食用菌卫生标准》的规定。

表 7-55　　　　　　　　　　双孢蘑菇质量指标

项目	要　　　求
外观	菇体完整、饱满、不开伞和不萎缩；具有固有色泽；菇柄组织内部无空洞，菇体表面无杂质，无水渍斑点，无脱柄，无畸形，无机械损伤
气味	有双孢蘑菇特有的香味，无异味
霉烂菇	无
虫蛀菇	无
水分（%）	≤91

表 7-56　　　　　　　　　　金针菇质量指标

项目	要　　　求
外观	菇体均匀、整齐、新鲜完好，不开伞；具有固有色泽；菇体表面无杂质，干燥无水渍，无机械损伤
气味	有金针菇特有的香味，无异味
霉烂菇	无
水分（%）	≤91

2. 预冷和包装

（1）预冷。采摘温度在 0℃～15℃时，宜在采后 4 小时内实施预冷；当采摘温度在 15℃～30℃时，宜在 2 小时内实施预冷；当采摘温度超过 30℃，宜在 1 小时内实施预冷。可采用冷库冷却、强制冷风冷却、真空冷却等方式，预冷温度应为 0℃～2℃，使双孢蘑菇预冷至 2℃～4℃，金针菇预冷至 0℃～2℃。

（2）包装。预冷后的菇体装入内衬 0.02～0.03 毫米厚的卫生指标符合 GB 9687 规定的聚乙烯薄膜袋的包装箱，每袋装量不宜超过 3 千克。包装宜在 2℃～6℃条件下进行。包装袋扎口方式：双孢蘑菇挽口包装，金针菇扎紧袋口。外包装（箱、筐）应牢固、干燥、清洁、无异味、无毒，便于装卸、贮藏和运输。

3. 入库

（1）库房消毒。菇体入库前应对贮藏库进行清扫和消毒灭菌，消毒方法参照 GB/T 8559《苹果冷藏技术》的规定执行。

（2）库房预冷。菇体入贮前 2～3 天，应先将冷库预冷，使温度降至 0℃～2℃。

（3）入库。经预冷和包装后的食用菌需及时入库冷藏，入库速度根据冷库制冷能力或库温变化进行调整。

（4）堆码。堆码方式参照 GB/T 8559《苹果冷藏技术》的规定执行。

4. 贮藏

（1）贮藏温度。双孢蘑菇贮藏温度宜为 2℃～4℃，金针菇贮藏温度宜为 0℃～2℃。

（2）贮藏管理。贮藏期间，需每天检测库内温度，检测方法按照 GB 9829《水果和蔬菜　冷库中物理条件　定义和测量》的有关规定执行。整个贮藏期间，要保持库内温度的稳定。

（3）贮藏期限。双孢蘑菇贮藏期不宜超过 5 天，金针菇贮藏期不宜超过 15 天。

5. 出库

（1）出库指标。菇体出库时，需要符合表 7-57 的质量要求。

（2）出库管理。出库时，应轻拿轻放，避免机械损伤。

6. 运输

（1）常温运输。采用常温运输时，应用篷布（或其他覆盖物）遮盖，并根据天气状况，采取相应的防热、防冻、防雨措施。

表 7 - 57 菇体出库时的质量要求

项目	要　　求
外观	菇体完整、饱满，菇柄菌盖密合，边缘内卷稍有开伞，不萎缩；具有固有色泽；无机械损伤，无水渍斑点
气味	有本品食用菌特有的香味，无异味
商品率（%）	≥92
失水率（%）	≤5

（2）低温运输。采用低温运输时，冷藏车内温度应为 2℃～8℃。

（3）运输期限。菇体常温运输期限不宜超过 24 小时，低温运输最长期限不宜超过 48 小时。

（4）注意事项。运输行车应平稳，减少颠簸和剧烈振荡。码垛要稳固，货件之间以及货件与底板间留有 5～8 厘米间隙。

九、双孢蘑菇冷藏及冷链运输技术规范

为了指导生产和经营者搞好双孢蘑菇的冷藏及冷链运输，农业部发布了《双孢蘑菇　冷藏及冷链运输技术规范》（NY/T 2117）。该标准规定了双孢蘑菇的采收及包装、冷藏及冷链运输要求，适应于双孢蘑菇的冷藏及冷链运输。现将该标准的主要内容摘录如下：

1. 采收及包装

（1）采收。出菇期间，菇棚温度宜控制在 11℃～20℃间。菇体达到商品菇生理成熟度时应适时进行采收。采收时，将双孢蘑菇子实体旋转采下，避免菌柄受损；尽量不要带出菇床上的菌丝、培养料和覆土，去除残留在菌柄上的菌丝、培养料和覆土，及时切去菇脚，放入包装容器内，避免二次包装。如采收后再切菇脚并需清洗时，菇体应及时干燥，避免过度通风。采收和包装时避免菇体间挤压或碰撞。

（2）菇体要求。菇体新鲜，根据品种不同颜色会有所差异，但同一包装内色泽应保持一致，为白色或奶白色。菌盖为球形或半球形；根据市场需求确定菌盖卷边的张开程度。菌柄去菇脚。菇体有弹性，无异物和异常外来水分，无机械伤、腐烂或者病虫害。

（3）分等分级及包装。根据 NY/T 1790《双孢蘑菇等级规格》等有关标准或者客户要求进行分等分级。同一包装内应紧密排放但要避免相互挤压，防止贮藏运输过程中机械损伤造成的褐变。新鲜双孢蘑菇宜使

用聚苯乙烯泡沫塑料箱或周转箱，质量、规格应符合 GB 5009.60《食品包装用聚乙烯、聚苯乙烯、聚丙烯成型品卫生标准的分析方法》和 GB/T 5737《食品塑料代替周转箱》的规定。若使用内包装袋时，应符合 GB 9687《食品包装用聚乙烯成型品卫生标准》、GB 9688《食品包装用聚丙烯成型品卫生标准》和 GB 5009.60《食品包装用聚乙烯、聚苯乙烯、聚丙烯成型品卫生标准的分析方法》的有关规定。每箱包装规格为 5 千克或者 2.5 千克，或根据客户要求制定。包装标签应符合 GB/T 191《包装储运图示标志》和 GB 7718《食品安全国家标准 预包装食品标签通则》的相关规定。

2. 冷藏

（1）温度和相对湿度。新鲜双孢蘑菇采收后应及时包装和预冷。冷藏温度取决于贮藏和运输周期的长短。0℃～3℃时可保藏 5～7 天；4℃～5℃时可保藏 3～4 天。冷藏环境最适相对湿度为 90%。

（2）冷藏。新鲜双孢蘑菇包装好后，打开包装盖放入冷库。冷库内空气循环速度适中。远距离运输时，先将菇体冷却到 0℃～5℃再置于冷藏车内低温运输。

3. 冷链运输

装箱前，冷藏车、保温车车厢温度应降到 7℃以下，尽量在 30 分钟内完成装箱过程。运输途中车厢温度保持在 0℃～5℃。整个过程中确保制冷设备保持良好工作状态，使新鲜双孢蘑菇保持恒定低温状态。冷藏车、保温车车厢外部应设有能直接观察的测温仪或监控运输途中厢体内温度的自动测温仪，做好运输过程中的测温记录。冷藏箱内剩余间隙用包装箱或其他替代品塞满，防止箱子在运输途中的晃动。到达目的地卸载后，用于消费或者加工前，应保持与冷链运输过程一致的冷藏条件。

4. 运达操作 到达目的地卸载后，用于消费或者加工前，应保持与冷链运办理过程一致的冷藏条件。

十、花菇保鲜技术规范（福建）

为了指导生产和经营者搞好花菇贮藏保鲜工作，福建省质量技术监督局发布了《宁寿花菇 保鲜技术规范》（DB35/T 1029）。该标准规定了宁寿花菇保鲜处理工艺及技术要求，适用于宁寿花菇的保鲜处理，也适合于其他食用菌保鲜时参考。现将该标准的主要内容摘录如下，供广大读者在贮藏新鲜食用菌时参考。

1. 鲜菇初选

原料按 DB35/T 1027《花菇》鲜花菇质量标准验收。用以保鲜贮藏的花菇，在采摘前 10 小时内不能喷水。

2. 晾晒排湿

晴天采摘的花菇，经初选后，要及时置于阳光下晾晒，使其减重 10％～15％。雨天采摘的花菇，经初选，要及时置于阳光下晾晒，使其减重 15％～20％。

3. 分级精选

按 DB35/T 1027《花菇》鲜花菇质量标准进行分级。若需修剪菇柄，必须在起运前 8～10 小时进行。经过分级的花菇，必须按照不同等级分别装入专用塑料筐中，每筐装量 5 千克，并做好等级标记。塑料筐应符合 GB/T 5737《食品塑料代替周转箱》的规定。

4. 入库保鲜

冷藏温度 0℃～4℃。冷库相对湿度 85％～90％，并保持相对恒定。

5. 包装与出库

装箱：包装采用塑料泡沫制成的专用保鲜箱，内衬聚丙烯薄膜，外用瓦楞纸箱。托盘包装：排列整齐，托盘上包裹无毒保鲜膜，然后装入纸箱，用胶纸缝箱口。包装工序需在冷藏库内控制的温度下进行。出库：要先调节冷藏库温度，先逐步升温，缩小库内与外界的气温差，再行出库。

第八章　蔬菜干制品及茶叶的贮藏原理

蔬菜干制品及茶叶与新鲜蔬菜所处的状态不同，它们是经过脱水加工的产品，加工以后，不再具有生命力，贮藏时，只要考虑防止其化学变化引起的品质变化。而新鲜蔬菜是有生命力的产品，它们在贮藏期间还在进行着呼吸作用。贮藏时所采用的一切条件和手段，要在确保其正常生命力的前提下，控制其品质变化。可见，蔬菜干制品及茶叶的贮藏方法比新鲜蔬菜要简单一些。影响蔬菜干制品及茶叶贮藏效果的因素主要有以下几个方面：

一、水分对贮藏效果的影响

1. 水分含量与贮藏效果的关系

蔬菜干制品及茶叶的水分含量是关系到这些产品能否成功贮藏的决定因素。水分含量低时，化学反应速度慢，产品的色、香、味变化小，保藏期长。相反，水分含量高，产品的色、香、味变化大，保藏期短。其次，过高的水分含量，还会引起霉变和生虫，加快质量劣变速度。

2. 水分含量的控制措施

蔬菜干制品及茶叶中的水分主要来自两个方面。一是干制时干燥不完全，脱水不彻底，制品包装前的含水量较高。二是干制品一般含糖量较高，包装之前和贮藏期间很容易吸收空气中的水分而使含水量增加，引起产品变质。因此，控制蔬菜干制品及茶叶的水分含量，可以从以下几方面入手：对不同蔬菜干制品及茶叶分别设置科学的含水量标准（表8－1），并按此生产合格的产品；干制后的产品，需先放置于相对湿度较低的室内冷却，再进行灌装；灌装后要及时密封包装，以防止产品吸水；还可在密封包装袋内放置装有氧化钙等吸湿剂的吸湿袋，以吸收袋内的湿气，保持产品干燥。

表 8 - 1　　　　　　不同蔬菜干制品及茶叶含水量标准

干制品名称	含水量（%）	标准编号	标准名称
脱水洋葱片	≤8	GB 8860	脱水洋葱
脱水洋葱粉	≤6	GB 8860	脱水洋葱
脱水大蒜片	≤8	GB 8861	脱水大蒜
脱水大蒜粉、粒	≤6	GB 8861	脱水大蒜
脱水葱、蒜	≤6	NY/T 1208	葱蒜热风脱水加工技术规范
脱水蔬菜 根菜类	≤8	NY/T 959	脱水蔬菜 根菜类
脱水蔬菜 叶菜类（粉状）	≤6	NY/T 960	脱水蔬菜 叶菜类
脱水蔬菜 叶菜类（其他）	≤8	NY/T 960	脱水蔬菜 叶菜类
脱水蔬菜 茄果类（粉状）	≤6	NY/T 1393	脱水蔬菜 茄果类
脱水蔬菜 茄果类（其他）	≤8	NY/T 1393	脱水蔬菜 茄果类
脱水姜片	≤6	NY/T 1073	脱水姜片和姜粉
脱水姜粉	≤8	NY/T 1073	脱水姜片和姜粉
莲子	≤12	NY/T 1504	莲子
脱水蘑菇片	≤8	GB 8859	脱水蘑菇
脱水蘑菇粉	≤6	GB 8859	脱水蘑菇
烘青绿茶 晒青绿茶	≤6 ≤9	GB/T14456.1	绿茶 第一部分：基本要求
红碎茶、工夫红茶	≤7	GB/T13738.1－2	红茶
普洱茶（黑茶）	≤10	GB/T22111	普洱茶
青茶（乌龙茶）	≤7.5	DB31/T215.4	乌龙茶（青茶）
黄茶	≤7	GB/T21726	黄茶
白茶	≤7	GB/T22291	白茶

二、温度对贮藏效果的影响

1. 贮藏温度与贮藏效果的关系

首先，贮藏环境的温度越高，蔬菜干制品及茶叶的化学反应速度越快，品质劣变就越快，主要表现在褐变加快，颜色加深，香味变淡，味道变差，营养成分损失加剧。其次，较高的贮藏温度，还有利于霉变。大多数真菌适宜的生长温度为 25℃～30℃。此外，贮藏温度较高时，还有利于虫害的发生。

2. 贮藏温度的控制

密封包装下的冻藏（冰点以下温度）和冷藏（冰点以上温度，以 0℃～10℃为佳），是控制干制品品质劣变的有效方法，既可抑制干制品本身的化学变化，又可抑制微生物的生长繁殖，从而防止霉变，还可抑制虫害的发生。一般方法是将干制品密封包装后在冻藏或冷藏条件下保藏，以延长贮藏期。如果不得已采用常温贮藏，也是温度越低越好。

三、相对湿度对贮藏效果的影响

1. 相对湿度与贮藏效果的关系

贮藏环境中空气相对湿度的高低是影响蔬菜干制品及茶叶贮藏效果好坏的重要因素。贮藏环境的空气湿度越高，越有利于品质劣变，因为引起品质劣变的大多数化学反应，都是在水分充足的条件下完成的。同时，高湿还有利于产品霉变，这是因为微生物的生长和繁殖都需要有一定的水分。此外，害虫的危害，也需要一定的湿度。

2. 相对湿度的控制

贮藏蔬菜干制品及茶叶时，首先要选择干燥的环境；还要将产品进行密封包装，以防止产品吸收空气中的水分；还可在密封包装袋内放置袋装吸湿剂，以吸收产品周围的水汽，确保产品处于干燥的环境中；蔬菜干制品及茶叶贮藏时，一般要求贮藏环境的相对湿度低于 50%。可在贮藏室安装除湿机以除去空气中的水分。

四、气体成分对贮藏效果的影响

1. 气体成分与贮藏效果的关系

正常空气的组成为 4/5 的氮气和 1/5 的氧气，以及微量的其他气体。在如此高的氧气浓度下，蔬菜干制品及茶叶的部分化学成分发生氧化，使得产品褐变加剧，颜色加深，品质变差；同时，氧气的存在，还使产品发生霉变。因此，蔬菜干制品及茶叶贮藏时，务必消除氧气对产品的不良影响。

2. 气体成分的控制

在生产流通环节，可采用以下措施来抑制气体环境对蔬菜干制品及茶叶的不良影响：一是对某些干制品进行压缩处理，以减少产品中的空气含量，同时还可缩小干制品的体积，节约贮运成本；二是对部分干制品进行真空密封包装，以抽出包装袋内的空气；三是进行充氮密封包装，以驱除袋内的氧气。以上措施都可有效地提高蔬菜干制品及茶叶的贮藏效果，并且已经应用到蔬菜干制品及茶叶的贮藏、运输和流通中。

五、光照对贮藏效果的影响

1. 光照与贮藏效果的关系

光照的存在，可加速部分化学反应的进行，加快品质的劣变；光照还可使贮藏环境的温度升高，从而加速化学反应速度、霉变和虫害发生的进程。因此，贮运过程中应尽量避免光照。

2. 光照的控制

生产流通中常采用非透明内包装或外包装、避光贮藏等方法来保藏蔬菜干制品。特别要注意的是，尽管干制品采用了非透明包装，但在贮运和销售过程中，同样要采取避光的措施，尤其是不能将产品及其包装物暴露在强烈的阳光下。

六、虫害对贮藏效果的影响

1. 仓储害虫对干制品的危害

若贮藏方法不当，蔬菜干制品及茶叶在贮藏过程中还会发生虫害。虫害发生一般在夏秋季节。虫害发生后，大量活虫和虫卵出现，害虫蚕食产品，使产品形态破碎，还排出大量粪便于干制品中，严重影响干制品的食用价值，并造成经济损失。蔬菜干制品中常见的贮藏害虫种类有鳞翅目（小蛾类）中的粉斑螟蛾、地中海粉螟、印度谷蛾，鞘翅目（甲虫类）中的赤拟谷盗、脊胸露尾虫、锯胸谷盗、长角扁谷盗和烟草甲虫等。

2. 仓储害虫的取食为害习性

仓储害虫的发生与其含水量多少、贮藏温度高低、气体条件等因素有密切的关系。含水量高、贮藏温度高、氧气充足时，适合于害虫繁殖生长和危害。例如，当食用菌水分含量升高到16％以上，气温在15℃～20℃时，有利于蛾类和甲虫类的害虫生长繁殖。气温达到22℃～24℃时，螨类害虫也迅速繁殖起来，为害极大。鳞翅目蛾类害虫，成虫多在干制品成品的表层产卵，幼虫多匿伏于箱内底角或在产品间吐丝，把产品缀连一起，潜居其中取食产品，并结茧化蛹继续繁育后代，使制品断碎不整，并排泄大量粪便污染制品。老熟幼虫能剥食菇体和胡萝卜粒的外层组织，严重损坏制品的外观形态。鞘翅目甲虫类害虫，成虫和幼虫均能取食各类干菜及干菇制品各个部位。谷盗类成虫多匿居于菇类菌褶或箱底制品碎屑间取食，并产卵活动。露尾虫和烟草甲虫成虫善飞翔，有假死性，其幼虫为害最烈。多蛀入食用菌菇体或胡萝卜粒内蛀道取食为害，并居其潜道内化蛹羽化。严重时整朵菇体被蛀食一空，使制品异臭，完全失去商品价值。

3. 仓储害虫的控制方法

蔬菜干制品及茶叶贮藏害虫的防治，应积极贯彻防重于治，综合治理的方针，避免在经济上造成不必要的损失。

（1）出烘后的半成品在冷却和精选工序，要严防害虫感染，严格做好生产车间清洁卫生和防虫、治虫工作。

（2）成品仓库进货前要清除仓内杂物、废料。可用 38％～40％ 敌敌畏乳剂 1：50 倍溶液进行一次空仓喷洒，以杜绝虫源。

（3）严格控制成品水分含量。一般蔬菜干制品水分含量应控制在 8％以下，食用菌在 12％以下。干制品含水量高，容易给害虫生长繁殖创造良好条件，在春季梅雨季节里，要加强水分定期检查，发现问题及时处理。

（4）干制品要专库保管，切忌同其他易生虫害的杂货堆放一起，在温度高的夏季里，最好贮放于 3℃～5℃ 低温凉爽的仓库里。

（5）除黑茶外，要尽可能采用密封包装、真空包装和充氮包装。密封包装、真空包装和充氮包装，可防止蔬菜干制品及茶叶在贮藏期间的水分增长和害虫侵入。真空包装和充氮包装还可减少包装内的氧气，抑制害虫繁殖和生长。

（6）一旦发生虫害，应将制成品置于 55℃～60℃ 的烘干机内烘干杀虫。

总之，降低干制品的含水量，是确保蔬菜干制品及茶叶贮藏成功的前提。提供干燥、清洁、低温、低湿、缺氧、避光、密封的贮藏环境，是搞好蔬菜干制品及茶叶贮藏的重要措施。

第九章　蔬菜干制品的贮藏方法

第一节　蔬菜干制品的贮藏特性与要求

一、蔬菜干制品的贮藏特性

　　蔬菜干制品又称为干菜或脱水菜，是以新鲜蔬菜为原料经脱水加工而成的蔬菜干制品。其贮藏特性之一，是由于蔬菜干制品含有一定量的可溶性固形物，具有容易吸湿的特性。吸湿后，产品化学变化、霉变和虫害的进程都加快，因此要注意干燥贮存。特性之二是在贮藏温度较高时，产品褐变速度较快，须采用低温贮存。第三是贮藏期间容易发生虫害，要求做好防虫工作。第四是对异味具有强烈的吸附性，要求不与其他物品混贮、混运。

二、蔬菜干制品的贮藏要求

　　蔬菜干制品的贮藏原则如下：一是要确保产品中的水分被彻底干燥。蔬菜在太阳下晾晒时，直到不再减轻重量，就基本被彻底干燥。彻底干燥的蔬菜干制品，只要不重新吸收水分，就不会发生霉变。二是要采用密封包装，最好能真空密封。密封包装能保证干制品不吸收空气中的水分，确保产品不发生霉变。真空密封能减少包装袋的氧气，抑制产品变色。特别需要注意的是，我国过去常采用麻袋、藤篓等通透性材料包装这类产品。而这种通透性包装不能密封，其中的产品容易吸收空气中的水分而霉变，必须杜绝继续采用这种包装，而使用密封包装。三是在0℃～20℃的温度下尽可能采用低温贮藏。一般干制品，只要做到了彻底干燥和密封包装，便能在常温下贮藏而不败坏。但如果能尽量降低贮藏温度，则可延长保藏期。在0℃～20℃的温度范围内，温度越低，保藏期越长。四是尽可能在避光的条件下贮藏。避光贮藏能减轻蔬菜干制品的变色程度，延长其保藏期。

第二节　蔬菜干制品的贮藏方法

一、干黄花菜的贮藏方法

选择充分干燥的黄花菜用于贮藏。如果是收购而来的散装黄花菜，可选择干度达到 93%～95% 的菜品，也就是晒干后用手可以折断的菜品，在阴凉干燥的室内自然存放 1 天，冷却后，用食品包装用塑料袋密封包装，自然贮藏即可。为避免潮湿，可在贮藏室设菜架，将密封包装好的菜包放在菜架上，并经常检查包装袋是否破裂。包装破裂的黄花菜容易吸潮霉变，也易生虫。对吸潮但未霉变的黄花菜，可以晒干、冷却、密封包装后，继续贮藏。已经霉变的黄花菜，不可食用。也可将密封包装的干黄花菜贮藏于 1℃～10℃ 的低温贮藏库内。冷藏时要切实注意防潮。冷藏的干黄花菜变色缓慢，贮藏期延长。值得注意的是，颜色金黄且一致的黄花菜，一般二氧化硫含量较高，影响食品安全。颜色发黑的干黄花菜二氧化硫含量较低，只要没有霉变，就仍可食用。

二、干辣椒的贮藏方法

干辣椒是我国的大宗调味品。干辣椒产品一般为干红辣椒。选购干辣椒时，应选择未经过化学处理的自然干燥或烘干产品。经过化学处理的产品，一般色泽金黄或鲜红，并且色度均匀一致。而未经化学处理的产品，呈现辣椒干燥后的本色。干红椒含有一定的糖分，容易吸收空气中的水分而发霉或变黑。因此，贮藏的关键是要确保产品密封包装。具体方法有常温贮藏和冷藏。常温贮藏时，首先要选择彻底干燥的辣椒。一般将购买回来的干辣椒在太阳下晾晒 2 天，直至其重量不再减轻，再将干辣椒冷却后用食品包装用塑料袋密封包装，在阴凉、干燥的常温贮藏场所贮藏。要注意的是，包装袋要密封完好，不能有破损。对于破损的包装袋应更换。另外，贮藏场所务必清洁干燥，无霉味、无异味，无鼠害。也可将包装完好的干辣椒贮藏于 0℃～10℃ 的冰箱或冷库中。冷藏时要特别注意产品的防潮。

三、干蕨菜的贮藏方法

干蕨菜是我国的特色野生蔬菜。常用于出口，也用于内销。干蕨菜一般由晒干或烘干而成。购买时，要选择充分干燥的产品。如果不能确定产品是否干燥，一般可将产品在太阳下晾晒1～2天，然后在干燥的室内冷却，再将产品用食品包装用塑料袋密封包装，贮藏于阴凉干燥、通风良好、无气味、无鼠害的场所。也可将干燥、密封的产品贮藏在0℃～10℃的冰箱或冷库中。冷藏时要保证包装密封完好，以严防吸潮。食用前，一般要将干蕨菜用凉水浸泡数小时，使其复水，然后才可烹调。否则口感粗糙，难以入味。

四、干酸菜的贮藏方法

干酸菜是我国广大农村地区的传统产品。各地使用的原料不同，加工而成的产品也不同。不少地区用排菜做酸菜，用于蒸扣肉。有些地区用萝卜菜做原料，还有的地区用芥菜、白菜、包菜、苋菜、茄子、豆角等蔬菜做原料。不论何种原料做成的产品，贮藏时的关键是要确保产品彻底干燥、包装完好，贮藏场所阴凉干燥、无异味、无鼠害。干酸菜可在常温条件下贮藏，也可在0℃～10℃的冰箱或冷库中贮藏。贮藏时要保证包装密封完好，以严防吸潮霉变和吸附异味。烹饪前，应将干酸菜用2～3倍量的凉水浸泡1～2小时，使其充分复水。经过复水的干酸菜，烹饪后入味良好，质地可口。

五、干萝卜的贮藏方法

萝卜在我国各地都有种植，其加工品产量最大的是干萝卜。干萝卜可直接用于烹饪食用，也可用于家庭腌制食用，还可用作企业加工的原料。干萝卜贮藏期间出现的问题主要是霉变、变黑、吸潮等。出现这些问题的主要原因是产品未彻底干燥，包装不妥或破损，贮藏场所不干燥、贮藏温度过高等。要做好干萝卜的贮藏，务必做到以下几点：一要购买彻底干燥的产品。若不知道产品是否彻底干燥，可将产品在太阳下晾晒1～2天，摊凉后用食品包装用塑料袋密封包装，再贮藏于阴凉、干燥、卫生的常温贮藏场所内，也可将干萝卜贮藏在0℃～10℃的冰箱或冷库内。为了使干萝卜不变色（黑），用于加工的干萝卜一般贮藏在0℃～10℃的冷库内。需长期保藏的干萝卜，一般贮藏在-1℃～-20℃的冻藏库中，使用前再在室内温度下自然解冻。若能真空包装，贮藏效果更佳，变色更慢，并可防止虫害。

六、干黄瓜的贮藏方法

干黄瓜质地脆嫩，风味独特，深受消费者喜爱。干黄瓜一般用于干锅加工菜肴，也可用于与肉类一起炒食，还可用作加工酸菜的原料。干黄瓜含有一定的糖分，容易吸收空气中的水分而引起霉变。应选择充分干燥的黄瓜，晒干1～2天后，于干燥的室内冷却，再用食品包装用塑料袋密封包装，若能真空包装，贮藏效果更佳，变色更慢，贮藏于阴凉、干燥、卫生的常温贮藏场所内，也可贮藏在0℃～10℃的冰箱或冷库内。但经取食打开包装后，要做好密封包装才能继续贮藏，否则会吸水霉变。贮藏场所应干燥、阴凉、卫生，无鼠害，无异味。烹饪前要加少量清水湿润。

七、干豆角（豇豆）的贮藏方法

干豆角的产量大，风味独特，深受消费者喜爱。干豆角常用于干锅加工菜肴，也可用于与肉类一起炒食，还可用作加工酸菜的原料。干豆角也含有一定的糖分，容易吸收空气中的水分而引起霉变，甚至容易生虫。因此，应选择充分干燥的干豆角。未彻底干燥的豆角，应晒干1～2天后，于干燥的室内冷却，再用食品包装用塑料袋密封包装。若能真空包装，贮藏效果更佳，变色更慢，防虫效果更好。将包装好的产品贮藏于阴凉、干燥、卫生的常温贮藏场所内，也可贮藏在0℃～10℃的冰箱或冷库内。经取食打开包装后，要做好密封包装才能继续贮藏，否则会吸水霉变。贮藏场所应干燥、阴凉、卫生，无鼠害，无异味。烹饪前要加少量清水湿润。

八、干竹笋的贮藏方法

干竹笋的产量大，质地脆嫩，口感好，深受消费者喜爱，已成为千家万户必备的节日菜品。干竹笋常用作各种宴会的菜肴。可作干锅加工菜肴，也可与肉类一起炒食，还可用作清炒或凉拌。干竹笋容易吸收空气中的水分而发生霉变，甚至生虫。因此，应选择充分干燥的竹笋。未彻底干燥的竹笋，应晾晒1～2天后，于干燥的室内冷却，再用食品包装用塑料袋密封包装。由于干竹笋比较坚硬，容易将包装物刺穿，所以要仔细检查包装物是否破损。将包装完好的产品贮藏于阴凉、干燥、卫生的常温贮藏场所内，也可贮藏在0℃～10℃的冰箱或冷库内。但经取食打开包装后，要做好密封包装才能继续贮藏，否则会吸水霉变。贮藏场所应干燥、阴凉、卫生，无鼠害，无异味。烹饪前要加笋重 2～3 倍的开水浸泡数小时，或用开水煮 20 分钟，使之充分复水、嫩化。未经复水的干笋口感粗糙，难以入味。

九、干食用菌的贮藏方法

干食用菌种类繁多，干香菇、干木耳、干金针菇、干银耳等都属于此。各种干食用菌的贮藏方法都一样，现以干香菇为例加以说明。香菇烘干后，容易吸收空气中的水分，如果不妥善贮藏，很容易返潮。特别是在雨季气温高、湿度大时更易引起霉变及虫蛀。所以香菇烤干后，要按大小分级、冷却后迅速装入塑料袋中。为了保持袋内干燥的环境，可在塑料袋中放入一小包氧化钙，以免菇体内的糖分吸水渗出。贮藏时应当注意以下几点：一要干燥贮存。香菇吸水性强，含水量高时容易氧化变质，也会发生霉变。因此，香菇必须干燥后才能进行贮存。贮存容器内必须放入适量的块状氧化钙或干木炭等吸湿剂，以防返潮。二要低温贮存。香菇必须在阴凉、通风处贮存，也可把经过密封包装的香菇置于冰箱或冷库中贮存。三要避光贮存。光线中的红外线会使香菇升温，紫外线会引发光化学作用，从而加速香菇变质。因此，既要避光包装，又要避光贮存。四要密封贮存。密封贮藏可以减轻香菇的氧化反应，延长保藏期，还能减少香气物质的挥发损失，保证香菇的风味。可将香菇用食品袋密封包装后贮藏于铁罐、陶瓷缸等可密封的容器内，要尽量少开容器口。食品袋封口时要排出袋内的空气，有条件的可用充氮包装、贮藏。五要单独贮存。香菇具有极强的吸附性，必须单独贮存，即装贮香菇的容器不得混装其他物品，贮存香菇的库房不宜混贮其他物品。另外，不得用有气味的容器或吸附有异味的容器装、贮香菇。还要注意做好贮藏场所的防虫、防鼠工作。

十、莲子的贮藏方法

1. 石灰干燥贮藏法

该法适用于少量莲子的贮藏。如贮藏 500～1000 千克时，按 50 千克莲子 25 千克生石灰的比例准备好。先将莲子的含水量控制在 12％以下。贮藏时，将刚出窑的生石灰（氧化钙）放入缸内或木柜等容器底部，再在石灰上垫一层无污染的覆盖物，然后将装有干莲子的无毒、无孔的塑料袋放在其上，并加盖密封。

2. 冷库贮藏法

先将莲子的含水量控制在 12％以下，再用内有聚乙烯塑料袋的网眼袋密封包装好，然后将冷库温度调到 3℃左右，贮藏时要求冷库通风、干燥、清洁，堆码时底部要用木架支撑，使包装袋不直接与地面接触。注意莲子不得与有毒、有害、有异味的物品同库储藏。

3. 空心莲的辐照杀虫工艺

选择当年采收、加工、无虫蛀、无霉变的空心莲，将水分含量控制在 12％以下。空心莲的包装应采用食品级、耐辐照、保护性好的材料。内包装材料应抗虫蛀。外包装可采用瓦楞纸箱或经杀虫、防霉处理的麻袋。空心莲加工后立即包装并辐照。空心莲杀虫的最低有效剂量为 0.4 千戈瑞，最高耐受剂量为 4 千戈瑞，工艺剂量为 0.4～2 千戈瑞。辐照后要求在干燥、阴凉的条件下贮运。按本标准操作，空心莲辐照后无活成虫出现，卵和幼虫可在 1～3 周内死亡。辐照后空心莲的食用品质和功能特性不变。允许重复照射，但累积剂量不得超过 4 千戈瑞。

十一、脱水蔬菜辐照杀菌工艺

辐照前要求脱水蔬菜水分含量应小于 13％，初始含菌量小于 1×10^6 个/克。内包装应选用食品级、耐辐照、保护性好的材料密封包装，外包装使用瓦楞纸箱并用胶带密封。脱水蔬菜辐照最低有效剂量为 4 千戈瑞，最高耐受剂量为 10 千戈瑞。辐照后应进行微生物检验并留样备查。贮藏和运输时，不应造成二次污染。允许重复辐照，但累积剂量不应超过 10 千戈瑞。

第十章　茶叶的贮藏方法

茶叶与咖啡、可可并称为世界三大饮料。通常所说的茶叶并非种植意义上的茶树植物，而是指可以用开水直接泡饮的一种饮品。中国是茶叶的故乡，有着悠久的种茶历史，中国茶文化也源远流长。依据制作方式以及产品外形的不同，中国茶叶可分为六大类：绿茶、红茶、黑茶、青茶、黄茶和白茶。茶叶是有保质期的，但保质期的长短与茶叶的种类有关，现按照茶叶种类的不同，分别讨论茶叶的贮藏方法。

第一节　茶叶的通用贮藏方法

一、茶叶贮藏的国标法

为了规范我国茶叶的贮藏，2013 年我国发布了标准《茶叶贮存》（GB/T 30375－2013）。该标准规定了各类茶叶产品贮存的要求、管理、保质措施、试验方法，适用于我国各类茶叶产品的贮存。现将该标准的主要内容摘录如下：

1. 要求

（1）产品。应具有该类茶产品正常的色、香、味、形，不得混有非茶类物质，无异味，无霉变。污染物限量应符合 GB2762《食品安全国家标准　食品中污染物限量》的规定。农药最大残留限量应符合 GB 2763《食品安全国家标准　食品中农药最大残留限量》的规定。水分含量应符合其相应的产品标准。

（2）库房。周围应无异味，应远离污染源。库房内应整洁、干燥、无异味。地面应有硬质处理，并有防潮、防火、防鼠、防虫、防尘设施。应防止日光照射，有避光措施。宜有控温的设施。

（3）包装材料。包装材料应符合相应的卫生要求。包装用纸应符合 GB 11680《食品包装用原纸卫生标准》的规定。聚乙烯袋、聚丙烯袋或复合袋应符合 GB 9687《食品包装用聚乙烯成型品卫生标准》、GB 9688《食品包装用聚丙烯成型品卫生标准》和 GB 9683《复合食品包装袋卫生标准》的规定。编织袋应符合 GB/T 8946《塑料编织袋通用技术要求》的规定。

2. 管理

（1）入库。茶叶应及时包装入库。入库的茶叶应有相应的记录（种类、等级、数量、产地、生产日期等）和标志。入库的茶叶应分类、分区存放，防止相互串味。入库的包装件应牢固、完整、防潮，无破损、无污染、无异味。

（2）堆码。堆码应以安全、平稳、方便、节约面积和防火为原则。可根据不同的包装材料和包装形式选择不同的堆码形式。货垛应分等级、分批次进行堆放，不得靠柱，距墙不少于 200 毫米。堆码应有相应的垫垛，垫垛高度应不低于 150 毫米。

（3）库房检查。①检查项目。货垛的底层和表面水分含量变化情况。包装件是否有霉味、串味、污染及其他感官质量问题。茶垛里层有无发热现象。仓库内的温度、相对湿度、通风情况。②检查周期。每月应检查 1 次，高温、多雨季节应不少于 2 次，并做好记录。

（4）温度与湿度控制。①温度。库房内应有通风散热措施，应有温度计显示库内湿度。库内温度应根据茶类的特点进行控制。②湿度。库房内应有除湿措施，应有湿度计显示库内相对湿度。

（5）卫生管理。应保持库房内的整洁。库房内不得存放其他物品。

（6）安全防范。应有防火、防盗措施，确保安全。

3. 保质措施

（1）库房。库房应具有封闭性。黑茶和紧压茶的库房应具有通风功能。

（2）包装。包装应选用气密性良好且符合卫生要求的塑料袋（塑料编织袋）或相应复合袋。黑茶和紧压茶的包装宜选用透气性较好且符合卫生要求的材料地。

（3）温度和湿度。绿茶贮存宜控制温度 10℃以下、相对湿度 50%以下。红茶贮存宜控制温度 25℃以下、相对湿度 50%以下。乌龙茶贮存宜控制温度 25℃以下、相对湿度 50%以下。对于文火烘干的乌龙茶贮存，宜控制温度 10℃以下。黄茶贮存宜控制温度 10℃以下、相对湿度 50%以下。白茶贮存宜控制温度 25℃以下、相对湿度 50%以下。花茶贮存宜控制温度 25℃以下、相对湿度 50%以下。黑茶贮存宜控制温度 25℃以下、相对湿度70%以下。紧压茶贮存宜控制温度25℃以下、相对湿度70%以下。

二、茶叶贮藏通则

2011年，我国供销合作总社发布了《茶叶贮存通则》标准（GB/T 1071—2011）。该标准规定了茶叶贮存的要求、管理、保质措施、试验方法，适用于我国各类茶叶的贮存。现将该标准主要内容摘录如下，供广大读者参考。

1. 要求

（1）产品。应具有该类茶产品正常的色、香、味、形，不得混有非茶类物质，无异味，无霉变。污染物限量应符合GB 2762《食品安全国家标准　食品中污染物限量》和GB 2763《食品安全国家标准　食品中农药最大残留限量》的规定。水分含量应符合其相应的产品标准。

（2）库房。周围应无异味，应远离污染源。库房内应整洁、干燥、无异气味。地面应有硬质处理，并有防潮、防火、防鼠、防虫、防尘设施。应防止日光照射，有避光措施。各类茶应在相对独立的空间存放，不得混放。

（3）包装材料。包装材料应符合相应的卫生要求。包装用纸应符合GB 11680《食品包装用原纸卫生标准》的规定。聚乙烯袋、聚丙烯袋和复合食品包装袋应符合GB 9687《食品包装用聚乙烯成型品卫生标准》、GB 9688《食品包装用聚丙烯成型品卫生标准》、GB 9683《复合食品包装袋卫生标准》的规定。编织袋应符合GB/T 8946《塑料编织袋通用技术要求》的规定。

2. 管理

（1）入库。茶叶应及时入库，入库的茶叶应有相应的记录（种类、等级、数量、产地、生产日期等）和标识，检查其是否符合入库规定。入库的茶叶应分类、分库存放，防止相互串味。入库的包装件应牢固、完整、防潮，无破损、无污染、无异味。

（2）堆码。堆码应以安全、平稳、方便、节约面积和防火为原则。可根据不同的包装材料和包装形式选择不同的堆码形式。货垛应分等级、分批次进行堆放，不得靠柱，距墙不少于500毫米。堆码应有相应的垫垛，垫垛高度不低于200毫米。

（3）库检。①项目。货垛的底层和表面水分含量变化情况；包装件是否有霉味、串味、污染及其他感官质量问题；茶垛里层有无发热现象；

仓库内的温度、相对湿度、通风情况。②检查周期。每月应检查一次，高温、多雨季节应不少于两次，并要做好记录。

（4）温、湿度控制。①温度。库房内应有通风散热措施，应有温度计显示库内温度。库内温度应根据茶类的特点进行控制。②湿度。库房内应有除湿措施，应有湿度计显示库内相对湿度。库内相对湿度应根据茶类的特点进行控制。

（5）卫生管理。应保持库房内的整洁，库房内不得存放其他物品。

（6）安全防范。应有防火、防盗措施，确保安全。

3. 保质措施

（1）库房。库房应具有较好的封闭性，黑茶和紧压茶的库房应具有较好的通风功能。

（2）包装。包装宜选用气密性良好，且符合卫生要求的塑料袋（塑料编织袋）或相应复合袋。黑茶和紧压茶的包装宜选用透气性较好，且符合卫生要求的材料。

（3）温度和湿度。绿茶贮存宜控制温度10℃以下，相对湿度50％以下；红茶贮存宜控制相对湿度50％以下；乌龙茶贮存宜控制相对湿度50％以下，轻发酵乌龙茶宜控制温度10℃以下；黄茶贮存宜控制温度10℃以下，相对湿度50％以下；白茶贮存宜控制相对湿度50％以下；花茶贮存宜控制相对湿度50％以下；黑茶贮存宜控制相对湿度70％以下；紧压茶贮存宜控制相对湿度70％以下。

第二节　绿茶的贮藏方法

一、绿茶的贮藏特性

绿茶的一般加工工艺是采取茶树新叶或芽，洗净后，经热锅杀青、揉捻，再经烘干制成。绿茶成品的色泽以及冲泡后的茶汤较多地保留了鲜茶叶的绿色主调以及原本的茶香。绿茶加工工艺在各地流传较为广泛，著名的代表品种有碧螺春、龙井茶、信阳毛尖、紫阳毛尖茶、日照绿茶、六安瓜片、湄潭翠芽等。绿茶的贮藏方法会直接影响到绿茶的品质。比如在绿茶中起护肤美容功效的茶多酚，具有抗氧化效果，与维生素 B、维生素 E等配合，能起到补充水分、紧实肌肤等作用。但是茶多酚在空气中很容易氧化，若保藏不当，就会导致茶多酚的抗氧化作用丧失。绿茶的贮藏有以下几大禁忌：一忌潮湿，由于绿茶是一种疏松多孔的亲水物质，经烘干后水分含量较低，具有很强的吸湿还潮性，因此存放绿茶时要控制环境中的湿度，绿茶贮藏的最佳相对湿度为60%，若超过70%就会因吸潮而产生霉斑，进而酸化变质，影响口感。二忌高温，茶叶中的氨基酸、糖类、维生素和芳香性物质不耐高温，温度较高时易被分解破坏，使质量、香气、滋味都受到不利影响。绿茶的最佳保存温度为0℃～5℃。三忌氧气，绿茶中的叶绿素、醛类、酯类、维生素C等极易与空气中的氧结合，氧化后的茶叶茶色变暗，汤色变红、变深，营养价值以及口感都大打折扣。四忌光照，光照会促进绿茶茶叶色素及酯类物质的氧化，还能将叶绿素分解成为脱镁叶绿素。如果将绿茶贮存在透明玻璃容器或透明塑料袋中，茶叶受光线照射后，其内在物质会起化学反应，使绿茶品质变坏。五忌异味，绿茶不得与有不良气味的物品混放，因为茶叶极易吸收异味，如果将茶叶与有异味的物品混放时，茶叶就会呈现异味而无法去除。

二、绿茶瓦罐石灰块保存法

事先将小口瓦罐洗净、晾干，并将清洁、干燥的生石灰块（干燥剂）用较致密的小白布袋包好。将绿茶用多个白纸袋分装，再分别外套一个牛皮纸袋，依次放入瓦罐内，中间间隔放入几只石灰袋。装满瓦罐后，用数层干燥的稻草编织成的草席密封坛口，最后用砖头或者厚木板压实。如此保存，石灰块能起到吸潮作用，而且能避光，又能减少空气交换量。在贮藏期间还要经常检查保存情况，石灰潮解后要及时更换。也可以使用高级干燥剂如硅胶代替石灰块，保藏效果较好。

三、绿茶木炭贮藏法

此种保藏方法的操作方法与瓦罐石灰块保存法基本相同，只不过用燃烧熄灭冷却后的干燥木炭代替石灰块，贮藏用具用小口瓦罐或者小口铁皮桶都可。木炭袋和绿茶茶叶袋的容量可视容器大小而增减。这种贮藏方法的贮藏效果也较好，且适合家庭贮藏和专业贮藏。此法同样要保证盛装茶叶的容器清洁、干燥，且要避光放置，并定期检查更换炭包。

四、绿茶充氮冷藏法

烘干后的茶叶水分一般不超过6%，此时将绿茶装入镀铝复合袋，进行热封口后用呼吸式抽气机抽出袋中的空气，再充入氮气，加上封口贴后置于茶箱内，然后送入低温冷藏库保藏，冷库温度要控制在绿茶的最佳保存温度 0～5℃。此法保存量大、保鲜时间长，但需要建立冷库，并需要专业设备，适合于专业化贮藏。

五、绿茶简易贮藏法

除了以上几种贮藏方法，本文还介绍几种简易的、适合短期贮藏的方法，这些方法一般适合于家庭贮藏。

1. 罐藏法

即选用密封性良好的容器，如装糕点铁盒或者其他食品的金属箱、罐、盒来存放绿茶，最好是先用塑料袋或者牛皮纸袋包裹一层再放入容器中。此法关键就是要保证茶叶的干燥和容器的密封。

2. 塑料袋贮茶法

即是选用密度高、厚实、无异味的食品级包装袋或自封袋来贮藏茶叶。茶叶也可以事先用较柔软、无异味的原纸包好后再置于食品袋内，封口保存于阴凉、干燥、清洁处。

3. 热水瓶贮茶法

可用保温不佳而废弃但内胆完整、无裂缝的热水瓶存放干燥的绿茶，然后盖好瓶塞，并用蜡封口，外包胶布。此法操作简单，保存效果不错。

4. 冰箱保存法

即选用密度高、厚实、无异味的食品级包装袋或自封袋包装茶叶，封口后放置于冰箱冷冻室或者冷藏室贮藏。此法很好地起到了避光、隔氧效果，并处于低温环境，因此保存时间长、保存效果好，但袋口一定密封，否则会回潮或者串味，反而不利绿茶的品质。

第三节　黄茶的贮藏方法

一、黄茶的贮藏特性

黄茶是一种微发酵的茶。黄茶是我国特产，湖南岳阳为中国黄茶之乡。黄茶的加工方法近似于绿茶，起初人们加工绿茶时发现，若杀青、揉捻后干燥不足或不及时，叶色即变黄，于是由此人们制作出了一种新茶，并依据其"黄叶黄汤"的特点命名为黄茶。其制作过程为：鲜叶洗净晾干后杀青，经过揉捻、闷黄后再干燥而成。黄茶的杀青、揉捻、干燥等工序均与绿茶制法相似，其最重要的工序在于闷黄，这是形成黄茶特点的关键，主要做法是将杀青和揉捻后的茶叶用纸包好，或堆积后以湿布盖之，时间以几十分钟或几个小时不等，促使茶坯在水热作用下进行非酶性的自动氧化，形成黄色。黄茶按鲜叶老嫩又分为黄芽茶、黄小茶和黄大茶。如湖南的君山银芽、四川的蒙顶黄芽、安徽霍山的霍山黄芽、属于黄芽茶；湖南岳阳的君山银针、湖北远安的鹿苑毛尖、湖南宁乡的沩山毛尖、浙江平阳的平阳黄汤等均属黄小茶；而安徽皖西金寨黄茶、霍山黄大茶、大叶青则属于黄大茶。保存黄茶时，需要用密封性能良好、清洁、无异味、厚实的包装袋包装，并密封好进行保藏，这样才能隔绝空气，控制一些高分子物质氧化变质而影响风味。同时要严格控制成品的含水量，一般最适宜贮藏的含水量为 7% 以下，并将茶叶保存在 5℃～6℃，因为茶叶在高温或常温条件下老化速度较快，使茶叶呈陈化味，从而影响黄茶的品质。也可以把茶叶用铝箔袋装好再放入易拉罐中保藏，然后再在外面套一个干净的塑料自封袋封口后直接放入冰箱内储存。利用冰箱储存时要尽量避免与其他食物一起冷藏，避免茶叶吸附异味，影响品质。

二、黄茶的质量标准与贮运技术

我国发布了黄茶的标准《黄茶》(GB/T 21726)。现将该标准主要内容摘录如下，供参考。

1. 分类

根据鲜叶原料和加工要求的不同，黄茶产品分为芽型(单芽或一芽一叶初展)、芽叶型(一芽一叶、一芽二叶初展)和大叶型(一芽多叶)三种。

2. 基本要求

具有正常的色、香、味，不含有非茶类物质，无异味，无异嗅，无劣变。

3. 感官品质

应符合表 10-1 的规定。

4. 理化指标

理化指标应符合表 10-2 的规定。

5. 卫生指标

污染物限量应符合 GB 2762《食品安全国家标准 食品中污染物限量》的规定，农药残留限量应符合 GB 2763《食品安全国家标准 食品中农药最大残留限量》的规定。

表 10-1　　　　　　　　　　感官品质要求

种类	要求							
	外形				内质			
	形状	整碎	净度	色泽	香气	滋味	汤色	叶底
芽型	针形或雀舌形	匀齐	净	杏黄	清鲜	甘甜醇和	嫩黄明亮	肥嫩黄亮
芽叶型	自然型或条形、扁形	较匀齐	净	浅黄	清香	醇厚回甘	黄明亮	柔嫩黄亮
大叶型	叶大多梗、卷曲略松	尚匀	有梗片	褐黄	纯正	浓厚醇和	深黄明亮	尚软、黄、尚亮

表 10-2　　　　　　　　　　理化指标

项　　目	指标		
	芽型	芽叶型	大芽型
水分（质量分数）/%	≤7.0		
总灰分（质量分数）/%	≤7.0		
碎末茶（质量分数）/%	≤2.0	≤3.0	≤6.0
水浸出物（质量分数）/%	≥32		
水溶性灰分（质量分数）/%	≥45		
水溶性灰分碱度（以 KOH 计）（质量分数）/%	≥1.0[a]；≤3.0[a]		
酸不溶性灰分（质量分数）/%	≤1.0		
粗纤维（质量分数）/%	≤16.5		

注：水浸出物、水溶性灰分、水溶性灰分碱度、酸不溶性灰分、粗纤维为参考指标

[a] 当以每 100 克磨碎样品的毫克分子表示水溶性灰分碱度时，其限量为：最小值 17.8，最大值 53.6

6. 净含量

净含量应符合《定量包装商品计量监督管理办法》的规定。

7. 标志、标签

产品的标志应符合 GB/T 191《包装储运图示标志》的规定，标签应符合 GB 7718《食品安全国家标准　预包装食品标签通则》的规定。

8. 包装

包装应符合 SB/T 10035《茶叶销售包装通用技术条件》的规定。

9. 运输

运输工具应清洁、干燥、无异味、无污染，运输时应有防雨、防潮、防暴晒措施，严禁与有毒、有害、有异味、易污染的物品混装、混运。

10. 贮存

产品应贮存于清洁、干燥、无异味的专用仓库中，严禁与有毒、有害、有异味、易污染的物品混放，仓库周围应无异气污染。

第四节　青茶的贮藏方法

一、青茶的贮藏特性

青茶，又称乌龙茶，为中国特有的茶类。青茶属半发酵茶，即制作时适当发酵，叶片稍有红变。是介于绿茶与红茶之间的一种茶叶，既有绿茶的鲜浓，又有红茶的甜醇，其茶汁呈透明的琥珀色。通常来说，青茶叶片中间为绿色，叶缘呈红色，故有"绿叶红镶边"之称。不过，安溪铁观音的新贵感德、长坑、祥华铁观音的最新清香制法制成的青茶是没有"绿叶红镶边"这一特征的。乌龙茶制作的几大工序主要包括萎凋、做青、杀青、揉捻、干燥等，而形成其品质的关键工序是做青。在制作过程中，茶叶中的儿茶素随着发酵温度的升高而相互结合，致使茶的颜色变深、涩味减少。而儿茶素相互结合会形成多酚类物质，青茶中丰富的多酚类物质和具有抗氧化作用的儿茶素对人体能起到很好的美容、减肥、抗肿瘤等保健作用。青茶按生产地区大致分为以下几类：闽北乌龙（水仙、大红袍、肉桂等）、闽南乌龙（铁观音、奇兰、黄金桂等）、广东乌龙（凤凰单枞、凤凰水仙、岭头单枞等）以及台湾乌龙（冻顶乌龙、包种）。

由于乌龙茶属于半发酵茶，比较容易贮藏。一般来说，只要避开光照、高温及有异味的东西，它就能够较长时间地保存。

二、青茶的贮运技术

青茶即便已经烘干、压缩和包装，也并不意味着可以永久保存。一般以半年内喝完为佳。青茶保存要把握几个原则：首先因为青茶所含有的叶绿素易发生光催化反应，存放青茶的首要条件之一是要避光。第二，青茶保存必须防潮。因为茶叶吸湿性强，很容易吸附空气中水分，使茶叶变质，所以在存放茶叶时，一定要保证贮藏场所的干燥。第三，青茶必须独立存放，不得与带异味的物品存放在一处，以免串味而影响了乌龙茶的独特香气。而且有机茶与常规茶产品必须分开贮藏，尽量设立专用仓库。不同批号、日期、产品应分别存放。应建立严格的仓库管理档案。第四，必须低温保存。在高温条件下，青茶容易变质，所以青茶必须在阴凉处保存。第五，必须选用密封性能良好的容器包装茶叶，可以选用清洁的锡罐、铁罐、瓷罐、双层盖的马口铁茶叶罐来装茶，而且在装罐的时候，茶叶一定要装足够满，这样能减少内部氧气残留，最后再加盖密封，禁止有机茶产品与化学合成物质接触，或与有毒、有害、有异味、易污染的物品接触。

青茶的运输也要做到以下几点：运输工具必须清洁卫生、干燥、无异味，严禁与有毒、有害、有异味、易污染的物品混装、混运；运输包装必须牢固、整洁、防潮；运输过程中必须稳固、防雨、防潮、防暴晒；装卸时应做到轻装轻卸，防止碰撞破损。

第五节　红茶的贮藏方法

一、红茶的贮藏特性

红茶属于全发酵的茶。"正山小种"由中国福建武夷山茶区发明，为世界上最早的红茶，迄今已有约 400 年的历史。红茶的制作是以茶树的芽叶为原料，经过萎凋、揉捻、发酵、干燥等加工工艺制成。因其成品干茶泛红，冲泡的茶汤亦以红色为主调，故名红茶。祁门红茶、荔枝红茶等红茶品种名扬中外。红茶按照其加工的方法与出品的茶形可以被分为小种红茶、工夫红茶、红碎茶和红茶茶珍（速溶红茶）四大类。祁门工夫红茶、滇红工夫茶、闽红工夫、白琳工夫、湖红工夫、宁红工夫、川红工夫、台湾工夫等都是著名的工夫茶；正山小种、外山小种均属于小红茶，均原产于武夷山地区。与其他茶叶品种的贮藏类似，红茶的贮藏要遵循同样的原则：忌高温、忌潮湿、忌阳光、忌氧气，因此选择合适的密封性能良好的容器盛装红茶，再保存于阴凉、干燥的场所即可。

二、红茶的简易贮藏法

较为常见的贮藏方法大概有以下几种：

（1）铁罐贮藏法。可以选用糖果糕点盒或者专用的双层盖铁罐作盛器。将干燥的茶叶用自封袋包装好后装罐，盖紧即可。

（2）石灰块热水瓶贮藏法。选用内胆完整的热水瓶作盛器，将干燥的茶叶装入瓶内，装实装足，中间间隔放入几包用白布袋包装好的干燥石灰块，能起到吸潮作用。装满后盖紧，白蜡封口，再裹以胶布。石灰块也可以用别的干燥剂代替。

（3）陶瓷坛贮藏法。陶瓷坛检查密封性能，确保完好无损后洗净，晾干，用牛皮纸把茶叶包好后放入陶瓷坛中，中间嵌放石灰袋一只，装满坛后，用棉花塞紧，然后再盖上塑料纸，并以砖头或其他重物压住。石灰隔 1～2 个月更换一次。这种方法利用生石灰的吸湿性能，茶叶不易受潮，保藏效果较好。

（4）低温储藏法。先用洁净无异味白纸包好茶叶，再包上一张牛皮纸，然后装入一只无孔隙的塑料食品袋内，将袋内空气用力挤出后用细软绳子扎紧袋口，再取另外一只塑料食品袋，反套在第一只袋外面，同样将空气挤压排尽后用细绳扎紧袋口。如此包装后将扎紧袋口的茶叶放在冰箱或冷库内保存。控制温度在 0℃～5℃，贮藏一年以上仍具较好品质。

三、红茶的标准化贮运技术

为了规范红茶的贮运工作，农业部发布了《红茶》标准（NY/T 780）。该标准规定了红茶的术语和定义、规格、要求、试验方法、检验规则、标签、包装、运输和贮存，适用于各类红茶产品。现将该标准主要内容摘录如下，供广大读者参考。

1. 要求

（1）基本要求。品质正常、无劣变、无异变；无非茶类夹杂物；不着色、不添加任何化学物质和非天然的香味物质。

（2）感官指标。各品名、等级、花色感官品质应符合本级品质特征要求。贸易应符合双方合同规定的成交要求。

2. 标签、包装、运输、贮存

（1）标签。出厂产品的外包装上应按 GB 7718《食品安全国家标准 预包装食品标签通则》规定或贸易合同条款规定清晰标明标记。

（2）包装。包装材料应干燥、清洁、密封性能好，无异味，不影响茶叶品质。包装要牢固、防潮、整洁，能保护茶叶品质，便于装卸、仓储和运输。

（3）运输。运输工具必须清洁、干燥、无异味、无污染；运输时应防潮、防雨、防暴晒；装卸时轻放轻卸，严禁与有毒、有异气味、易污染的物品混装混运。

（4）贮存。产品应贮于清洁、干燥、无异气味的专用仓库中，仓库周围应无异气污染。

第六节　黑茶的贮藏方法

一、黑茶的贮藏特性

黑茶属于全发酵的茶，且有后发酵的过程，因其成品为黑色而得名。黑茶一般采用较粗老的叶片作为发酵原料，经过杀青、揉捻、渥堆和干燥几道工序加工而成。黑茶在全国各地均有生产，按其地域分布，黑茶可以分为湖南安化黑茶（茯茶）、四川雅安藏茶（边茶）、云南黑茶（普洱茶）、广西六堡茶、湖北老黑茶及陕西黑茶（茯茶），其中雅安藏茶为黑茶鼻祖，也称南路边茶。黑茶是压制紧压茶的主要原料。按照不同的加工方法，黑茶包括茯砖、花砖、三尖、康砖、金尖、千两茶、青砖茶和黑砖茶等较多种类。

由于黑茶属于全发酵茶，而且有一定的后熟期，所以黑茶贮藏较绿茶、红茶等稍有不同，且较易贮藏。一般来说，应当将黑茶保存在通风、干燥、无异味的环境下。通风、干燥是收藏存放黑茶最重要的条件。黑茶因属深度发酵，需要一定的湿度加速陈化。但是，湿度也不能过大，在过潮环境中放置时间太长容易发霉生白毛，早期不会影响品质，也不会影响黑茶的口感，发现白毛后应及时取出拿到通风干燥的地方，也可以晾晒、抽湿，几天后长出的霉毛自然会消失。如发白毛的情况严重，可用毛刷、毛巾之类柔软纺织品去除表层的白毛，再用电吹风之类的加热器具加热十几分钟即可。黑茶在后发酵过程中会产生对人体健康有益的菌（俗称金花，学名冠突散囊菌）。黑茶的贮藏要注意以下三点：

（1）忌日晒。日晒会使黑茶氧化，产生异味。

（2）保持通风。通风有助于茶品的自然氧化，同时可适当吸收空气的水分，有利于茶体的湿热氧化，也为微生物代谢提供水分和氧气，切忌使用塑料袋密封。

（3）忌异味。茶叶具有极强的吸附性，不能与有异味的物质混放在一起，而宜放置在开阔而通风透气的环境中。

二、花砖茶的质量标准与贮藏

国家质量监督检验检疫总局发布了《紧压茶》标准（GB/T 9833）。其中，第一部分为花砖茶，该部分规定了花砖茶的要求、试验方法、检验规则、标志、标签、包装、运输、贮存和保质期，适用于以黑毛茶为主要原料，经过毛茶筛分、半成品拼配、渥堆、蒸汽压制成型、干燥、成品包装等工艺过程制成的花砖茶。现将该标准部分内容摘录如下：

1. 要求

（1）感官品质。感官品质应符合标准实物样。外形：砖面平整，花纹图案清晰，棱角分明，厚薄一致，色泽黑褐，无黑霉、白霉、青霉等真菌。内质：香气纯正或带松烟香，汤色橙黄，滋味醇和。

（2）理化指标。理化指标应符合表 10 - 3 规定。

表 10 - 3 　　　　　　　　　花砖茶的理化指标

项　　目	指　　标
水分（质量分数）/%	≤14.0（计重水分为 12%）
总灰分（质量分数）/%	≤8.0
茶梗（质量分数）/%	≤15（其中长于 30 毫米的茶梗不得超过 1%）
非茶类夹杂物（质量分数）/%	≤0.2
水浸出物（质量分数）/%	≥22.0
注：采用计重水分换算茶砖的净含量	

（3）卫生指标。污染物限量应符合 GB 2762《食品安全国家标准　食品中污染物标准》的规定，农药残留限量应符合 GB 2763《食品安全国家

标准 食品中农药最大残留限量》。

（4）净含量。净含量应符合国家质量监督检验检疫总局〔2005〕第75号令的规定。

2. 标志、标签、包装、运输、贮存和保质期

（1）标志、标签。产品标志应符合 GB/T 191《包装储运图示标志》的规定。产品标签应符合 GB 7718《食品安全国家标准 预包装食品标签通则》和国家质量监督检验检疫总局〔2009〕第123号令的规定。

（2）包装。产品包装应符合 GB/T 1070《茶叶包装通则》的规定。

（3）运输。运输工具应清洁、干燥、无异味、无污染。运输时应有防雨、防潮、防暴晒措施。严禁与有毒、有害、有异味、易污染的物品混装、混运。

（4）贮存。产品的贮存应符合 GH/T 1071《茶叶包装通则》的规定，应贮存于清洁、干燥、无异气味的专用仓库中，严禁与有毒、有害、有异味、易污染的物品混放。

（5）保质期。在符合贮存要求的条件下，产品可长期保存。

该标准的第二部分为黑砖茶，该部分规定了黑砖茶的要求、试验方法、检验规则、标志、标签、包装、运输、贮存和保质期，适用于以黑毛茶为主要原料，经过毛茶筛分、半成品拼配、渥堆、蒸汽压制成型、干燥、成品包装等工艺过程制成的黑砖茶。黑砖茶感官品质与花砖茶类似，仅内质要求为香气纯正或带松烟香，汤色橙黄，滋味醇和微涩。理化指标应符合表10-4的规定。卫生要求、净含量要求以及标志标签、包装、运输、贮存和保质期均与花砖茶相同。

表 10-4　　　　　　　　黑砖茶的理化指标

项　　目	指　　标
水分（质量分数）/%	≤14（计重水分为12%）
总灰分（质量分数）/%	≤8.5
茶梗（质量分数）/%	≤18（其中长于30毫米的茶梗不得超过1%）
非茶类夹杂物（质量分数）/%	≤0.2
水浸出物（质量分数）/%	≥21
注：采用计重水分换算茶砖的净含量	

该标准的第三部分为茯砖茶。该部分规定了茯砖茶的要求、试验方法、检验规则、标志、标签、包装、运输、贮存和保质期，适用于以黑毛茶为主要原料，经过毛茶筛分、半成品拼配、渥堆、蒸汽压制成型、发花、干燥、成品包装等工艺过程制成的茯砖茶。茯砖茶感官品质与花砖茶类似，仅内质要求为香气纯正，汤色橙黄，滋味醇和，无涩味。理化指标应符合表 10-5 的规定。卫生要求、净含量要求以及标志、标签、包装、运输、贮存和保质期均与花砖茶相同。

表 10-5 茯砖茶的理化指标

项　　目	指　　标
水分（质量分数）/%	≤14（计重水分为 12%）
总灰分（质量分数）/%	≤9
茶梗（质量分数）/%	≤20（其中长于 30 毫米的茶梗不得超过 1%）
非茶类夹杂物（质量分数）/%	≤0.2
水浸出物（质量分数）/%	≥20
冠突散囊菌（CFU/克）	≥20×10⁴
注：采用计重水分换算茶砖的净含量	

第七节　白茶的贮藏方法

一、白茶的贮藏特性

白茶属于轻度发酵的茶，其外形芽毫完整、满身披毫、毫香清鲜、汤色黄绿清澈，滋味清淡回甘。因其成品茶的外观呈白色，故名白茶。由于它是采摘细嫩、叶背布满茸毛的茶叶，加工时不经"杀青"或"揉捻"，而只将晒干或用文火烘干，而使白色茸毛得以完整地保留下来，故而使成品茶呈白色。白茶为福建特产，主要产于福建的福鼎、政和、松溪、建阳等县。白茶生产的基本工艺包括萎凋、烘焙、拣剔、复火等工序，而萎凋是形成白茶品质的关键工序。依据茶树的品种、鲜叶采摘的标准，白茶可以被分为芽茶（白毫银针）和叶茶（如白牡丹、新工艺白茶、寿眉）。白毫银针，简称银针，又叫白毫，因其白毫密披、色白如银、外形似针而得名，其香气清新，汤色淡黄，滋味鲜爽，是白茶中的极品，素有茶中"美女"、"茶王"之美称。比较出名的白茶有出自福建北部和宁波的白毫银针，还有白牡丹。白茶属于轻微发酵的茶，其贮藏可参照其他种类茶叶，采用密封效果好的容器包装后于干燥、阴凉环境中隔氧、避光保存即可。

二、白茶的质量标准与贮藏

为了规范白茶的标准化生产，国家质量监督检验检疫总局发布了《白茶》标准（GB/T 22291）。本标准规定了白茶的要求、试验方法、检验规则、标志标签、包装、运输和贮存，适用于以茶树的芽、叶、嫩茎为原料，经萎凋、干燥、拣剔等特定工艺过程制成的白茶。现将该标准的相关部分摘录如下，供广大读者参考。

1. 要求

（1）基本要求。具有正常的色、香、味，不含有非茶类物质和添加剂，无异味，无异嗅，无劣变。

（2）感官品质。白毫银针的感官品质应符合表 10-6 的要求，白牡丹的感官品质应符合表 10-7 的要求，贡眉的感官品质应符合表 10-8 的要求。

表 10-6　　　　　　白毫银针的感官品质要求

级别	项目							
	外形				内质			
	叶态	嫩度	净度	色泽	香气	滋味	汤色	叶底
特级	芽针肥壮、匀齐	肥嫩、茸毛厚	洁净	银灰白富有光泽	清纯、毫香显露	清鲜醇爽、毫味足	浅杏黄、清澈明亮	肥壮、软嫩、明亮
一级	芽针瘦长、较匀齐	瘦嫩、茸毛略薄	洁净	银灰白	清纯、毫香显露	鲜醇爽、毫味显露	杏黄、清澈明亮	嫩匀明亮

表 10-7　　　　　　白牡丹的感官品质要求

级别	项目							
	外形				内质			
	叶态	嫩度	净度	色泽	香气	滋味	汤色	叶底
特级	芽叶连枝叶缘垂卷匀整	毫心多肥壮、叶背多茸毛	洁净	灰绿润	鲜嫩、纯爽毫香显	清甜醇爽毫味足	黄、清澈	毫心多，叶张肥嫩明亮
一级	芽叶尚连枝叶缘垂卷尚匀	整毫心较显尚壮、叶张嫩	较洁净	灰绿尚润	尚鲜嫩、纯爽有毫香	较清甜、醇爽	尚黄、清澈	毫心尚显、叶张嫩、尚明

续表

级别	项目							
	外形				内质			
	叶态	嫩度	净度	色泽	香气	滋味	汤色	叶底
二级	芽叶部分连枝叶缘尚垂卷、尚匀	毫心尚显叶张尚嫩	含少量黄绿片	尚灰绿	浓纯、略有毫香	尚清甜、醇厚	橙黄	有毫心、叶张尚嫩、稍有红张
三级	叶缘略卷有平展叶、破张叶	毫心瘦稍露、叶张稍粗	稍夹黄片蜡片	灰绿稍暗	尚浓纯	尚厚	尚橙黄	叶张尚软有破张、红张稍多

表 10-8　　　　　　贡眉的感官品质要求

级别	项目							
	外形				内质			
	叶态	嫩度	净度	色泽	香气	滋味	汤色	叶底
特级	芽叶部分连枝、叶态紧卷、匀整	毫尖显、叶张细嫩	洁净	灰绿或墨绿	鲜嫩，有毫香	清甜醇爽	橙黄	有芽尖、叶张嫩亮
一级	叶态尚紧卷、尚匀	毫尖尚显、叶张尚嫩	较洁净	尚灰绿	鲜纯，有嫩香	醇厚尚爽	尚橙黄	稍有芽尖、叶张软尚亮
二级	叶态略卷稍展、有破张	有尖芽、叶张较粗	夹黄片铁板片少量蜡片	灰绿稍暗、夹红	浓纯	浓厚	深黄	叶张较粗、稍粗、有红张
三级	叶张平展、破张多	小尖芽稀露叶张粗	含鱼叶蜡片较多	灰黄夹红稍藏	浓、稍粗	厚、稍粗	深黄微红	叶张粗杂、红张多

2. 标志、标签

产品的标志应符合 GB/T 191《包装储运图示标志》的规定。产品标签应符合 GB 7718《食品安全国家标准　预包装食品标签通则》的规定。

3. 包装

产品包装应符合 SB/T 10035《茶叶销售包装通用技术条件》的规定。

4. 运输

运输工具应清洁、干燥、无异味、无污染。运输时应有防雨、防潮、防暴晒措施。严禁与有毒、有害、有异味、易污染的物品混装、混运。

5. 贮存

产品应在包装状态下贮存于清洁、干燥、无异气味的专用仓库中，严禁与有毒、有害、有异味、易污染的物品混放。仓库周围应无异气污染。